电脑新课堂

U0131801

新手学Photoshop
图像处理

CHAO ZHI CHANG XIAO BAN
超值
畅销版
电脑新课堂

博智书苑 黄伟 刘旭东 主编

- 内容精炼实用、易学易用
- 全程图解教学、一学必会
- 全新教学体例、轻松自学
- 精美图文排版、全彩印刷
- 互动教学光盘、超长播放

DVD

上海科学普及出版社

超值赠送600分钟多媒体视频与实例素材

图书在版编目（CIP）数据

新手学 Photoshop 图像处理 / 博智书苑 黄伟 刘旭东
主编. －上海：上海科学普及出版社，2013.1
（电脑新课堂）
ISBN 978-7-5427-5536-0

Ⅰ.①新… Ⅱ.①博… ②黄… ③刘… Ⅲ.①图形处理
软件 Ⅳ.①TP391.41

中国版本图书馆 CIP 数据核字（2012）第 243373 号

责任编辑　徐丽萍

新手学 Photoshop 图像处理
博智书苑 黄伟 刘旭东 主编
上海科学普及出版社出版发行
（上海中山北路 832 号　邮政编码 200070）
http://www.pspsh.com

各地新华书店经销	北京市蓝迪彩色印务有限公司印刷
开本 787×1092　　1/16	印张 26.25　　　　字数 442000
2013 年 1 月第 1 版	2013 年 1 月第 1 次印刷

ISBN 978-7-5427-5536-0　　　　　　　　定价：68.00 元
ISBN 978-7-900477-85-9/TP.17（附赠多媒体光盘一张）

内 容 提 要

　　本书从实际应用的角度出发，全面系统地讲解了 Photoshop CS5 的各项功能和使用方法，书中内容基本涵盖了 Photoshop CS5 的全部工具和重要功能，并运用诸多精彩实例贯穿于整个讲解过程中，操作一目了然，语言通俗易懂，使读者很容易达到轻松掌握的学习效果。最后一章通过 8 个经典案例讲解了 Photoshop CS5 在广告设计、包装设计、网页设计、招贴设计、标志设计等商业领域的具体应用，具有很强的参考借鉴价值。

　　本书由专业电脑教育专家精心编写，通俗易懂、图文并茂、版式精美，并配有多媒体 DVD 学习光盘，便于读者学习。本书非常适合刚学习 Photoshop CS5 应用的初学者，也可作为从事各种平面设计工作的在职人员和自学读者的参考用书。

Foreword 前言

丛书简介

读书之法，在循序渐进，熟读而精思。——朱熹

学习须循序渐进，重在方法与思考。学习电脑知识也一样，选择一本真正适合自己阅读的好书至关重要。"电脑新课堂"丛书由多年从事电脑教育的一线专家组精心策划编写而成，是一套专为初学者量身打造的丛书。翻开它，您就结识了一位良师益友；阅读它，您就能真正迈入电脑学习的殿堂！通过学习本套丛书，读者能够真正掌握各种电脑实际操作技能，从而得心应手地运用电脑进行工作和学习。

本书导读

Photoshop CS5 是 Adobe 公司倾力推出的一款专业的图像编辑软件，与之前的 Photoshop CS4 版本相比，它增加了许多新的功能，改善了软件的易用性。它非凡的绘画效果，智能选区技术的提高，彻底变换图像区域的操控变形工具，以及内容识别填充和修复技术，让人更是在不经意间达到惊奇的设计效果。《电脑新课堂：新手学 Photoshop 图像处理》根据使用 Photoshop CS5 进行图像处理的流程和众多教学人员的教学及制作经验编写而成，从实用的角度出发，全面系统地讲解了 Photoshop CS5 的各项功能和使用方法，书中内容涵盖了 Photoshop CS5 的全部工具和重要功能，诸多精彩实例贯穿于整个讲解过程中，操作一目了然，语言通俗易懂，使读者很容易达到轻松掌握并能快速应用的学习效果。在本书最后一章还通过 8 个经典案例讲解了 Photoshop CS5 在广告设计、包装设计、网页设计、标志设计等商业领域的具体应用，具有很强的参考借鉴价值。

本书内容丰富全面，讲解详细透彻，共分为 12 章，其中包括：初识 Photoshop CS5，Photoshop CS5 基本操作，图像处理基本操作，选区的创建和编辑，图像的修饰与润色，图层的应用，图像的颜色与色调调整，使用形状与路径，文字的应用，蒙版和通道的应用，滤镜的使用，以及商业设计案例实战等知识。

本书特色

《电脑新课堂：新手学 Photoshop 图像处理》具有以下几大特色：

1. 内容精炼实用，轻松掌握

本书在内容和知识点的选择上精炼、实用且浅显易懂；在结构安排上逻辑清晰、由浅入深，符合读者循序渐进、逐步提高的学习规律。

全书精选适合 Photoshop CS5 初学者快速入门、轻松掌握的必备知识与技能，再配合相应的操作技巧，轻松阅读、易学易用，起到事半功倍、一学必会的效果。

2. 全程图解教学，一看即会

本书使用"全程图解"的讲解方式，将各种操作直观地表现出来，配以简洁的文字对内容进行说明，并在插图上进行步骤操作标注，更准确地对各个知识点进行演示讲解。形象地说，初学者只需"按图索骥"地对照图书进行操作练习和逐步推进，即可快速掌握 Photoshop 图像处理与设计的丰富技能。

3. 全新教学体例、赏心悦目

　　我们在编写本书时，非常注重初学者的认知规律和学习心态，每章都安排了"章前知识导读"、"本章学习重点"、"重点实例展示"、"本章视频链接"和"技巧点拨"等特色栏目，让读者可以在赏心悦目的教学体例下方便、高效地进行学习。

4. 精美排版、全彩印刷

　　本书在版式设计与排版上更加注重适合阅读与精美实用，并采用全程图解的方式排版，重点突出图形与操作步骤，便于读者进行查找与阅读。

　　本书使用全彩印刷，完全脱离传统黑白图书的单调模式，既便于读者区分、查找与学习，又图文并茂、美观实用，让读者可以在一个愉快舒心的氛围中逐步完成整个学习过程。

5. 互动光盘、超长播放

　　本书配有交互式、多功能、超长播放的DVD多媒体教学光盘，精心录制了所有重点操作视频，并配有音频讲解，与图书相得益彰，成为绝对超值的学习套餐。

适用读者

　　本书主要讲解 Photoshop CS5 图像处理的操作知识与相关技巧，着重提高初学者实际操作与运用的能力，非常适合以下读者群体阅读：

　　（1）刚学习接触Photoshop CS5的广大初学者。

　　（2）对Photoshop基本操作有些了解，但需要学习提高的人员。

　　（3）平面设计、影像设计、网页设计等行业需要学习图像处理的专业人员。

　　（4）各类电脑培训学校学员，大中专院校相关专业的学生。

　　（5）平面设计爱好者和自学读者。

售后服务

　　如果读者在使用本书的过程中遇到问题或者有意见或建议，可以通过发送电子邮件（E-mail：zhuoyue@china-ebooks.com）或者通过网站：http://www.china-eboods.com 联系我们，我们将及时予以回复，并尽最大努力提供学习上的指导与帮助。

　　希望本书能对广大读者朋友提高学习和工作效率有所帮助，由于编者水平有限，书中可能存在不足之处，欢迎读者朋友提出宝贵意见，我们将加以改进，在此深表谢意！

编　者

Contents 目录

第 1 章　初识 Photoshop CS5

Photoshop 软件凭借其完善的绘图工具和强大的图像编辑功能，深受广大平面设计人员的喜爱。作为 Photoshop 的最新版本，Photoshop CS5 提供了更多、更强大的图像处理功能。

第 2 章　Photoshop CS5 基本操作

本章将详细介绍 Photoshop CS5 的基本操作，使读者快速熟悉新版本更加人性化的工作界面，以及各种菜单栏、工具、面板的特性等。

第 3 章　图像处理基本操作

本章将详细介绍图像处理基本操作知识，其中包括图像文件的基本操作，使用 Adobe Bridge 管理文件，图像视图的模式，修改与调整图像，撤销与重复图像操作等。

1

电脑新课堂

第 4 章　选区的创建和编辑

　　在 Photoshop 中处理图像时，选区是非常有用的。本章将详细介绍创建选区的方法，对选区的修改，以及如何利用选区制作精美的图像等知识。

第 5 章　图像的修饰与润色

　　本章主要学习对图像进行修饰与润色。通过本章的学习，可以对图像进行调整、修复和重置色彩等操作，令图像更加具有视觉冲击力，给人以耳目一新的感觉。

Contents 目录

第6章　图层的应用

　　图层在 Photoshop 中占据着重要的地位，灵活应用图层可以提高处理图像的速度和效率，还可以制作出很多意想不到的艺术效果。本章将介绍有关图层的使用方法和应用技巧。

电脑新课堂

第 7 章　图像的颜色与色调调整

在 Photoshop CS5 中提供了很多类型的图像色彩调整命令，利用这些命令可以把彩色图像调整成黑白或单色，也可以给黑白图像上色，还可以使用提供的命令调整图像的色彩和色调，使其焕然一新。本章将引领读者重点学习图像色彩与色调调整的相关知识。

第 8 章　使用形状与路径

使用 Photoshop 的路径和形状功能可以绘制出各式各样的图像，并且路径和选区之间还可以相互转换，本章将对路径和形状进行详细讲解。

Contents 目录

第 9 章　文字的应用

　　一幅成功的作品是离不开文字的，文字给予观看者直观的感受，令人对作品的主题一目了然。本章将详细介绍如何创建与编辑文字，读者应该熟练掌握。

第 10 章　通道和蒙版

　　蒙版和通道是 Photoshop 中的重要功能，在图像处理与合成中起着非常重要的作用。深入理解并灵活应用蒙版和通道是图像处理者必须具备的技能，因此读者应该熟练掌握。

5

电脑新课堂

第 11 章　滤镜的使用

　　Photoshop CS5 自带了许多强大的滤镜工具，使用这些滤镜可以创作出超现实的精美图像。本章将详细介绍每一种滤镜的使用方法及效果。

Contents 目录

第 12 章　商业设计案例实战

本章将从商业设计与应用的角度出发,讲解 Photoshop CS5 在商业设计中的应用方法和技巧,对商业项目从设计思路到制作完成进行深度探讨和解析。

第**1**章 初识Photoshop CS5

Photoshop 软件凭借其完善的绘图工具和强大的图像编辑功能，深受广大平面设计人员和电脑美术爱好者的喜爱，涉及范围也越来越广。作为 Photoshop 的最新版本，Photoshop CS5 提供了更多、更强大的图像处理功能。

本章学习重点

1. Photoshop CS5的安装与卸载
2. 图像处理基本术语
3. Photoshop CS5 新增以及扩展功能

重点实例展示

非凡的绘图效果

本章视频链接

安装Photoshop CS5

Photoshop CS5的卸载

1.1 Photoshop CS5的安装与卸载

Photoshop 是 Adobe 公司旗下最为出名的图像处理软件之一，集图像扫描、编辑修改、图像制作、广告创意、图像输入与输出于一体，深受广大平面设计人员和电脑美术爱好者的喜爱。而 Photoshop CS5 是该软件的最新版本，为用户提供了更加强大的图形图像处理功能，使图像处理更加方便、快捷。

1.1.1 Photoshop CS5系统配置要求

Adobe 公司成立于 1982 年，是美国最大的个人电脑软件公司之一。2010 年 4 月 12 日，Adobe Creative Suite 5 设计套装软件正式发布。Adobe CS5 总共有 15 个独立程序和相关技术，五种不同的组合构成了五个不同的组合版本，分别是大师典藏版、设计高级版、设计标准版、网络高级版和产品高级版。这些组件中我们最熟悉的可能就是 Photoshop 了，Photoshop CS5 有标准版和扩展版两个版本。标准版适合摄影师以及印刷设计人员使用。

由于 Windows 操作系统和 Mac OS（苹果机）操作系统之间存在差异，Photoshop CS5 的安装要求也不同。

以下是 Adobe 推荐的最低系统要求：

Windows 操作系统：

◎ Intel Pentium 4 或 AMD Athlon 64 处理器。

◎ Microsoft Windows XP（带 Service Pack 2）；Windows Vista Home Premium、Business、Ultimate 或 Enterprise（带有 Service Pack 1）；或 Windows 7。

◎ 1GB 内存（推荐 2GB）。

◎ 1GB 可用硬盘空间用于安装；安装过程中需要额外的可用空间（无法安装在基于闪存的可移动存储设备上）。

◎ 1024×768 屏幕（推荐 1280×800），16 位显卡。

◎ DVD-ROM 驱动器。

◎ Java Runtime Environment 1.5（32 位）或 1.6。

◎ 在线服务需要宽带 Internet 连接。

Mac OS 操作系统：

◎ Intel 处理器。

◎ Mac OS X 10.5.7 或 10.6 版。

◎ 1GB 内存（推荐 2GB）。

◎ 1GB 可用硬盘空间用于安装；安装过程中需要额外的可用空间（无法安装在使用区分大小写的文件系统的卷或基于闪存的可移动存储设备上）。

◎ 1024×768 屏幕（推荐 1280×800），16 位显卡。

◎ DVD-ROM 驱动器。

◎ Java Runtime Environment 1.5 或 1.6。

◎ 在线服务需要宽带 Internet 连接。

1.1.2 安装Photoshop CS5

使用 Photoshop CS5 前，需要先安装 Photoshop CS5，具体操作步骤如下：

Step 01 双击程序文件

双击 Setup.exe 文件，运行安装程序，如下图所示。

Step 02 初始化安装程序

弹出"Adobe 安装程序"对话框，初始化安装程序，此时如果退出安装程序，可单击"取消"按钮，如下图所示。

Step 03 接受使用条款

初始化完成后，打开"欢迎使用"窗口，单击"接受"按钮，如下图所示。

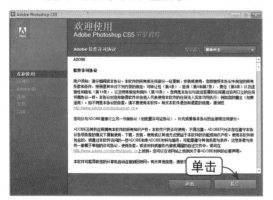

Step 04 输入序列号

打开"请输入序列号"窗口，输入序列号，选择语言为"中文简体"，单击"下一步"按钮，如下图所示。

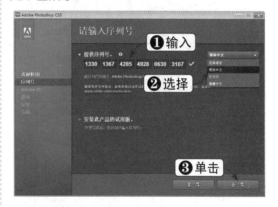

Step 05 注册 Adobe CS Live

打开"输入 Adobe ID"窗口，可以在线注册，单击"下一步"按钮；若要以后注册，可单击"跳过此步骤"按钮，如下图所示。

知识点拨

要注册 Adobe CS Live 必须提供 Adobe ID。如果不提供 Adobe ID，使用的免费期限可能会缩短。

Step 06 设置安装选项

打开"安装选项"窗口，默认情况下安装在 C 盘，如果更改安装位置，可单击"位置"右侧的文件夹状图标，在弹出的对话框中进行设置；单击"安装"按钮，开始安装，如下图所示。

Step 07 显示安装信息

打开"安装进度"窗口，提示程序的安装进度和剩余时间，如下图所示。

Step 08 安装完成

经过一段时间后安装完成，单击"完成"按钮，即可完成 Photoshop CS5 的安装，如下图所示。

Step 09 打开程序

此时，双击 Photoshop CS5 图标，即可启动 Photoshop CS5，如下图所示。

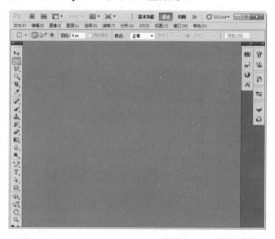

1.1.3 Photoshop CS5的卸载

卸载 Photoshop CS5 需要使用 Windows 的卸载程序，具体操作步骤如下：

Step 01 单击"控制面板"命令

单击"开始" | "控制面板"命令，如右图所示。

Step 02 单击"程序"链接

打开"控制面板"窗口，单击"程序"链接，如下图所示。

Step 03 单击"程序和功能"链接

打开"程序"窗口，单击"程序和功能"链接，如下图所示。

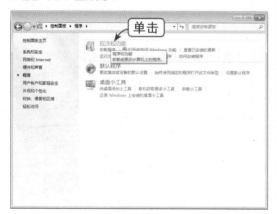

Step 04 单击"卸载"按钮

打开"程序和功能"窗口，选择 Adobe Photoshop CS5，单击"卸载"按钮，如下图所示。

Step 05 单击"卸载"按钮

打开"卸载选项"窗口，单击"卸载"按钮，如下图所示。

Step 06 显示卸载进度

打开"卸载进度"窗口，显示程序卸载进度和剩余时间，如下图所示。

Step 07 卸载完成

一段时间后，单击"完成"按钮，即可完成卸载，如下图所示。

1.2 图像处理基本术语

在学习 Photoshop 之前，首先要对 Photoshop 的基本术语进行简单的了解，其中包括图像的类型、像素与分辨率、图像的文件格式及颜色模式等，下面将逐一介绍。

1.2.1 像素与分辨率

像素和分辨率是 Photoshop 中关于图像文件大小和图像质量的两个基本概念，下面将分别进行详细介绍。

1. 像素

像素是图像的基本单位，水平及垂直方向上的若干个像素组成了图像。像素是一个个有色彩的小方块，每一个像素都有其明确的位置及色彩值，如下图所示。像素的位置及色彩决定了图像的效果。一个图像文件的像素越多，包含的信息量就越大，文件也就越大，图像的品质也越好。

放大后显示的图像像素

2. 分辨率

每单位长度上的像素数量称作图像的分辨率。分辨率有很多种，如图像分辨率、显示器分辨率、打印机分辨率、扫描分辨率、商业印刷领域分辨率、位分辨率等。

◎ **图像分辨率**：图像分辨率即图像中每单位面积内像素的多少，通常用"像素／尺寸"（ppi）或"像素／厘米"表示。相同打印尺寸的图像，高分辨率比低分辨率包含较多的像素，因而像素点也较小。例如，72ppi 表示该图像每平方英寸包含 5 184 个像素（即 72×72 个像素）；同样大小而分辨率为 300ppi 的图像则包含 90 000 个像素。

◎ **显示器分辨率**：显示器分辨率指显示器上每单位长度显示的像素或点数，通常以"点／英寸"（dpi）来衡量。

◎ **打印机分辨率**：打印机分辨率是指打印机在每英寸所能产生的墨点数目，通常以"点／英寸"（dpi）来衡量。大多数激光打印机的分辨率为 600dpi。

◎ **扫描分辨率**：扫描分辨率是指在扫描一幅图像之前设定的分辨率，它将影响所生成图像文件的质量和使用的性能，它决定图像将以何种方式显示或打印。扫描图像分辨率一般不要超过 120dpi。

　　◎ **商业印刷领域分辨率**：商业印刷领域分辨率表示在每英寸上等距离排列成多少条网线，即以"线 / 英寸"（lpi）表示。

　　◎ **位分辨率**：位分辨率又称位深或颜色深度，用来衡量每个像素存储的颜色位数。位分辨率决定在图像中存放多少颜色信息。

　　一个 24 位的 RGB 图像，表示该图像的原色 R、G、B 各用了 8 位。

1.2.2 矢量图与位图

　　计算机中的图像类型分为两种：位图和矢量图，下面将分别进行介绍。

1. 矢量图

　　矢量图是根据几何特性来绘制图形，可以是一个点或一条线。矢量图只能靠软件生成，因为这种类型的图像文件包含独立的分离图像，可以自由无限制地重新组合。它的特点是放大后图像不会失真，和分辨率无关，文件占用空间较小，适用于图形设计、文字设计和一些标志设计、版式设计等，如下图所示。

矢量图的优点是：

（1）文件小。

（2）图像元素对象可编辑。

（3）图像放大或缩小不影响图像的分辨率。

（4）图像的分辨率不依赖于输出设备。

矢量图的缺点是：

（1）重画图像困难。

（2）逼真度低，要画出自然度高的图像需要很多的技巧。

2. 位图

　　位图图像也称为点阵图像或绘制图像，是由称作像素（图片元素）的单个点组成的。这些点可以进行不同的排列和染色以构成图样。当放大位图时，可以看见赖以构成整个图像的无数单个方块。扩大位图尺寸的效果是增大单个像素，从而使线条和形状显得参差不齐，然而，如果从稍远的位置观看它，位图图像的颜色和形状又显得是连续的，如下图所示。

1.2.3 常用颜色模式

颜色模式决定用于显示和打印图像的颜色模型，Photoshop 中的颜色模式以用于描述和重现色彩的颜色模型为基础。

单击"图像"|"模式"命令，选择相应的子命令，可将图像在不同的模式间进行转换，如下图所示。

颜色模式除用于确定图像中显示的颜色数量外，还影响通道数和图像的文件大小。不同的颜色模式，表示图像中像素点采用的不同颜色描述方法。

◎ RGB 色彩模式：RGB 模式又称为加色模式，是 Photoshop 中最常用的一种颜色模式，这是因为在此模式下对图像进行加工处理较为方便，而且这种模式占用的磁盘空间也不大。RGB 模式是屏幕显示的最佳颜色，由红（Red）、绿（Green）、蓝（Blue）三种颜色组成，每一种颜色可以有 0 ～ 255 的亮度变化。RGB 模式产生颜色的方式称为加色，RGB 模式的图像为三通道图像，如下图（左）所示。

◎ **CMYK 色彩模式**：由品蓝、品红、品黄和黑色组成，又称为减色模式。CMYK 模式是一种印刷模式，CMYK 分别是青色（Cyan）、洋红（Magenta）、黄色（Yellow）和黑色（Black）。CMYK 模式产生颜色的方式称为减色，CMYK 模式的图像为四通道图像。

在处理图像时，一般不使用 CMYK 模式，因为这种模式的图像文件会占用较大的存储空间，一般只在印刷时才将图像转换为该模式，如下图（右）所示。

◎ **Lab 色彩模式**：一般 RGB 色彩模式转换成 CMYK 色彩模式都先经 Lab 色彩模式来转换。Lab 模式有 3 个颜色通道，其中一个代表亮度（Luminance），另外两个代表颜色范围，分别用 a、b 来表示。

Lab 模式与设备无关，无论使用何种设备创建或输出图像，都能生成一致的颜色。同时，它也是 Photoshop 在不同颜色模式之间转换时使用的中间颜色模式。Lab 模型具有最宽的色域，如下图（左）所示。

◎ **索引颜色**：索引颜色模式最多存储 256 种颜色，当转换为索引颜色时，Photoshop 将构建一个颜色查找表，用于存放并索引图像中的颜色。如果原图像中的某种颜色没有出现在该表中，则程序将选取现有颜色中最接近的一种，或使用现有颜色模拟该颜色。索引颜色模式常被用于多媒体动画和网页的制作，如下图（右）所示。

◎ **灰度模式**：灰度模式的图像由 256 种颜色组成，每一个像素都是介于黑色和白色之间的 256 种灰度值中的一种，色调表现力比较丰富。灰度模式可以和位图模式、RGB 模式的图像相互转换，如下图（左）所示。

◎ **位图模式**：位图模式是使用黑色和白色两种颜色表示图像中的像素。位图模式的图像也称为黑白图像，其每一个像素都是用一个方块来记录的，因此所要求的磁盘空间最小，如下图（右）所示。

　　◎ 多通道模式：多通道模式对于有特殊打印要求的图像非常有用。将一幅图像转换为多通道模式后，系统将根据原图像产生相同数目的新通道，且每个通道中使用 256 级灰度。多通道图像对特殊的打印非常有用。当从 RGB、CMYK 或 Lab 模式的图像中删除一个通道后，该图像会自动转换为多通道模式，如下图（左）所示。

　　◎ 双色调模式：双色调模式是一种为打印而定制的色彩模式，主要用于输出适合专业印刷的图像。该模式通过 2 ~ 4 种自定义油墨创建双色调（两种颜色）、三色调（3 种颜色）和四色调（4 种颜色）的灰度图像。使用双色调模式的重要用途之一是使用尽量少的颜色表现尽量多的颜色层次，这样可以减少印刷成本，如下图（右）所示。

1.2.4　色域与溢色

　　色域是指颜色系统可以显示或打印的颜色范围，如下图（左）所示。在 Photoshop 所采用的各种颜色模式中，LAB 模式的色域最宽，它包括 RGB 模式和 CMYK 模式色域中的所有颜色。RGB 模式的色域包括计算机显示器、电视机屏幕等显示的颜色。CMYK 模式的色域较窄，仅包含使用印刷色油墨能够打印的颜色。色域是颜色系统可以显示或打印的颜色范围，人眼看到的色谱比任何颜色模型中的色域都宽。

　　溢色通常用于 Photoshop 等图像处理软件中。RGB 中某些颜色在电脑显示器上可以显示，但在 CMYK 下是无法印刷出来的，这种现象叫溢色。如下图（右）所示是不同色彩空间的色域：A. Lab 色彩空间包括所有可见颜色。B.RGB 色彩空间。C. CMYK色彩空间。图中 RGB 色域减去两者色域相同的区域即是溢色。

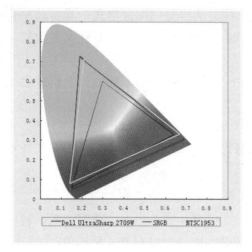 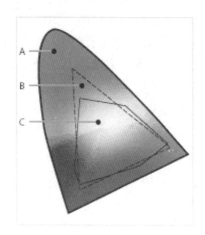

在 RGB 模式中，可以按下列方式识别溢色：

（1）在"信息"面板中，每当将鼠标指针移到溢色上，CMYK 值的旁边都会出现一个惊叹号。

（2）当选择了一种溢色时，拾色器和"颜色"面板中都会出现一个警告三角形，并显示最接近的 CMYK 等价色。要选择 CMYK 等价色，可单击该三角形或色块。

（3）使用"色域警告"命令。

1.2.5　常用图像文件格式

Photoshop 兼容的图像文件格式很多，不同格式的图像文件所包含的图像信息各不相同，文件大小也不一致。用户可以根据自己的需求选用适当的文件格式。

下面将对几种常用的图像格式进行讲解。

1. PSD和PDD（*.psd和*.pdd）格式

PSD 和 PDD 格式是 Photoshop 软件自身专用的格式，它可以保存 Photoshop 在制作图像时的各种信息，如通道、路径、样式和效果等，文件也相应较大，不过可以通过合并图层来降低文件的大小。该格式是唯一能够支持全部图像颜色模式的格式。

由于保留了所有的原始信息，因此在图像处理中对于尚未制作完成的图像来说，选用 PSD 格式保存是最佳的选择。但是，该格式并不为大多数图像处理及排版软件兼容，因此，在图像处理完毕后最好保存为其他兼容性较好的格式。

2. BMP（*.bmp）格式

BMP 格式是一种与硬件设备无关的图像文件格式，使用非常广泛，是 DOS 和 Windows 兼容计算机上的标准 Windows 图像格式。BMP 格式支持 RGB、索引颜色、灰度和位图颜色模式，但不支持 Alpha 通道。它采用位映射存储格式，除了颜色深度

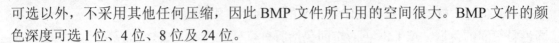

可选以外，不采用其他任何压缩，因此 BMP 文件所占用的空间很大。BMP 文件的颜色深度可选1位、4位、8位及24位。

3. TIFF（*.tif）格式

TIFF 格式即标记图像文件格式，它是一种灵活的位图图像格式，具有跨平台的兼容性，几乎被所有的绘画、图像编辑和页面版面应用程序支持，而且大多数扫描仪都能输出 TIFF 格式的图像文件。

TIFF 格式是一种无损压缩格式，便于在应用程序之间和不同的计算机平台之间进行图像数据交换。

TIFF 格式能够有效地处理多种颜色深度、Alpha 通道和 Photoshop CS5 的大多数图像格式，支持位图、灰度、索引、RGB、CMYK 和 Lab 等颜色模式，TIFF 文件还可以包含文件信息命令创建的标题。

4. GIF(*.gif)格式

GIF 格式可以使用 LZW 方式进行压缩，文件尺寸较小，支持透明背景，特别适合作为网页图像。GIF 格式只保存 8 位真彩色图像，即只能保存 256 种颜色。

5. PNG(*.png)格式

PNG 格式在 RGB 和灰度颜色模式下支持 Alpha 通道。不同于 GIF 格式的是，它可以保存 24 位真彩色图像，图像文件较大，还可以在不失真的情况下保存压缩图像，但不是所有的浏览器都支持该格式。

6. JPEG（*.jpg）格式

JPEG 格式支持 CMYK、RGB 和灰度颜色模式，不支持 Alpha 通道。这种格式的图像文件一般用于图像浏览和一些 HTML 文档中。

JPEG 是一种有损压缩格式。JPEG 压缩方法会降低图像中细节的清晰度，尤其是包含文字或矢量图形的图像。要注意，每次 JPEG 格式存储图像时都会产生不自然的效果，如波浪形图案或带块状区域，这些不自然的效果可随每次将图像重新存储到同一 JPEG 文件而累积。因此，应当始终从原图像存储 JPEG 文件，而不要从以前存储的 JPEG 图像中存储。

7. PDF（*.pdf）格式

PDF 格式是 Adobe 公司推出的专为网上出版而制定的一种格式，可以覆盖矢量式图像和位图图像，并且支持超链接。该格式可以保存多页信息，可以包含图形和文本，因此在网络下载中经常使用此文件格式。

PDF 格式支持 RGB、索引、CMYK、灰度、位图和 Lab 等颜色模式，但不支持 Alpha 通道。

8. AI(*.ai)格式

AI 格式是一种矢量图形格式，在 Illustrator 中经常用到。它可以把 Photoshop 软件中的路径转换为 AI 格式，然后在 Illustrator、CorelDRAW 程序中打开，并对其进行颜色和形状的调整等。

1.3 Photoshop CS5 新增以及扩展功能

Photoshop CS5 采用了全新的技术，可以精确地检测和遮盖最容易出错的边沿，让复杂图像的选择变得易如反掌。Photoshop 的新增和扩展功能为设计工作者带来了方便。

1.3.1 Photoshop CS5新功能

Photoshop CS5 为摄影师、艺术家以及一些高端的设计用户带来了一系列全新的高级功能，下面将进行详细介绍。

1. 内容感知填充

使用"内容识别"填充，可以删除任何图像细节或对象。过去我们去除图像中不想要的部分时，还要使用仿制图章等工具修补背景中出现空白的区域，新增的内容识别功能可以自动从选区周围的图像上取样，然后填充选区，像素与亮度、影调、噪点等修复得天衣无缝，如下图所示。

2. 方便地操控图像变形

在 Photoshop CS5 中，启用操控变形功能以后，在图像上添加关键节点，就可以对任何图像元素进行变形。通过对图像元素进行精确的重新定位，创建出视觉上更具吸引力的照片，如下图所示。

3. 图像复杂选择更容易

轻点鼠标就可以选择一个图像中的特定区域，轻松抠出毛发等细微的图像元素。使用新增的细化工具还可以改变选区边缘、改进蒙版。选择完成后，可以直接将选区范围输出为蒙版、新图层等，如下图所示。

4. 出众的HDR成像

HDR Pro工具可以合成包围曝光的照片，创建写实或超现实的HDR图像，甚至可以让单次曝光的照片获得HDR的外观。在HDR的帮助下，我们可以使用超出普通范围的颜色值，因而能渲染出更加真实的3D场景，如下图所示。

5. 自动镜头校正

"镜头校正"滤镜以及"文件"菜单中新增的"镜头校正"命令可以查找照片的EXIF数据。Adobe从机身和镜头的构造上着手实现了镜头的自动更正，主要包括减轻枕形失真（pincushion distortion），修饰曝光不足的黑色部分，以及修复色彩失焦（chromatic aberration）。当然这一调节也支持手动操作，用户可以根据自己的不同情况进行修复设置，并且可以从中找到最佳的配置方案，如下图所示。

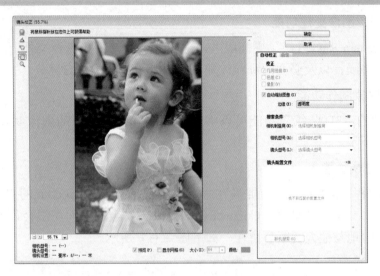

6. GPU加速功能

通过GPU加速可以实现工具功能的增强，如使用三分法则网格进行剪裁、鸟瞰缩放、HDR拾色器、吸管工具的取样环、硬毛刷笔尖预览等，如下图所示。

7. 出色的媒体管理

借助更灵活的分批重命名功能轻松管理媒体，运用Photoshop CS5中的"Mini Bridge中浏览"命令可以方便地在工作环境中访问资源，如下图所示。

8. 最先进的原始图像处理功能

Adobe Camera Raw 升级了更高版本，除了增加支持的相机种类外，还可以对 Raw 照片进行无损降噪，以及必要的颗粒纹理，使照片看上去更加自然。

9. 增强的3D对象制作功能

使用新增的"3D凸纹"功能可以将文字、路径甚至选中的图像制作为 3D 对象，如下图（左）所示。

10. 跨越平台更快性能

单击"文件"｜"共享我的屏幕"命令，可以借助 Acrobat.com 的 ConnectNow 服务在联机会议中共享我的屏幕。ConnectNow 提供了安全的个人在线会议室，使我们可以通过网络实时地与他人会晤与协作，如下图（右）所示。

 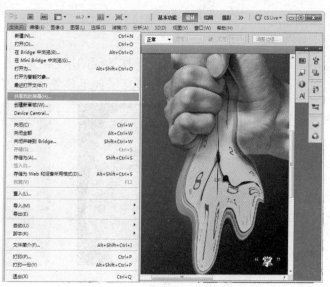

11. 非凡的绘图效果

升级的笔刷系统将以画笔和染料的物理特性为依托，新增多个参数，实现较为强烈的真实感，包括墨水流量、笔刷形状以及混合效果。借助混合器画笔和毛刷笔尖，可以将照片轻松地转变为绘画效果或创建独特的艺术效果，如下图所示。

 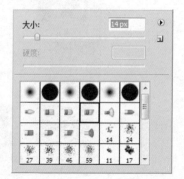

1.3.2 扩展功能

Adobe 推出的扩展功能是一套在线服务功能，它可以驾驭 Web 连接性并与 Adobe Creative Suite 5 集成，以简化创作审阅流程、加快网站兼容性测试等。下面将介绍扩展功能。

1. CS New and Resources

单击"窗口"｜"扩展功能"｜CS New and Resources 命令，可以打开 CS New and Resources 面板，并自动连接到 Adobe 网站，查找最新的 CS 新闻和帮助资源，如下图所示。

2. Adobe CS Review

单击"窗口"｜"扩展功能"｜CS Review 命令，或者单击"文件"｜"创建新审核"命令，可以打开 CS Review 面板，在 Creative Suite 桌面应用程序中可以在线创建和共享审阅，获得设计项目反馈，如下图所示。

3. Kuler

单击"窗口"｜"扩展功能"｜Kuler 命令，可以打开 Kuler 面板。Kuler 面板用于在线快速创建、共享和浏览颜色主题，如下图所示。

4. 访问CS Live

单击"窗口"｜"扩展功能"｜"访问 CS Live"命令，可以打开"访问 CS Live"面板，在面板中可以直接访问以上几个功能，如下图所示。

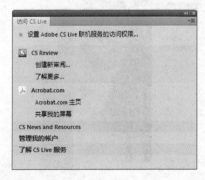

第**2**章 Photoshop CS5基本操作

本章将详细介绍 Photoshop CS5 的基本操作，使读者快速熟悉新版本更加人性化的工作界面，以及各种菜单栏、工具、面板的特性等。

本章学习重点

1. Photoshop CS5的启动和退出
2. 全新的Photoshop CS5工作界面
3. 设置工作区
4. 辅助工具的使用

重点实例展示

使用网格

本章视频链接

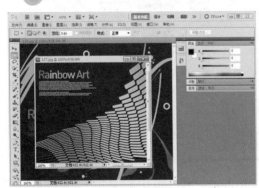

设置浮动窗口

使用快捷菜单

2.1 Photoshop CS5的启动和退出

Photoshop CS5 的启动和退出的方法有多种，下面将分别进行介绍。

2.1.1 Photoshop CS5的启动

使用 Photoshop CS5 处理图像前，首先要先启动 Photoshop CS5，常用的启动方法有两种，下面分别进行介绍。

方法一：通过"开始"菜单启动

单击"开始"按钮，在弹出的"开始"菜单中选择"所有程序" | Adobe Photoshop CS5 选项，即可启动 Photoshop CS5，如下图所示。

方法二：通过已有文档启动

双击已有的 Photoshop 文档图标，即可启动 Photoshop CS5，如下图所示。

方法三：通过桌面快捷方式启动

安装软件后，可以创建桌面快捷方式，双击其图标，或者右击图标，在弹出的快捷菜单中选择"打开"选项，即可启动 Photoshop CS5，如下图所示。

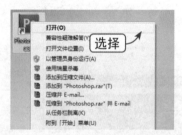

2.1.2 Photoshop CS5的退出

对图像进行编辑并保存后，即可退出 Photoshop CS5。常用的退出 Photoshop CS5 的方法也有两种，下面将分别进行介绍。

方法一：通过标题栏右侧的"关闭"按钮退出

单击标题栏右侧的"关闭"按钮 ，即可退出 Photoshop CS5，如下图所示。

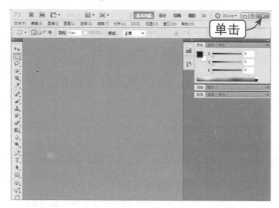

方法二：通过右击任务栏Photoshop图标

在任务栏中右击 Photoshop 程序的图标，在弹出的快捷菜单中选择"关闭窗口"选项，即可退出 Photoshop CS5，如下图所示。

2.2 全新的Photoshop CS5工作界面

Photoshop CS5 不仅在功能上较 Photoshop CS4 有了更新的改进，在工作界面上也进行了相应的优化，用户在使用 Photoshop CS5 编辑图像时也更加方便、简单。

2.2.1 了解Photoshop CS5工作界面组件

在深入学习 Photoshop CS5 之前，先来认识一下 Photoshop CS5 的工作界面组件。Photoshop CS5 的工作界面组件主要包括程序栏、菜单栏、工具属性栏、标题栏、工具箱、文件窗口以及面板，如下图所示。

程序栏：可以启动 Bridge 和 Mini Bridge、更改图像缩放级别、切换工作区、启动 CS Live 以及进行 Photoshop CS5 窗口的最大化、最小化或关闭等操作。

菜单栏：菜单栏中包含了各种常用的菜单命令，通过选择不同的菜单项可以实现不同的功能。

工具箱：包含了 Photoshop 中常用的工具，如移动工具、选框工具、套索工具等。

工具属性栏：在工具箱中选择不同的工具，即可显示相应的工具属性栏，工具属性栏主要用来对工具的各项属性进行设置。

标题栏：用于显示当前文档的名称，以及图像比例等属性。

文档窗口：文档窗口是显示和编辑图像的区域。

面板：可以帮助用户编辑图像，不同面板的功能不同，对图像进行处理的效果也不一样。

2.2.2 图像窗口

图像窗口主要用来编辑图像，在 Photoshop CS5 中，用户可以打开一个文件，也可以同时打开多个文件。掌握图像窗口的基本操作，可以使用户在处理图像时事半功倍，下面就来介绍图像窗口的基本操作。

Step 01 打开单个文件

在 Photoshop CS5 中，用户可以单独打开一个文件进行处理，如下图所示。

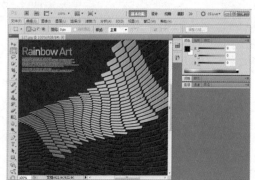

Step 02 同时打开多个文件

在 Photoshop CS5 中，用户也可以同时打开多个文件进行处理，如下图所示。

Step 03 切换图像窗口

打开多个文件窗口后，可以在各个窗口中进行切换。单击某一个文件的名称，即可将其设置为当前操作的窗口，如下图所示。

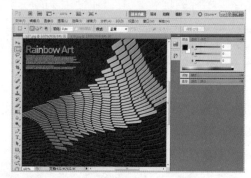

Step 04 设置浮动窗口

单击其中一个文件窗口的标题，并将其从选项卡中拖出，即可变为浮动窗口，如下图所示。

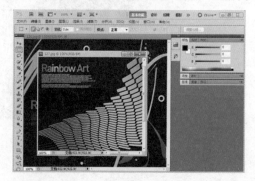

Step 05 平铺窗口

单击"窗口"|"排列"|"平铺"命令，即可将打开的多个窗口以平铺的形式显示，如下图所示。

Step 06 将所有内容合并到选项卡

单击"窗口"|"排列"|"将所有内容合并到选项卡中"命令，即可将多个窗口合并到选项卡，如下图所示。

Step 07 显示所有文件

如果打开的文件窗口较多，选项卡中不能显示所有文件，此时可以单击它右侧的双箭头图标，以选择所有文件，如下图所示。

Step 08 调整文件窗口排列顺序

在选项卡中水平拖动各个文件，即可调整文件窗口的排列顺序，如下图所示。

Step 09 关闭单个文件

单击一个窗口右上角的 ⊠ 按钮，即可将该文件关闭，如下图所示。

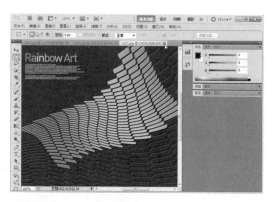

Step 10 关闭所有文件

右击任意一个文件窗口，在弹出的快捷菜单中选择"关闭全部"选项，即可关闭所有文件，如下图所示。

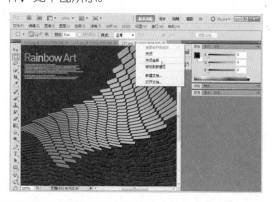

2.2.3 菜单

菜单的使用是 Photoshop CS5 中很重要的操作,每个菜单都包含一系列的命令,下面就来介绍菜单的基本操作。

Step 01 使用主菜单

单击主菜单中的一个菜单项,即可打开该菜单,在菜单中带有黑三角标记的命令表示还有下拉菜单,如下图所示。

Step 02 使用快捷菜单

在 Photoshop 中处理图像时,快捷菜单的使用也是很重要的,例如,右击图像即可显示相应的快捷菜单,如下图所示。

2.2.4 工具箱与工具属性栏

1. 工具箱

在 Photoshop CS5 中,工具箱主要用来选择工具。下面先来认识一下工具箱,如下图所示。

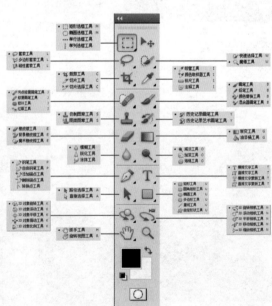

在工具箱中单击其中一个工具图标，即可选中该工具，如下图（左）所示。如果该工具右下角有一个黑色三角，则表示这是一个工具组。右击该工具组，即可显示相应工具，如下图（右）所示。

 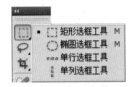

2. 工具属性栏

在工具箱中选择不同的工具，即可显示该工具相应的属性栏，工具属性栏主要用来设置工具的各项参数。例如，在工具箱中选择矩形选框工具时，其工具属性栏如下图所示。

2.2.5 面板

在 Photoshop CS5 中包含有 20 多个面板，在"窗口"菜单中可以选择需要打开的面板，默认情况下面板都出现在窗口右侧，下面就来介绍面板的基本操作。

Step 01 选择面板

单击面板的名称，即可将其设置为当前面板，选择的面板名称将以高亮形式显示，如下图所示。

 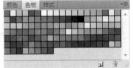

Step 02 移动面板

将鼠标指针移至面板上，按住鼠标左键并将其拖至窗口空白处，即可将其分离出来，变为浮动面板，如下图所示。

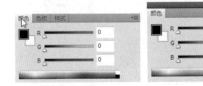

Step 03 组合面板

拖动浮动面板至另一个面板的标题栏上，当出现蓝色框时释放鼠标左键，即可将其与目标面板组合，如下图所示。

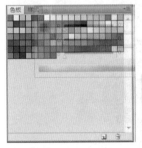 

Step 04 打开面板菜单

单击面板右上角的 按钮，即可打开面板菜单，如下图所示。

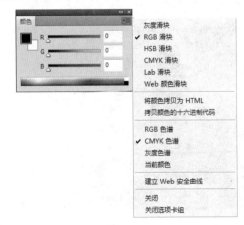

Step 05 关闭面板

右击面板标题栏，在弹出的快捷菜单中选择"关闭"选项，即可将该面板关闭，如右图所示。

2.2.6 状态栏

状态栏主要用来显示当前图像的各种信息，位于当前图像窗口的下方，如下图（左）所示。

◎ 最左侧的 100% 表示当前图像的显示比例。

◎ "文档：791.0K/791.0K"表示当前文件的大小，前面的数值表示合并图层后图像的大小，后面的数值表示合并图层前图像的大小。

◎ 单击状态栏右侧的黑三角按钮，即可查看图像的其他属性，如下图（右）所示。

◎ 在状态栏中的"文档"选项上单击鼠标左键，即可显示图像的高度、宽度和通道等信息，如下图（左）所示。

◎ 按住【Ctrl】键不放，在状态栏"文档"选项上单击鼠标左键，即可显示图像的拼贴宽度等信息，如下图（右）所示。

2.2.7 程序栏

程序栏位于 Photoshop 窗口的最顶部，它提供了一系列的按钮，通过程序栏用户可以打开 Bridge 和 Mini Bridge、更改图像缩放级别，以及切换工作区等，如下图所示。

2.3 设置工作区

在 Photoshop CS5 中提供了适合不同任务的预设工作区，用户可以随意在这些预设工作区之间进行切换，除此之外，用户还可以创建自定义工作区。

1. 使用预设工作区

单击程序栏中的 >> 按钮，即可在弹出的下拉菜单中选择需要的工作区，如下图（左）所示。还可以单击"窗口"|"工作区"命令，进行工作区的选择，如下图（右）所示。

2. 创建自定义工作区

为了更方便地编辑图像，有时需要创建自定义工作区，下面将介绍如何创建自定义工作区。

Step 01 设置工作区

打开图像，在"窗口"菜单中打开需要显示的面板，并关闭多余的面板，如下图所示。

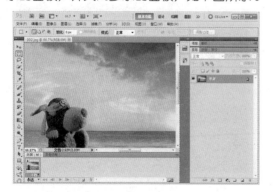

Step 02 新建工作区

在程序栏中单击 >> 按钮，在弹出的下拉菜单中选择"新建工作区"选项，即可弹出"新建工作区"对话框,输入相关信息，单击"存储"按钮，即可创建自定义工作区，如下图所示。

Step 03 显示工作区

单击"窗口"|"工作区"命令，即可在弹出的菜单中显示刚才创建的工作区，如右图所示。

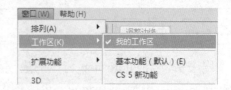

2.4 辅助工具的使用

标尺、参考线、网格都属于辅助工具，这些辅助工具可以帮助用户更好地定位鼠标指针的位置和对图像进行编辑。

Step 01 打开文档

按【Ctrl+O】组合键，打开一个文档，如下图所示。

Step 02 显示标尺

按【Ctrl+R】组合键或者单击"视图"|"标尺"命令，即可显示标尺，如下图所示。

Step 03 调整原点位置

将鼠标指针移至窗口左上角，然后向右下方拖动鼠标，此时即可显示一条十字线，将其拖动到适合的位置并释放鼠标，即可调整原点

位置。当用户再次在左上角双击时，即可将原点恢复至默认设置，如下图所示。

Step 04 移动参考线

将鼠标指针移至垂直标尺上，按住鼠标左键不放并向右拖动鼠标，此时即可看到窗口中多了一条虚线，将其拖至合适的位置，即可显示一条垂直参考线，如下图所示。

Step 05 删除参考线

如果只需删除多条参考线中的其中一条，只需按住【Ctrl】键将其拖回标尺即可。如果需要删除全部参考线，则可单击"视图"|"清除参考线"命令，如下图所示。

Step 06 使用网格

单击"视图"|"显示"|"网格"命令，即可显示网格，如下图所示。

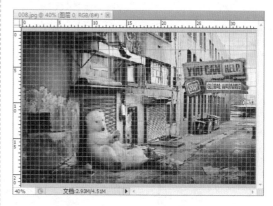

第**3**章 图像处理基本操作

本章将详细介绍图像处理基本操作知识，其中包括图像文件的基本操作，使用 Adobe Bridge 管理文件，图像视图的模式，修改与调整图像，撤销与重复图像操作等，这是使用 Photoshop 最基本的操作，读者应该熟练掌握。

本章学习重点

1. 图像文件的基本操作
2. 使用Adobe Bridge管理文件
3. 图像视图的模式
4. 修改和调整图像
5. 撤销和重复图像操作

重点实例展示

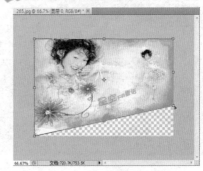

斜切图像

本章视频链接

打开图像文件

以审阅模式浏览图像

3.1 图像文件的基本操作

图像文件的基本操作主要包括图像文件的创建、保存、打开、置入以及图像文件的关闭等。下面将详细介绍图像文件的基本操作，这是学习 Photoshop 最基础的知识。

3.1.1 创建空白文件

在 Photoshop CS5 工作窗口中单击"文件"|"新建"命令，或者按【Ctrl+N】组合键，即可弹出"新建"对话框，如下图所示。其中：

◎ **名称**：用于输入文件的名称，默认情况下文件名为"未标题-1"，用户可以根据自己的需要进行命名，也可以保持默认设置。

◎ **预设**：提供了各种常用文档的尺寸预设，单击其右侧的下拉按钮，即可进行相应的设置和选择，如下图（左）所示。例如，当选择"移动设备"选项时，即可对其进行相应的设置，如下图（右）所示。

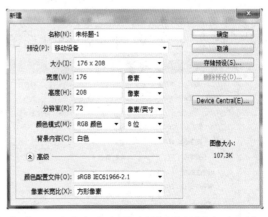

◎ **宽度和高度**：用于设置文档的宽度和高度，可以在右侧的下拉列表框中选择任意一种单位，如下图（左）所示。

◎ **分辨率**：用于设置文件的分辨率，分辨率的单位有"像素 / 英寸"和"像素 / 厘米"两种。

◎ **颜色模式**：单击其右侧的下拉按钮，即可在弹出的下拉列表中选择颜色模式。一般情况下，默认设置为 RGB 颜色，如下图（右）所示。

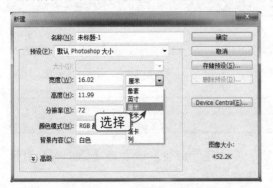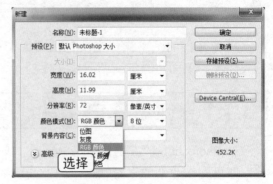

◎ **背景内容**：背景内容的选择项共有三种：白色、背景色以及透明。"白色"为默认设置颜色；当选择"背景色"时，将以工具箱中设置的背景色来填充；当选择"透明"时，将创建透明的背景，如下图所示。

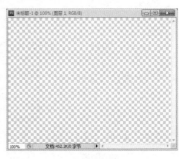

白色　　　　　　　　　　　　背景色　　　　　　　　　　　　透明

◎ **高级**：单击 ⊗ 按钮，即可显示出对话框隐藏的选项，此时可以对"颜色配置文件"及"像素长宽比"进行设置，如下图（左）所示。

◎ **存储预设**：单击该按钮，即可弹出"新建文档预设"对话框，在其中可以设置文件大小、分辨率、模式以及内容等。将其保存下来后，以后再需要使用时，只需在"新建"对话框的"预设"下拉列表框中选择该预设即可，如下图（右）所示。

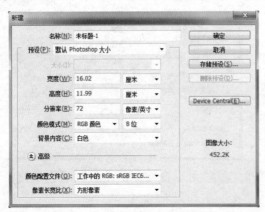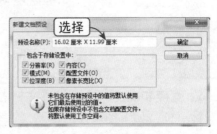

◎ **Device Central**：单击该按钮，即可运行 Device Central，在打开的窗口中即可创建特定的文档，如下图所示。

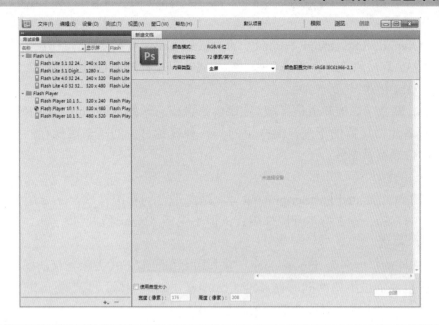

3.1.2 保存图像文件

对图像进行编辑和处理后，应该及时对图像文件进行保存。在 Photoshop CS5 中，提供了多种保存图像文件的方法，下面将介绍如何保存图像文件。

1. 文件保存格式

在 Photoshop CS5 中提供了多种文件保存格式，如右图所示。其中：

◎ **PSD 格式**

PSD 全称 Photoshop Document，为 Photoshop 专用格式，这种格式可以存储 Photoshop 中所有的图层、蒙版、通道、参考线、注解和颜色模式等信息。在保存图像时，若图像中包含有图层，则一般都用 PSD 格式保存。这样，当再次使用时还可以随时进行修改，大大方便了用户操作。但是，PSD 格式所包含的图像数据信息较多，因此比其他格式的图像文件要大得多。

◎ **PSB 格式**

PSB 格式是 Photoshop 大型文件格式，它能在任一维度上最多支援高达 300000 像素的文件，也能支援所有 Photoshop 的功能。目前以 PSB 格式储存的文件大多只能在 Photoshop 中打开，如果要创建一个 2G 以上的文件，可以采用这种格式。

◎ **BMP 格式**

BMP 是英文 Bitmap（位图）的简写，它是 Windows 操作系统中的标准图像文件格式，能够被多种 Windows 应用程序所支持。它可以处理 24 位颜色的图像，并且支持多种图像模式，但不支持 Alpha 通道。

◎ GIF 格式

GIF（Graphics Interchange Format）的原意是"图像互换格式"。GIF 文件的数据是一种基于 LZW 算法的连续色调的无损压缩格式，可支持透明背景和动画。

◎ DICOM 格式

DICOM，即数字影像和通信标准。在医学影像信息学的发展和 PACS 的研究过程中，由于医疗设备生产厂商的不同，而产生的与各种设备有关的医学图像存储格式，通常用于存储和传输医学图像。

◎ EPS 格式

EPS 是 Encapsulated PostScript 的缩写，是跨平台的标准格式，主要用于矢量图像和光栅图像的存储。它支持多种图像模式，但不支持 Alpha 通道。

◎ JPEG 格式

JPEG 文件的扩展名为 .jpg 或 .jpeg，它利用有损压缩方式去除冗余的图像和彩色数据，在获得极高的压缩率的同时能展现十分丰富生动的图像，但当将压缩品质数值设置得较大时，则会出现丢失图像细节的现象。

◎ PCX 格式

PCX 是一种在 MS-DOS 环境中十分常见的图像文件格式，几乎所有的图像编辑软件都支持这种格式。它支持 24 位、256 色的图像。

◎ PDF 格式

PDF 全称 Portable Document Format，是一种电子文件格式。这种文件格式与操作系统平台无关，它支持矢量数据和位图数据，并支持多种图像模式，但不支持 Alpha 通道。

◎ Raw 格式

Raw 的原意就是"未经加工"。Raw 图像就是 CMOS 或 CCD 图像传感器将捕捉到的光源信号转化为数字信号的原始数据，该格式支持有 Alpha 通道的 CMYK、RGB 和灰度模式，以及无 Alpha 通道的多通道、Lab、索引和双色调模式。

◎ Pixar 格式

Pixar 格式是专为高端图形应用程序设计的文件格式，它支持 Alpha 通道的 RGB 和灰度模式图像。

◎ PNG 格式

PNG 是一种位图文件存储格式，它使用从 LZ77 派生的无损数据压缩算法。PNG 用于存储灰度图像时，灰度图像的深度可多到 16 位；存储彩色图像时，彩色图像的深度可多到 48 位，并且还可以存储多到 16 位的 Alpha 通道数据。与 GIF 格式不同的是，它支持 244 位图像并产生无锯齿的背景透明度。

◎ Scitex 格式

该格式主要用于 Scitex 计算机高端图像处理，不支持 Alpha 通道。

◎ TGA 格式

TGA 格式（Tagged Graphics）属于一种图形图像数据的通用格式，它可以生成不规则形状的图形图像文件。TGA 格式支持压缩，使用不失真的压缩算法，它支持一个单独的 Alpha 通道的 32 位 RGB 文件，以及无 Alpha 通道的索引、灰度模式、16 位和 24 位的 RGB 文件。

◎ **TIFF 格式**

TIFF 全称是 Tagged Image File Format，是一种通用的文件格式，该格式支持 256 色、24 位真彩色、32 位色、48 位色等多种色彩位，同时支持 RGB、CMYK 等多种色彩模式。Photoshop 可以在 TIFF 格式中存储图层。

◎ **便携位图模式**

便携位图（PBM）文件格式（也称为"便携位图库"和"便携二进制图"）支持单色位图（1 位 / 像素），可用于无损数据传输。PBM 文件格式可以存储单色位图。

2. 使用"存储"命令保存图像

如果是第一次对打开的图像进行编辑或是一个新建的文件，那么使用"存储"命令保存图像时会弹出"存储为"对话框，如右图所示。当下次再使用"存储"命令保存该图像时，图像将会按照原有的格式进行存储。其中：

◎ **保存在**：可以在该下拉列表框中选择图像保存的位置。

◎ **文件名**：可以在该下拉列表框中设置图像存储的名称。

◎ **格式**：单击其右侧的下拉按钮，可以在弹出的下拉列表中选择图像保存的格式。

◎ **作为副本**：选中该复选框，则可以另存为一个文件副本，并且该副本的存储位置与源文件相同。

◎ **Alpha 通道 / 图层 / 注释 / 专色**：可以选择是否存储 Alpha 通道、图层、注释和专色，但如果图像中不包含这些选项，那么默认情况下将处于不可操作状态。

◎ **使用校样设置**：当用户选择的存储格式为 EPS 或 PDF 格式时，该选项可用，它可以保存打印用的校样设置。

◎ **ICC 配置文件**：选中该复选框，即可保存嵌入该文档中的 ICC 配置文件。

3. 使用"存储为"命令保存图像

如果需要将文档另存到其他位置，或者需要将现有图像文件存储为其他格式，可以单击"文件"|"另存为"命令，在弹出的"存储为"对话框中进行相应的设置即可。

4. 使用"签入"命令保存图像

对于一般用户来说，很少用此方法存储图像。该存储方法允许存储文件的不同版本，可用于 Version Cue 工作区管理的图像。

3.1.3 打开图像文件

在 Photoshop 中，除了可以创建空白文件来进行一些图像处理操作外，还可以打开现有的图像文件进行编辑。打开图像文件的方法也有多种，下面将详细进行介绍。

1. 使用"打开"命令打开文件

使用"打开"命令打开文件时，可以打开一个文件，也可以同时打开多个文件，具体操作方法如下：

Step 01 选择单个图像文件

单击"文件"|"打开"命令，弹出"打开"对话框，选择要打开的文件，单击"打开"按钮，如下图所示。

Step 03 选择多个图像文件

单击"文件"|"打开"命令，弹出"打开"对话框，按住【Ctrl】键依次选择要打开的文件，单击"打开"按钮，如下图所示。

Step 02 打开单个图像文件

此时，即可在 Photoshop CS5 窗口中打开单个图像文件，如下图所示。

Step 04 打开多个图像文件

此时，即可在 Photoshop CS5 窗口中同时打开多个图像文件，如下图所示。

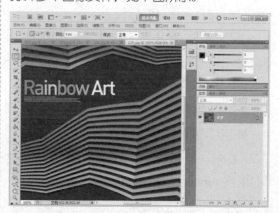

2. 使用"打开为"命令打开文件

使用"打开为"命令打开文件时，所选的文件格式必须与源文件的格式相匹配才可以将文件打开。使用"打开为"命令打开文件的具体操作方法如下：

Step 01 选择文件和格式

单击"文件"|"打开为"命令，弹出"打开为"对话框，选择要打开的文件，并在"打开为"下拉列表框中选择对应的格式，然后单击"打开"按钮，如下图所示。

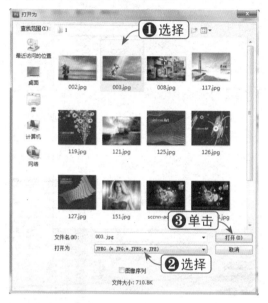

Step 02 打开图像文件

此时，即可在 Photoshop CS5 窗口中打开图像文件，如下图所示。

Step 03 选择文件和格式

单击"文件"|"打开为"命令，弹出"打开为"对话框。选择 JPG 类型的文件，在"打开为"下拉列表框中选择 PSD 格式，单击"打开"按钮，如下图所示。

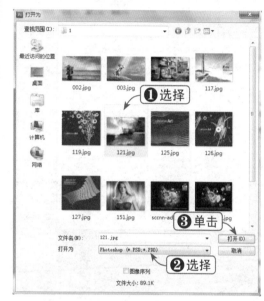

Step 04 弹出警告信息

弹出警告信息框，提示用户无法完成请求，单击"确定"按钮，如下图所示。

3. 通过快捷方式打开文件

如果没有运行 Photoshop CS5，可以通过快捷方式打开文件；如果运行了 Photoshop CS5，则可以将现有文档拖入窗口中打开。下面将介绍如何通过快捷方式打开文件。

Step 01 双击图像文件

如果没有启动 Photoshop CS5，则双击需要打开的图像文件，如下图所示。

Step 02 打开图像文件

此时，即可在 Photoshop CS5 窗口中打开图像文件，如下图所示。

Step 03 将文件直接拖入窗口中

如果启动了 Photoshop CS5，则可以将现有文件直接拖入 Photoshop CS5 窗口中，如下图所示。

Step 04 打开图像文件

此时，也可以在 Photoshop CS5 窗口中打开图像文件，如下图所示。

4. 打开最近使用过的文件

也可以通过最近使用过的文件来打开图像文件，一般情况下每打开一个文件都会产生相应的记录，下次就可以方便地打开这些使用过的文件，具体操作方法如下：

Step 01 单击打开文件命令

在 Photoshop CS5 窗口中单击 "文件" | "最近打开文件" | "彩色线条 .jpg" 命令，如下图所示。

Step 02 打开图像文件

此时，即可在窗口中打开相应的图像文件，如下图所示。

知识点拨

Photoshop CS5 默认只保存最新打开的 10 个文件，打开的文件会替代之前打开的文件。用户可以单击"编辑"|"首选项"|"文件处理"命令，在弹出的"首选项"对话框的"文件处理"选项卡中，可以设置最新打开的文件个数。

5．使用"在Bridge中浏览"命令打开文件

使用"在 Bridge 中浏览"命令可以运行 Adobe Bridge，在 Adobe Bridge 中即可选择打开的文件，具体操作方法如下：

Step 01 单击"在 Bridge 中浏览"命令

单击"文件"|"在 Bridge 中浏览"命令，如下图所示。

知识点拨

用户可以单击程序栏中的 ▦ 图标，启动 Bridge。

Step 02 双击需要打开的文件

此时即可打开 Bridge 窗口，找到并双击需要打开的文件，如下图所示。

Step 03 打开图像文件

此时，即可在 Photoshop CS5 窗口中打开图像文件，如下图所示。

3.1.4 置入图像文件

当用户新建或者打开一个文件后，即可使用"置入"命令将位图以及一些矢量文件作为智能对象置入到 Photoshop 窗口中。置入图像文件的具体操作方法如下：

	素材文件	光盘：素材文件\第3章\金海地产.jpg

Step 01 打开图像文件

在 Photoshop 窗口中打开"金海地产.jpg"图像文件，如下图所示。

Step 02 选择置入文件

单击"文件"|"置入"命令，弹出"置入"对话框，选择需要置入的 EPS 文件，单击"置入"按钮，如下图所示。

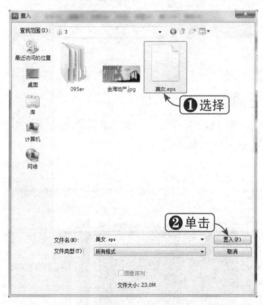

Step 03 置入文件

此时，即可成功地将文件置入文档窗口中，同时可以看到图像四周出现了一个控制框，如下图所示。

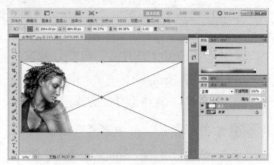

Step 04 调整图像

按住【Shift】键，然后将鼠标指针移至图像右下角，拖动鼠标对图像进行等比例缩放，之后按【Enter】键进行确认，此时在"图层"面板中即可看到置入的对象被创建为智能对象，如下图所示。

知识点拨

PDF、JPG、GIF、BMP 等基本图片格式都可以置入到 Photoshop 中。

3.1.5 关闭图像文件

当用户完成图像的处理和编辑并保存后，即可关闭图像文件。关闭图像文件的具体操作方法如下：

Step 01 关闭图像文件

单击图像文件标题右侧的"关闭"按钮，或者右击图像文件标题栏，在弹出的快捷菜单中选择"关闭"选项，即可将图像文件关闭，如下图所示。

Step 02 全部关闭图像文件

右击图像文件标题栏，在弹出的快捷菜单中选择"关闭全部"选项，即可将全部图像文件关闭，如下图所示。

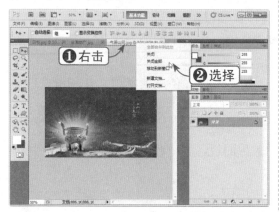

Step 03 关闭并转到 Bridge

单击"文件"|"关闭并转到 Bridge"命令，此时即可关闭当前图像文件，并打开 Bridge窗口，如下图所示。

Step 04 关闭 Photoshop CS5 程序

当用户不需要再使用 Photoshop CS5 程序时，可以将其关闭，此时只需单击程序右上角的"关闭"按钮即可，如下图所示。

3.2 使用Adobe Bridge管理文件

Adobe Bridge 是 Photoshop CS5 中的一个跨平台应用程序，可以帮助用户实现查找、组织和浏览、创建及打印 Web、视频及音频内容所需的资源。下面将介绍如何使用 Adobe Bridge 管理文件。

3.2.1 Adobe Bridge管理界面

要使用 Adobe Bridge 处理图像，首先需要先启动 Adobe Bridge 软件，其管理界面如下图所示。其中：

◎ 标题栏：主要用于显示文档名称以及窗口控制按钮。

◎ 菜单栏：包含了 Adobe Bridge 常用的菜单项，单击不同的菜单项，将显示不同的菜单命令，用户可以通过菜单栏实现不同的功能。

◎ 应用程序栏：提供了常用任务的按钮，如显示最近使用的文档、从相机获取照片等。

◎ 路径栏：用于显示当前正在查看的文件夹的路径。

◎ 面板：Adobe Bridge 管理界面中提供了多种面板，如"收藏夹"面板、"文件夹"面板、"过滤器"面板以及"关键字"面板等。

◎ 图像预览区：主要用于显示该文件夹下的图像。

◎ 状态栏：用于显示项目的个数，以及调整缩览图的大小等。

3.2.2 使用Mini Bridge查看图像

通过 Mini Bridge 也可以在 Photoshop CS5 窗口中查看并浏览图像，单击"文件"|"在 Mini Bridge 中浏览"命令，即可打开 Mini Bridge 面板，如右图所示。

◎ ：单击该按钮，即可转到父文件夹、近期项目或收藏夹，如下图（左）所示。当选择"桌面"选项时，即可切换到桌面选项区域，如下图（右）所示。

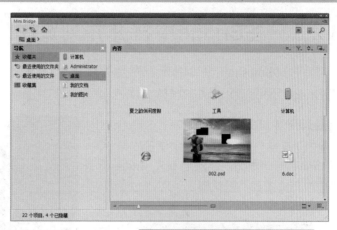

◎ |Br| : 单击该按钮，即可转到 Bridge 管理界面。

◎ 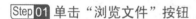：单击该按钮，即可选择要浏览的图片，可以在导航窗格中选择要显示文件所在的文件夹，如右图所示。

◎ ▤ : 单击该按钮，即可打开设置面板，此时可以对 Bridge 和外观以及复位首选项进行设置。

下面将通过一个实例介绍如何使用 Mini Bridge，具体操作方法如下：

Step 01 单击"浏览文件"按钮

单击"文件"|"在 Mini Bridge 中浏览"命令，即可打开 Mini Bridge 面板，单击"浏览文件"按钮，如下图所示。

Step 03 浏览图像

此时，即可在 Photoshop CS5 窗口中浏览图像，如下图所示。

Step 02 双击图像文件

在打开窗口的"内容"窗格中找到并双击要浏览的图像文件，如下图所示。

3.2.3 在Bridge中打开并浏览图像

除了在 Photoshop 窗口中查看图片外，还可以通过 Bridge 打开并浏览图像，而且使用 Bridge 还可以预览动态媒体文件。

Step 01 打开 Bridge 管理界面

单击"文件"|"在 Bridge 中浏览"命令，打开 Bridge 管理界面，此时即可在 Bridge 管理界面中浏览图像。默认情况下以"必要项"的方式显示图像，如下图所示。

Step 02 选择"胶片"选项

在应用程序栏中选择"胶片"选项，此时即可在窗口中以"胶片"的方式显示图像，如下图所示。

Step 03 选择"输出"选项

在应用程序栏中单击显示方式右侧的下拉按钮，在弹出的下拉列表中选择"输出"选项，即可以"输出"的方式显示图像，如下图所示。

Step 04 选择"预览"选项

在应用程序栏中单击显示方式右侧的下拉按钮，在弹出的下拉列表中选择"预览"选项，即可以"预览"的方式显示图像，如下图所示。

Step05 幻灯片放映

单击"视图"|"幻灯片放映"命令，即可以幻灯片的方式自动播放图像，如下图所示。如果需要退出幻灯片放映模式，则按【Esc】键即可。

Step06 以审阅模式浏览图像

单击"视图"|"审阅模式"命令，即可以审阅模式浏览图像。在该模式下，当将鼠标指针移至当前图像时，就会呈现🔍形状，此时单击鼠标左键即可放大图像的某一区域；单击左下角的◀或▶按钮，即可浏览其他图像，如下图所示。

以审阅模式浏览图像

放大图像某一区域

Step07 以紧凑模式浏览图像

单击"视图"|"紧凑模式"命令，即可以紧凑模式浏览图像，如下图所示。

知识点拨

按【Ctrl+Alt+O】组合键，可以快速打开 Bridge。

3.2.4 对文件进行排序、标记和评级

当一个文件夹中的图像较多时，可以对文件进行排序、标记和评级，以方便日后对文件的快速查找及管理。

Step 01 在 Bridge 中浏览图像

单击"文件"|"在 Bridge 中浏览"命令，打开 Bridge 管理界面，此时即可在 Bridge 管理界面中浏览图像，如下图所示。

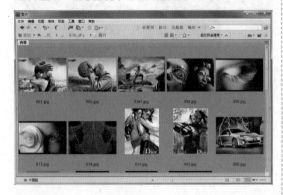

Step 02 按创建日期排序

单击"视图"|"排序"|"按创建日期"命令，即可按照创建日期对文件进行排序，如下图所示。

Step 03 按尺寸排序

单击"视图"|"排序"|"按尺寸"命令，即可按照文件的尺寸大小对文件进行排序，如下图所示。

Step 04 拖动文件排序

除了使用命令可以快速对文件进行排序外，还可以通过拖动文件的方法对其进行排序，如下图所示。

Step 05 显示排序结果

拖动之后，即可看到排序后的效果，如下图所示。

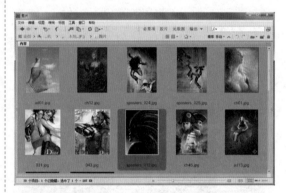

Step 06 手动排序

单击"视图"|"排序"|"手动"命令，此时即可按照上次拖动文件的顺序进行排序，如下图所示。

Step 07 添加颜色标记

按住【Ctrl】键，依次选中要添加颜色标记的文件，单击"标签"|"待办事宜"命令，如下图所示。

Step 08 显示标记结果

此时，即对选中的文件进行了颜色标记，如下图所示。

Step 09 对文件评级

按住【Ctrl】键，依次选中需要评级的文件，单击"标签"命令，即可在"标签"菜单中对文件进行评级，如下图所示。

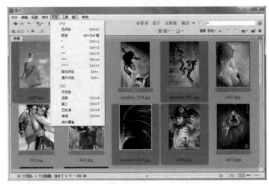

Step 10 显示评级结果

评级完成后，即可看到选中的图片上显示了各自对应的星级，如下图所示。

3.3 图像视图的模式

在 Photoshop 窗口中调整图像的视图模式可以方便用户查看和编辑图像，用户可以控制窗口的显示模式，也可以改变图像的显示比例等。

3.3.1 控制窗口显示模式

为了更好地查看图像，可以通过单击"视图"|"屏幕模式"命令来控制窗口显示模式，具体操作方法如下：

	素材文件	光盘：素材文件\第3章\非洲女郎.jpg

Step 01 打开图像文件

打开配套光盘中"素材文件\第3章\非洲女郎.jpg",默认情况下该图像的屏幕模式为"标准屏幕模式",如下图所示。

Step 02 带有菜单栏的全屏模式

单击"视图"|"屏幕模式"|"带有菜单栏的全屏模式"命令,此时即可以带有菜单栏的全屏模式显示图像,如下图所示。

Step 03 选择全屏模式

单击"视图"|"屏幕模式"|"全屏模式"命令,弹出提示信息框,单击"全屏"按钮即可,如下图所示。

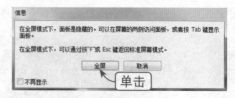

Step 04 全屏模式显示图像

此时,即可在全屏模式下显示图像,如下图所示。

3.3.2 改变图像显示比例

若用户需要处理图像某处的细节问题,就需要动态地改变图像的显示比例,以方便进行操作,具体操作方法如下:

 | **素材文件** | 光盘:素材文件\第3章\浓妆彩眉.jpg

Step 01 打开图像文件

打开配套光盘中"素材文件\第3章\浓妆彩眉.jpg",图像有其默认的显示比例,如下图所示。

Step 02 放大图像

在工具箱中选择缩放工具,再在工具属性栏中单击按钮,在图像窗口中单击鼠标左键即可放大图像,如下图所示。

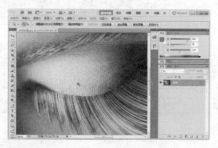

Step 03 缩小图像

当需要缩小图像时，只需在工具箱中选择缩放工具，并在其属性工具栏中单击 🔍 按钮后，再次单击图像窗口即可，如下图所示。

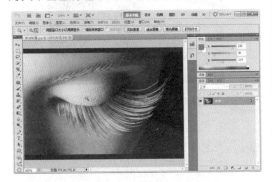

Step 04 通过状态栏改变图像显示比例

使用缩放工具有时并不能满足用户的需求，当有具体的缩放要求时，可以通过修改状态栏左侧的图像显示比例来动态地对图像进行缩放操作，如下图所示。

Step 05 放大图像某一区域

在工具箱中选择缩放工具，并在工具属性栏中单击 🔍 按钮后，将鼠标指针移至图像窗口中，在图像需要放大的区域拖动鼠标，此时会出现一个矩形的虚线框，如下图所示。

Step 06 显示放大效果

释放鼠标，即可将图像的某一区域放大，如下图所示。

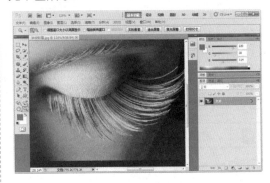

3.4 修改和调整图像

修改和调整图像主要包括对图像进行裁剪和裁切，调整画布尺寸和像素尺寸，以及对图像进行变换操作等，下面将分别进行详细介绍。

3.4.1 裁剪和裁切图像

在使用 Photoshop CS5 处理图像时，经常需要对图像进行裁剪和裁切，以去除图像中多余的部分。下面将介绍如何对图像进行裁剪和裁切操作。

1. 使用"裁剪"命令裁剪图像

使用"裁剪"命令可以将图像中多余的部分裁剪掉，具体操作方法如下：

素材文件 光盘：素材文件\第3章\彩发美女.jpg

Step 01 打开图像文件

打开配套光盘中"素材文件\第3章\彩发美女.jpg"，如下图所示。

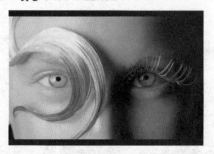

Step 02 创建矩形选区

在工具箱中选择矩形选框工具，在图像中拖动鼠标创建一个矩形选区，如下图所示。

Step 03 裁剪图像

单击"图像"|"裁剪"命令，即可将选区以外的图像裁掉，按【Ctrl+D】组合键取消选区，如下图所示。

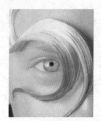

2. 使用"裁切"命令裁切图像

使用"裁切"命令可以将图像四周的线条裁切掉，下面将通过一个实例介绍如何使用"裁切"命令裁切图像。

 素材文件 光盘：素材文件\第3章\中国情卡片.jpg

Step 01 打开图像文件

按【Ctrl+O】组合键，打开需要裁切的图像，配套光盘中"素材文件\第3章\中国情卡片.jpg"，如下图所示。

Step 02 设置裁切参数

单击"图像"|"裁切"命令,弹出"裁切"对话框，在"基于"选项区中选中"左上角像素颜色"单选按钮，并选中"裁切"选项区内

的所有复选框,单击"确定"按钮,如下图所示。

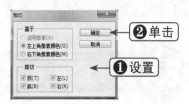

Step 03 裁切图像

此时，即可将图像四周的黑色区域裁掉，效果如下图所示。

3.4.2 调整像素尺寸和画布大小

下面将介绍如何调整像素尺寸和画布大小。

1. 调整像素尺寸

有时同一张图像会应用到不同的地方，但图像的尺寸和分辨率可能不能完全符合要求，此时就需要对图像的大小以及分辨率进行调整，具体操作方法如下：

 素材文件 光盘：素材文件\第3章\电影海报.jpg

Step 01 打开图像文件

按【Ctrl+O】组合键，打开配套光盘中"素材文件\第3章\电影海报.jpg"，如下图所示。

Step 02 修改像素大小

单击"图像"|"图像大小"命令，弹出"图像大小"对话框，此时即可查看图像的一些初始信息。当在"像素大小"选项区中进行修改后，即可在顶部查看修改后新文件的大小，旧文件的大小则显示在括号内，修改完毕后单击"确定"按钮，如下图所示。

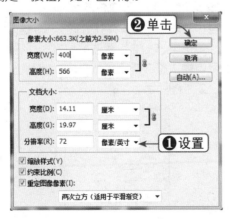

Step 03 查看修改后的图像

查看修改像素大小后的图像，效果如下图所示。

Step 04 设置文档大小

在减小图像大小时，就会减少像素量，图像虽然变小，但并不影响画面质量。当增加图像大小时，则要增加新的像素，因而图像质量也会下降，如下图所示。

2. 修改画布大小

画布是整个图像文档的工作区域，在使用时用户可以动态地修改画布大小，具体操作方法如下：

	素材文件	光盘：素材文件\第3章\汽车插画.jpg

Step 01 打开"画布大小"对话框

按【Ctrl+O】组合键，打开配套光盘中"素材文件\第3章\汽车招贴.jpg"。单击"图像"|"画布大小"命令，弹出"画布大小"对话框，如下图所示。

Step 02 增大画布大小

在"新建大小"选项区中增大"宽度"和"高度"值，单击"确定"按钮，此时即可增大画布，并且默认情况下画布以背景色填充，如下图所示。

Step 03 调整图像在画布中的位置

在增大画布大小的同时，并设置不同的定位方向，即可改变图像在画布中的位置，如下图所示。

Step 04 减小画布大小

在"画布大小"对话框的"新建大小"选项区中减小"宽度"和"高度"值，单击"确定"按钮，即可缩小画布大小，并裁去图像多余的区域，如下图所示。

Step 05 使用相对改变画布大小

当在"画布大小"对话框的"新建大小"选项区中选中"相对"复选框后，即可在高度和宽度中输入整数或者负数来增大或减小画布大小，如下图所示。

3.4.3 图像的变换

图像的变换主要包括图像的旋转、缩放、斜切、扭曲、透视以及变形等，下面将分别对其进行介绍。

1. 图像的旋转

 | **素材文件** | 光盘：素材文件\第3章\皮包女郎.jpg

Step 01 打开图像文件

按【Ctrl+O】组合键，打开需要旋转的图像文件，配套光盘中"素材文件\第3章\皮包女郎.jpg"。双击"图层"面板中的"背景"图层，将其转换为普通图层，如下图所示。

Step 02 旋转图像

单击"编辑"|"变换"|"旋转"命令，此时图像四周出现带有控制点的控制框，将鼠标指针移至控制框外，按住鼠标左键并拖动，即可旋转图像，操作完成后按【Enter】键即可完成变换操作，如下图所示。

2. 图像的缩放

 | **素材文件** | 光盘：素材文件\第3章\爱情之约.jpg

Step 01 打开图像文件

按【Ctrl+O】组合键，打开需要缩放的图像文件，配套光盘中"素材文件\第3章\爱情之约.jpg"。双击"图层"面板中的"背景"图层，将其转换为普通图层，如下图所示。

Step 02 缩放图像

单击"编辑"|"变换"|"缩放"命令，此时图像四周出现带有控制点的控制框，将鼠标指针移至控制框四周的控制点上，按住鼠标左键并拖动，对图像进行缩放，如下图所示。

3．图像的斜切

	素材文件	光盘：素材文件\第3章\写真.jpg

Step 01 打开图像文件

按【Ctrl+O】组合键，打开需要斜切的图像文件，配套光盘中"素材文件\第3章\写真.jpg"。双击"图层"面板中的"背景"图层，将其转换为普通图层，如下图所示。

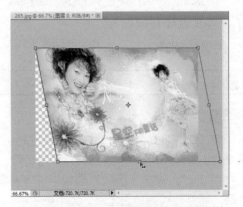

Step 02 斜切图像

单击"编辑"|"变换"|"斜切"命令，此时图像四周出现带有控制点的控制框，将鼠标指针移至控制框四周的控制点上，按住鼠标左键并拖动，对图像进行斜切，如下图所示。

4．图像的扭曲

	素材文件	光盘：素材文件\第3章\闭月羞花.jpg

Step 01 打开图像文件

按【Ctrl+O】组合键，打开需要扭曲的图像文件，配套光盘中"素材文件\第3章\闭月羞花.jpg"。双击"图层"面板中的"背景"图层，将其转换为普通图层，如下图所示。

Step 02 扭曲图像

单击"编辑"|"变换"|"扭曲"命令，此时图像四周出现带有控制点的控制框，将鼠标指针移至控制框四周的控制点上，按住鼠标左键并拖动，对图像进行扭曲，如下图所示。

5. 图像的透视

	素材文件	光盘：素材文件\第3章\鹰.jpg

Step 01 打开图像文件

　　按【Ctrl+O】组合键，打开需要透视的图像文件，配套光盘中"素材文件\第3章\鹰.jpg"。双击"图层"面板中的"背景"图层，将其转换为普通图层，如下图所示。

Step 02 透视图像

　　单击"编辑"|"变换"|"透视"命令，此时图像四周出现带有控制点的控制框，将鼠

标指针移至控制框四周的控制点上，按住鼠标左键并拖动，对图像进行透视，如下图所示。

6. 图像的变形

	素材文件	光盘：素材文件\第3章\凤舞.jpg

Step 01 打开图像文件

　　按【Ctrl+O】组合键，打开需要变形的图像文件，配套光盘中"素材文件\第3章\凤舞.jpg"。双击"图层"面板中的"背景"图层，将其转换为普通图层，如下图所示。

将鼠标指针移至控制框四周的控制点上，按住鼠标左键并拖动，对图像进行变形，如下图所示。

Step 02 透视图像

　　单击"编辑"|"变换"|"变形"命令，此时图像四周出现一个带有控制点的控制框，

3.5 撤销和重复图像操作

编辑图像时，如果出现了错误操作或对处理的对象不满意，可以进行撤销操作。Photoshop CS5 中提供了多种恢复操作，这样用户就可以随心所欲地编辑图像了。

3.5.1 使用命令撤销操作

在 Photoshop CS5 中，可以进行撤销操作的命令主要包括"前进一步"、"后退一步"、"还原"与"重做"等。

1. 使用"前进一步"与"后退一步"命令

 素材文件 | 光盘：素材文件\第3章\广告公司.psd

Step 01 打开图像文件

打开配套光盘中"素材文件\第3章\广告公司.psd"，并在图像中创建选区，如下图所示。

Step 02 反选选区

单击"选择"|"反向"命令，反选选区，如下图所示。

Step 03 后退一步

单击"编辑"|"后退一步"命令，即可返回反选之前的操作，如下图所示。

Step 04 前进一步

单击"编辑"|"前进一步"命令，即可返回反选操作，如下图所示。

2. 使用"还原"与"重做"命令

	素材文件	光盘：素材文件\第3章\香茶.psd

Step 01 打开图像文件

打开配套光盘中"素材文件\第3章\香茶.psd"，在"图层"面板中选中"背景"图层，如下图所示。

Step 02 设置渐变

将前景色设置为R109、G146、B222，将背景色设置为R28、G92、B222，在工具箱中选择渐变工具，在工具属性栏中单击■按钮，在图像窗口中心位置按住鼠标左键并横向拖动，即可设置渐变色，如下图所示。

Step 03 还原渐变操作

如果不满意渐变效果，可以单击"编辑"|"还原渐变"命令来还原操作，如下图所示。

Step 04 重做渐变

当想再次回到刚才的操作时，则可以单击"编辑"|"重做渐变"命令，如下图所示。

3.5.2 使用"历史记录"面板撤销任意操作

在Photoshop CS5中单击"窗口"|"历史记录"命令，即可打开"历史记录"面板。使用"历史记录"面板可以随意撤销任意操作，如下图所示。

素材文件	光盘：素材文件\第3章\飘舞海报设计.psd

Step 01 打开图像文件

打开配套光盘中"素材文件\第3章\飘舞海报设计.psd"，如下图所示。

Step 02 设置拼贴参数

单击"滤镜"|"风格化"|"拼贴"命令，弹出"拼贴"对话框，设置各项参数，单击"确定"按钮，如下图所示。

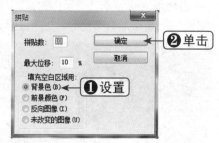

Step 03 查看拼贴效果

此时，即可看到对图像应用拼贴滤镜后的效果，如下图所示。

Step 04 创建一个快照

单击"窗口"|"历史记录"命令，即可打开"历史记录"面板。单击面板右下角的"创建新快照"按钮，即可为当前处理的图像创建一个快照，如下图所示。

Step 05 撤销操作

在"历史记录"面板中显示了操作步骤，单击"打开"操作，即可将图像还原至该步骤的操作状态，如下图所示。

3.5.3 清理内存

在 Photoshop 中处理图像时，往往会产生大量的中间数据占用内存，长期下去就会影响电脑的运行速度，所以有必要定期进行内存清理。单击"编辑"|"清理"命令，即可在打开的子菜单中单击清理命令，如右图所示。

当单击"还原"与"剪贴板"命令时，则软件会释放由"还原"与"剪贴板"占用的内存；当单击"历史记录"与"全部"命令时，此时不仅会清除当前文档的历史记录，还会清除当前打开的所有文档历史记录。

第 4 章 选区的创建和编辑

在 Photoshop 中处理图像时，选区是非常有用的。本章将详细介绍创建选区的方法，对选区的修改，以及如何利用选区制作精美的图像等知识。熟练地运用选区是精通图像处理的基本技能，因此读者应该熟练掌握。

本章学习重点

1. 创建选区
2. 选区的细化
3. 选区的基本操作和编辑
4. 选区的应用

重点实例展示

运用"调整边缘"命令抠取美女头发

本章视频链接

绘制椭圆选区

填充颜色

4.1 创建选区

在 Photoshop 中处理图像时，经常需要进行图像范围的选取，因此熟练掌握选区的创建是非常重要的。下面将详细介绍在 Photoshop 中创建选区的方法。

4.1.1 运用选框工具创建规则选区

使用选框工具可以创建规则的选区，其中包括矩形选框工具、椭圆选框工具、单行选框工具和单列选框工具 4 种。

1. 使用矩形选框工具

使用矩形选框工具可以创建矩形选区。在工具箱中选择矩形选框工具，其工具属性栏如下图所示。其中：

羽化：用于设置羽化范围，其数值介于 0~250 之间。

样式：包括"正常"、"固定比例"和"固定大小"3 种样式，如下图所示。

调整边缘：单击该按钮，弹出"调整边缘"对话框，可以对平滑、羽化以及平滑度等进行调整，如右图所示。

下面将通过一个实例介绍如何使用矩形选框工具，具体操作方法如下：

 素材文件 | 光盘：素材文件\第4章\古典设计.jpg、水中美女.jpg

Step 01 打开图像文件

打开配套光盘中"素材文件\第4章\古典设计.jpg"，如下图所示。

Step 02 创建矩形选区

在工具箱中选择矩形选框工具，在图像中绘制矩形选区，如下图所示。

Step 03 反向选区并删除

按【Shift+Ctrl+I】组合键反选选区，按【Delete】键进行删除，这样就将相框抠取出来了，如下图所示。

Step 04 拖入并调整素材图像

打开配套光盘中"素材文件\第4章\水中美女.jpg"。在工具箱中选择移动工具,将"水中美女.jpg"图像移至"古典设计.jpg"文件窗口中。按【Ctrl+T】组合键,调整图像大小,并将图像移至合适的位置,即可得到最终效果,如下图所示。

2．使用椭圆选框工具

椭圆选框工具的属性栏与矩形选框工具类似，利用椭圆选框工具可以创建椭圆选区和圆形选区。下面将通过一个实例介绍如何使用椭圆选框工具，具体操作方法如下：

	素材文件	光盘：素材文件\第4章\树叶头发.jpg

Step 01 打开图像文件

打开配套光盘中"素材文件\第4章\树叶头发.jpg",如下图所示。

Step 02 绘制椭圆选区

在工具箱中选择椭圆选框工具，在工具栏中将其"羽化"值设置为30px，在图像中按住鼠标左键并拖动，绘制椭圆选区，如下图所示。

Step 03 反选图像并删除

双击"背景"图层,将其转换为普通图层,按【Shift+Ctrl+I】组合键反选选区,按【Delete】键进行删除,如下图所示。

Step 04 查看最终效果

　　按【Ctrl+D】组合键取消选区，即可得到最终效果，如下图所示。

4.1.2　利用套索工具组创建不规则的选区

　　在工具箱中选择套索工具后，即可使用该工具创建不规则的选区。套索工具组包括套索工具、多边形套索工具以及磁性套索工具 3 种，下面将分别进行详细介绍。

1．套索工具

　　套索工具可以用来创建不规则的选区，下面将介绍如何使用套索工具创建不规则的选区。

	素材文件	光盘：素材文件\第4章\地球村.jpg

Step 01 打开图像文件

　　打开配套光盘中"素材文件\第4章\地球村 .jpg"文件，如下图所示。

Step 02 使用套索工具

　　在工具箱中选择套索工具，在图像中按住鼠标左键并拖动进行绘制，当鼠标指针移至起始位置时，松开鼠标即可创建不规则的选区，如下图所示。

2. 多边形套索工具

多边形套索工具可以用来创建带有棱角的各种选区，下面将通过实例介绍如果使用多边形套索工具。

| | 素材文件 | 光盘：素材文件\第4章\高楼大厦.jpg、海背景.jpg |

Step 01 打开图像文件

打开配套光盘中"素材文件\第4章\高楼大厦.jpg"，如下图所示。

Step 02 使用多边形套索工具

在工具箱中选择多边形套索工具，在图像中按住鼠标左键并单击进行绘制，将鼠标指针移至起始点时，光标右下角会出现一个圆圈，单击鼠标左键，即可闭合选区，如下图所示。

Step 03 打开图像文件

打开配套光盘中"素材文件\第4章\海背景.jpg"，如下图所示。

Step 04 查看最终效果

选择移动工具，将选区内的图像拖至"海背景"文件窗口中，按【Ctrl+T】组合键，调整图像大小和位置，即可得到最终效果，如下图所示。

3. 磁性套索工具

磁性套索工具可以自动识别图像边界，如果图像与背景对比明显，则可以使用该工具创建选区，下面将通过实例介绍如果使用磁性套索工具。

| | 素材文件 | 光盘：素材文件\第4章\2010.jpg |

Step 01 打开图像文件

打开配套光盘中"素材文件 \ 第 4 章 \2010.jpg",如下图所示。

Step 02 选择磁性套索工具

在工具箱中选择磁性套索工具，在图像中某处单击鼠标左键，创建第一个锚点，之后沿着图像边缘移动鼠标，则系统会自动放置一些锚点来连接选区，当鼠标返回起始锚点时，单击鼠标左键即可完成选区的创建，如下图所示。

4.1.3 运用魔棒工具组创建选区

魔棒工具组包括魔棒工具和快速选择工具。利用魔棒工具组可以快速选择颜色相差不多或色调相近的区域，下面将分别进行详细介绍。

1. 运用魔棒工具为美女制作纹身

	素材文件	光盘：素材文件\第4章\美女局部.jpg、花瓣.jpg

Step 01 选择图像文件

打开配套光盘中"素材文件 \ 第 4 章 \ 美女局部 .jpg、花瓣 .jpg"，如下图所示。

Step 02 创建并反选选区

在工具箱中选择魔棒工具，在其工具属性栏中将"容差"设置为 32，单击图像空白区域创建选区，然后按【Ctrl+Shift+I】组合键反选选区，如下图所示。

Step 03 移动并调整图像

在工具箱中选择移动工具，将选区内的图像移至"美女局部 .jpg"文件窗口中。按【Ctrl+T】组合键，调整图像的大小和位置，按【Enter】键确认变换操作。在"图层"面板中将"图层混合模式"设置为"正片叠底"，"不透明度"设置为 80%，如下图所示。

2. 快速选择工具

快速选择工具可以帮助用户快速创建选区，使用该工具时选区会自动向外扩展选区相似区域，并跟随图像边缘。

	素材文件	光盘：素材文件\第4章\艳妆.jpg、背景.jpg
	效果文件	光盘：效果文件\第4章\艳妆美女.psd

Step 01 选择快速选择工具

打开配套光盘中"素材文件\第4章\艳妆.jpg"，在工具箱中选择快速选择工具，在工具属性栏中单击"添加到选区"按钮，并设置画笔属性，如下图所示。

Step 02 创建选区

在图像中反复单击鼠标左键，即可创建选区，如下图所示。在创建选区时，如果选中了不需要的部分，可以按住【Alt】键单击多余的部分，将其从选区内去除。

Step 03 移动并调整图像

打开配套光盘中"素材文件\第4章\背景.jpg"，将刚才选中的图像移至该文件窗口内。按【Ctrl+T】组合键，调整的图像大小和位置，并按【Enter】键确认操作，如下图所示。

4.1.4 运用"全部"命令创建选区

使用"全部"命令可以快速地为整张图像创建选区，具体操作方法如下：

⦿	素材文件	光盘：素材文件\第4章\气质女人.jpg

Step 01 打开图像文件

打开配套光盘中"素材文件\第4章\气质女人.jpg"，如下图所示。

Step 02 单击"全部"命令

单击"选择"|"全部"命令，即可为整张图像创建选区，如下图所示。

4.1.5 运用"色彩范围"命令创建选区

使用"色彩范围"命令可以根据图像颜色范围来创建选区，具有很高的精确性。打开一个文件后，单击"选择"|"色彩范围"命令，即可弹出"色彩范围"对话框，如下图所示。

1. 颜色容差

在选择"取样颜色"选项时，即可通过在"颜色容差"文本框中输入数值或者拖动下方的滑块来调整颜色的选取范围。

2. 选区预览图

选区预览图下方有两个单选按钮："选择范围"和"图像"。当选中"选择范围"

单选按钮时，即可在预览区中查看选择情况，其中白色部分表示选中的区域，黑色部分表示未被选中的区域，灰色表示部分选择区域；当选中"图像"单选按钮时，即可在预览区中查看图像的基本信息，如下图所示。

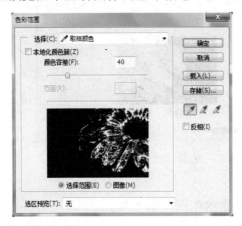

3．选择

此下拉列表框用来设置选区的选择方式，单击其右侧的下拉按钮，即可弹出相应的选项，如右图所示。其中：

◎ 取样颜色

当选择"取样颜色"选项后，在该对话框右侧单击 🖊 按钮，即可在图像或图像预览区中单击鼠标左键对图像进行取样，如下图（左）所示；单击 🖊 按钮，即可添加取样颜色，如下图（中）所示；如果需要减少颜色，只需单击 🖊 按钮，并在图像预览区中单击鼠标左键即可，如下图（右）所示。

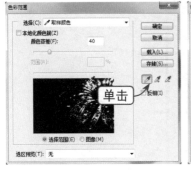

单击取样　　　　　　　增加颜色　　　　　　　减少颜色

◎ 红色、黄色、绿色、青色、蓝色、洋红

当用户选择以上任何一个颜色时，即可选择图像中特定的颜色。例如，当选择"红色"或者"黄色"选项时，即可显示如下图所示的效果。

选择"红色"选项　　　　　　　　选择"黄色"选项

◎ 高光、中间调、阴影

选择以上任意一个选项，即可选择图像中特定的色调，如下图所示。

高光　　　　　　　　　中间调　　　　　　　　　阴影

◎ 溢色

选择该选项时，图像中会出现溢色，如下图所示。

下面将通过实例介绍如何使用"色彩范围"命令对图像进行抠图，具体操作方法如下：

素材文件	光盘：素材文件\第4章\古典美女.jpg、洛神赋.jpg
效果文件	光盘：效果文件\第4章\洛神美女.psd

Step 01 取样颜色

打开配套光盘中"素材文件\第4章\古典美女 .jpg",单击"选择"|"色彩范围"命令,弹出"色彩范围"对话框,将"颜色容差"值设置为12,在图像或图像预览区单击背景进行取样,如下图所示。

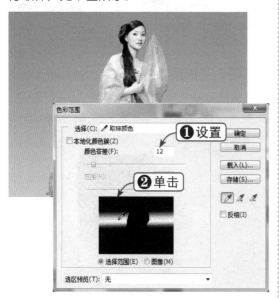

Step 02 添加取样

在对话框中单击🖋按钮,在图像背景中反复单击鼠标左键,直至所有背景全部添加到选区中,单击"确定"按钮,即可完成选区的创建,如下图所示。

Step 03 反选选区

单击"选择"|"反向"命令,或按【Ctrl+Shift+I】组合键反选选区,如下图所示。

Step 04 移动并调整图像

打开配套光盘中"素材文件\第4章\洛神赋 .jpg",将刚才选区中的图像移至该文件窗口中。按【Ctrl+T】组合键,调整图像大小和位置,按【Enter】键确认操作,如下图所示。

4.1.6 运用快速蒙版创建选区

使用快速蒙版也可以创建选区,具体操作方法如下:

素材文件	光盘：素材文件\第4章\微笑女人.jpg

Step01 打开图像文件

打开配套光盘中"素材文件\第4章\微笑女人.jpg"，如下图所示。

Step03 创建选区

涂抹完毕后单击"以标准模式编辑"按钮，此时即可完成选区的创建。按【Ctrl+Shift+I】组合键反选选区，如下图所示。

Step02 以快速蒙版编辑

在工具箱中单击"以快速蒙版编辑"按钮，选择画笔工具，并设置画笔大小，然后在图像中的人物上进行涂抹。如果在涂抹过程中涂抹到背景区域，此时按【X】键切换前景色和背景色，再对多余的部分进行涂抹，将其去除即可，如下图所示。

4.1.7 运用通道创建选区

运用通道也可以帮助用户快速创建选区。下面以利用通道抠取婚纱人物为例，介绍运用通道创建选区的方法。

素材文件	光盘：素材文件\第4章\婚纱.jpg、天国的嫁衣.jpg
效果文件	光盘：效果文件\第4章\抠出婚纱.psd

Step01 打开图像文件

打开配套光盘中"素材文件\第4章\婚纱.jpg"，如下图所示。

Step02 打开"通道"面板

单击"窗口"|"通道"命令，打开"通道"面板。在面板中选择一个婚纱和背景对比比较明显的通道，在此选择"红色"通道，如下图所示。

选择

Step 03 复制通道

将"红"通道拖至"通道"面板底部的"创建新通道"按钮上，即可创建一个名为"红副本"的新通道，如下图所示。

Step 04 调整色阶

单击"图像"|"调整"|"色阶"命令，弹出"色阶"对话框，设置各项参数，单击"确定"按钮，如下图所示。

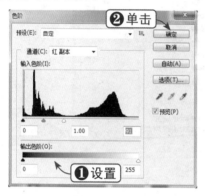

Step 05 创建选区

在工具箱中选择画笔工具，并将前景色设置为白色，在人物身上进行涂抹（在涂抹时只涂抹人物完全不透明的区域），然后单击"通道"面板下方的"将通道作为选区载入"按钮，即可创建选区。隐藏"红 副本"通道，单击RGB 通道显示图像，如下图所示。

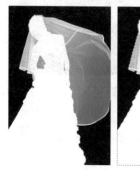 

Step 06 移动并调整图像

打开配套光盘中"素材文件 \ 第 4 章 \ 天国的嫁衣 .jpg"，将刚才选区内的图像移至该文件窗口中。按【Ctrl+T】组合键，调整图像的大小和位置，如下图所示。

Step 07 调整亮度和对比度

单击"图像"|"亮度 / 对比度"命令，弹出"亮度 / 对比度"对话框，设置各项参数，单击"确定"按钮，最终效果如下图所示。

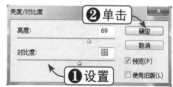

4.2 选区的细化

在 Photoshop CS5 中，一般情况下用户可以先使用魔棒工具或"色彩范围"等命令创建一个大致的选区，然后再对选区进行细化，制作出更精确的选区。

4.2.1 视图模式的选择

在图像中创建选区后，单击"选择"|"调整边缘"命令，即可弹出"调整边缘"对话框。其中提供了 7 种视图模式，默认情况下以"白底"视图模式显示，如下图所示。

◎ **闪烁虚线**：选择该视图模式，即可查看闪烁边界的标准选区，如下图（左）所示。

◎ **叠加**：选择该选项，即可在快速蒙版状态下查看选区，如下图（中）所示。

◎ **黑底**：选择该选项，即可在黑色背景上查看选区，如下图（右）所示。

◎ **黑白**：选择该选项，即可预览用于定义选区的通道蒙版，如下图（左）所示。

◎ **背景图层**：选择该选项，即可在透明背景上查看选区，如下图（中）所示。

◎ **显示图层**：选择该选项，即可在未使用蒙版的情况下查看整个图像，如下图（右）所示。

4.2.2 调整选区边缘

在"调整边缘"对话框中，还可以对选区的平滑、羽化以及扩展等进行处理。下面将介绍调整选区不同选项所实现的不同效果。

	素材文件	光盘：素材文件\第4章\气质女人.jpg

Step 01 打开图像文件

打开配套光盘中"素材文件\第4章\气质女人.jpg"，如下图所示。

Step 02 创建选区

选择矩形选框工具，在图像中拖动鼠标创建矩形选区。按【Ctrl+Shift+I】组合键进行反选，按【Delete】键删除图像再反选，如下图所示。

Step 03 打开"调整边缘"对话框

单击"选择"|"调整边缘"命令，或按【Ctrl+Alt+R】组合键，弹出"调整边缘"对话框，如下图所示。

读者可以根据"调整边缘"选项区中的选项对选区进行调整，其中：

平滑：可以减少选区中的不规则区域，使创建后的选区更加平滑。

羽化：可以为选区设置羽化，范围为0~250像素。如下图所示为羽化后的选区。

移动边缘：取值范围 -100%~+100%，负值可使选区收缩，正值可使选区扩大，如下图所示。

负值效果

对比度：增加对比度时，可以去除羽化后选区边缘的模糊效果，如下图所示。

正值效果

4.2.3　设置输出方式

在"调整边缘"对话框的"输出"选项区中可以设置消除选区边缘的杂色，设置选区的输出方式，如下图所示。其中：

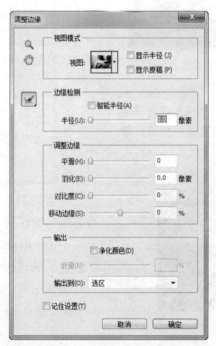

净化颜色：选中此复选框，可以消除选区边缘的杂色。

数量：可以调整消除边缘杂色的数量，数值越高，消除杂色的范围就越大。

输出到：单击下拉按钮，在弹出的下拉列表中可以选择选区的输出方式，如下图所示。

选区

图层蒙版

新建图层

新建带有图层蒙版的图层

新建文档

新建带有图层蒙版的文档

4.2.4 实战——运用"调整边缘"命令抠取美女头发

人的头发往往是最难抠取的，下面将介绍如何运用"调整边缘"命令抠取美女的头发，为其换张背景，制作个性写真，具体操作方法如下：

	素材文件	光盘：素材文件\第4章\卷发.jpg、上海风情.jpg

Step 01 打开素材文件

打开配套光盘中"素材文件\第4章\卷发.jpg",如下图所示。

Step 02 创建并反选选区

选择魔棒工具 ，单击图像中的白色部分，按【Ctrl+Shift+I】组合键反选选区，如下图所示。

Step 03 设置调整边缘

按【Ctrl+Alt+R】组合键，弹出"调整边缘"对话框。单击"视图"下拉按钮，选择"黑底"选项，选中"智能半径"复选框，并设置"半径"为30，如下图所示。

Step 04 选择头发末梢

使用调整半径工具 涂抹发梢，如下图所示。

Step 05 涂抹人物脸部

选择涂抹调整工具，对人物脸部等部位进行涂抹。将"羽化"值设置为5，选中"净化颜色"复选框，单击"确定"按钮，如下图所示。

Step 06 移动并调整图像

打开配套光盘中"素材文件\第4章\上海风情.jpg"，选择移动工具，将"卷发"图像移至"上海风情"文件窗口中。按【Ctrl+T】组合键，调整图像的大小，效果如下图所示。

4.3 选区的基本操作和编辑

　　创建选区后，常常需要进行编辑后才能符合用户的需要，下面将具体介绍对选区的基本操作和编辑方法。

4.3.1 实战——全选和反选选区

　　若需要整张图片，则可将整张图片载入选区；在背景简单时，可选中背景再进行反选，以选中用户期望的图像。下面将介绍全选和反选的方法。

1. 全选

　　全部选中图像主要有以下三种方法：

	素材文件	光盘：素材文件\第4章\欧式.jpg

方法一：

Step 01 打开图像文件	Step 02 全部选择

　　打开配套光盘中"素材文件\第4章\欧式.jpg"，如下图所示。

　　单击"选择"|"全部"命令，或按【Ctrl+A】组合键，即可将图片全部载入选区，如下图所示。

方法二：

　　单击"选择"|"载入选区"命令，弹出"载入选区"对话框，如下图所示。单击"确定"按钮，即可将图像全部载入选区。

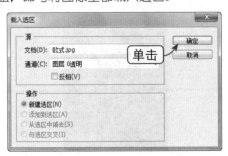

方法三：

　　按【Ctrl】键，单击图像在"图层"面板中的缩略图，即可将图像全部载入选区，如下图所示。

2．反选

在想载入选区的图形很复杂而背景很简单的时候，可以先将背景载入选区，再进行反选，使复杂的图像轻松载入选区，具体操作方法如下：

 素材文件 光盘：素材文件\第4章\花瓣.jpg

Step 01 打开图像文件并创建选区

单击"文件"|"打开"命令，打开配套光盘中"素材文件\第4章\花瓣.jpg"。选择魔棒工具，单击图像中的白色部分，如下图所示。

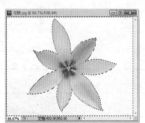

Step 02 反选图像

单击"选择"|"反向"命令，或按【Ctrl+Shift+I】组合键进行反选，即可选中图像，如下图所示。

4.3.2 实战——取消选择和重新选择

当用户不需要选区或编辑选区后，可以将选区取消；若取消选区后，又需要刚才创建的选区，则可以使用"重新选择"命令还原选区。下面将介绍取消选择和重新选择选区的方法。

 素材文件 光盘：素材文件\第4章\节能灯泡.jpg

1．取消选择

当用户不再需要选区时，即可取消选区，操作方法如下：

Step 01 打开图像文件并创建选区

打开配套光盘中"素材文件\第4章\节能灯泡.jpg"，选择魔棒工具创建选区，如下图所示。

Step 02 取消选区

单击"选择"|"取消选择"命令，或按【Ctrl+D】组合键，即可取消选区，如下图所示。

2. 重新选择

若不小心把选区取消，而又用到刚刚创建的选区时，可以使用"重新选择"命令还原刚才创建的选区。操作方法如下：

单击"选择"|"重新选择"命令，或按【Ctrl+Shift+D】组合键，即可还原选区，如右图所示。

4.3.3 实战——移动选区

创建选区后，用户可以根据需要将选区移动位置，下面将介绍具体的操作方法。

 素材文件 | 光盘：素材文件\第4章\葡萄酒.jpg

Step 01 打开图像文件并创建选区

打开配套光盘中"素材文件\第4章\葡萄酒.jpg"，选择矩形选框工具创建选区，如下图所示。

Step 02 移动选区

将鼠标指针移至选区内，当指针呈 ▶ 形状时按住鼠标左键并拖动，即可移动选区，如下图所示。

4.3.4 选区的隐藏与显示

在编辑图像时，合理地隐藏或显示选区可以让用户清楚地看到制作效果与周围图像的对比效果。单击"视图"|"显示"|"选区边缘"命令，即可显示和隐藏选区，如右图所示。

4.3.5 实战——选区的运算

有时需要在原来选区的基础上添加或减去选区，在工具栏运用选区的运算按钮就能方便地添加和减去选区。下面将具体介绍选区的运算方法。

素材文件	光盘：素材文件\第4章\冲击.jpg

Step 01 打开图像文件并创建选区

打开配套光盘中"素材文件\第4章\鹦鹉.jpg"，在选择工具属性栏中按下"创建新选区"按钮，在图像文件中拖动鼠标创建选区，如下图所示。

Step 02 添加选区

按下属性栏中的"添加到选区"按钮，然后拖动鼠标，即可添加选区，如下图所示。

Step 03 从选区中减去

单击属性栏中的"从选区减去"按钮，拖动鼠标，即可减少选区，如下图所示。

Step 04 交叉选区

按下属性栏中的"与选区交叉"按钮，拖动鼠标，则留下的选区即为交叉部分，如下图所示。

4.3.6 实战——选区的变换

选区的大小方向等也可以根据用户的需要而改变，下面将介绍如何变换选区。

素材文件	光盘：素材文件\第4章\剪影.jpg

Step 01 打开图像文件并创建选区

打开配套光盘中"素材文件\第4章\剪影.jpg",选择椭圆选框工具创建选区,如下图所示。

Step 02 变换选区

单击"选择"|"变换选区"命令,或在选区中右击,在弹出的快捷菜单中选择"变换选区"选项,此时在选区的周围就会出现控制框,如下图所示。

Step 03 缩小与旋转选区

将鼠标指针移至控制框的拐角处,当指针呈形状时,拖动鼠标即可放大或缩小选区;当指针呈形状时,拖动鼠标即可旋转选区,如下图所示。

Step 04 使用其他变换选区命令

将鼠标指针移至选区内,在选区中右击,在弹出的快捷菜单中有12种变换命令,可以视具体情况使用。如下图所示即为使用"斜切"命令变换的选区。

4.3.7 平滑选区

使用魔棒工具或"色彩范围"命令创建的选区往往会有棱有角,不顺滑,使用"平滑"命令可以令选区变得平滑。单击"选择"|"修改"|"平滑"命令,弹出"平滑选区"对话框,设置取样半径,单击"确定"按钮即可,如下图所示。

4.3.8 选区的扩展与收缩

当创建选区后,需要将选区进行精确的放大或缩小时,就需要进行选区的扩展和收缩操作,下面将介绍如何扩展和收缩选区。

素材文件 光盘：素材文件\第4章\车.jpg

Step 01 打开图像文件并创建选区

打开配套光盘中"素材文件\第4章\车.jpg"，选择矩形选框工具创建选区，如下图所示。

Step 02 扩展选区

单击"选择"|"修改"|"扩展选区"命令，弹出"扩展选区"对话框，设置"扩展量"为20像素，单击"确定"按钮，如下图所示。

Step 03 收缩选区

单击"选择"|"修改"|"收缩选区"命令，弹出"收缩选区"对话框，设置"收缩量"为30像素，单击"确定"按钮，如下图所示。

4.3.9 羽化选区

在处理图像的过程中，有时需要渐变的羽化选区，下面将介绍如何对选区进行羽化。

 素材文件 光盘：素材文件\第4章\车.jpg

Step 01 打开图像文件并创建选区

打开配套光盘中"素材文件\第4章\车.jpg"，选择矩形选框工具创建选区，如下图所示。

Step 02 羽化选区

单击"选择"|"修改"|"羽化"命令，弹出"羽化选区"对话框，设置"羽化半径"为30像素，单击"确定"按钮，即可对选区进行羽化，如下图所示。

4.3.10 存储选区

有时用户会在以后处理图像的过程中用到之前创建的某个选区，为此可以在创建选区后对其进行存储。存储选区的具体操作方法如下：

素材文件 光盘：素材文件\第4章\金鱼.jpg

Step 01 打开图像文件并创建选区

打开配套光盘中"素材文件\第4章\金鱼.jpg"，使用"色彩范围"命令创建选区，如下图所示。

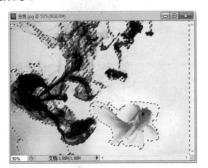

Step 02 存储选区

单击"选择"|"存储选区"命令，弹出"存储选区"对话框，设置各项参数，单击"确定"按钮。打开"通道"面板，选区就存储在通道中了，如下图所

4.4 选区的应用

创建新的选区后，用户可以对选区内的图像进行移动、拷贝、变换、描边、清除或自定义选区内图像等操作，下面将进行详细介绍。

4.4.1 拷贝、剪切和粘贴选区图像

创建选区后，可以对选区内的图像进行简单的拷贝、剪切和粘贴操作，具体操作方法如下：

 素材文件 光盘：素材文件\第4章\知识就是力量.jpg

Step 01 打开图像文件并创建选区

打开配套光盘中"素材文件\第4章\知识就是力量.jpg"，选择磁性套索工具，创建选区，如下图所示。

Step 02 拷贝图像

选择移动工具，按住【Alt】键，将鼠标指针移至选区内，拖动鼠标即可拷贝图像，如下图所示。

剪切图像

按【Ctrl+X】组合键，即可剪切选区内的图像，如下图所示。

粘贴图像

按【Ctrl+V】组合键，即可粘贴图像，如下图所示。

4.4.2 移动和清除选区图像

将图像载入选区后，可以将选区图像移至任何文件窗口中，也可以将其清除。

1. 移动选区图像

为了更换不同的背景，可将选区图像移至期望的背景图像中，具体操作方法如下：

 素材文件 光盘：素材文件\第4章\空中城堡.jpg

Step 01 打开图像文件并创建选区

打开配套光盘中"素材文件\第4章\空中城堡.jpg"，选择磁性套索工具，创建选区，如下图所示。

Step 02 移动并设置图像

打开配套光盘中"素材文件\第4章\火焰.jpg"，选择移动工具，拖动选区图像至"火焰"文件窗口中。在"图层"面板中设置"图层混合模式"为"正片叠底"，得到的效果如下图所示。

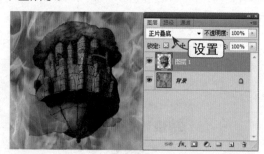

2. 清除选区图像

在图像处理中，如果觉得部分图像是多余的，可以将其载入选区并清除，具体操作方法如下：

 素材文件 光盘：素材文件\第4章\我游.jpg

Step 01 打开图像文件并创建选区

打开配套光盘中"素材文件\第4章\我游.jpg",选择磁性套索工具创建选区,按【Ctrl+Shift+I】组合键进行反选,如下图所示。

Step 02 清除选区图像

按【Delete】键,即可清除选区内的图像,如下图所示。

4.4.3 描边与填充选区

创建新的选区后,可以根据用户设计的需要对选区进行描边和填充。下面将介绍如何为选区描边和填充。

1. 描边选区

当图像载入选区后,可以为选区进行描边,具体操作方法如下:

	素材文件	光盘:素材文件\第4章\水果.jpg

Step 01 打开图像文件并创建选区

打开配套光盘中"素材文件\第4章\水果.jpg",选择磁性套索工具创建选区,如下图所示。

Step 02 描边选区

单击"编辑"|"描边"命令,弹出"描边"对话框,设置各项参数,单击"确定"按钮,得到的效果如下图所示。

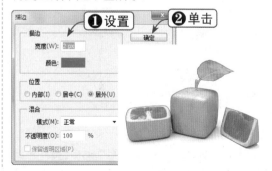

2. 填充选区

当创建新的选区后,可以对选区进行填充颜色或填充图案,具体操作方法如下:

	素材文件	光盘:素材文件\第4章\创新.jpg

Step 01 打开图像文件并创建选区

打开配套光盘中"素材文件 \ 第 4 章 \ 创新 .jpg",使用钢笔工具创建选区,如下图所示。

选择油漆桶工具 ,可以选择填充前景色或图案,填充图案的效果如下图所示。

Step 02 填充颜色或图案

设置不同前景色或背景色,按【Alt+Delete】或【Ctrl+Delete】组合键进行填充颜色,如下图所示。

4.4.4 实战——使用选区定义图案

当觉得一张图片中的某个部分很漂亮时,可以将其载入选区,定义为选区图案,方便以后绘制图像,具体操作方法如下:

素材文件	光盘:素材文件\第4章\花朵.jpg

Step 01 打开图像文件并创建选区

打开配套光盘中"素材文件 \ 第 4 章 \ 花朵 .jpg",选择矩形选框工具创建选区,如下图所示。

Step 02 定义选区图案

单击"编辑" | "定义图案"命令,弹出"图案名称"对话框,输入名称,单击"确定"按钮,如下图所示。

Step 03 设置填充参数

按【Ctrl+N】组合键,新建图像文件。单击"编辑" | "填充"命令,弹出"填充"对话框,设置各项参数,单击"确定"按钮,如下图所示。

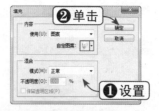

Step 04 填充自定义选区图案

此时,即可填充自定义的选区图案,效果如下图所示。

第**5**章 图像的修饰与润色

本章主要学习如何使用 Photoshop CS5 对图像进行修饰与润色，其中包括多种工具的使用。通过本章的学习，可以对图像进行调整、修复和重置色彩等操作，令图像更加具有视觉冲击力，给人以耳目一新的感觉。

本章学习重点

1. 选取颜色
2. 绘画工具的使用
3. 渐变工具和填充工具
4. 图像的润饰
5. 图像的修复
6. 擦除工具
7. 使用自动命令处理图像

重点实例展示

使用定义图案填充制作精美盒子

本章视频链接

锐化图像

5.1 选取颜色

颜色是图像最基本的构成元素，它直接影响着图像的风格与效果。下面将介绍在Photoshop中如何选取颜色。

5.1.1 通过"拾色器"设置颜色

单击"设置前景色"色块，弹出"拾色器（前景色）"对话框，如下图所示。

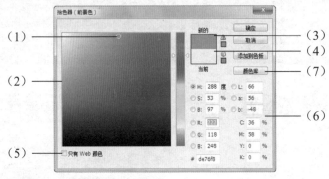

（1）光标：单击表示选中相应的颜色。

（2）颜色区：可以选择的颜色。

（3）当前选定的颜色

（4）原来的颜色。

（5）只有 Web 颜色：选中此复选框，颜色区将显示网页安全颜色，其中提供了 256种适合在 Web 上使用的颜色，如右图所示。

（6）颜色设置区：可以直接输入数值改变颜色。当选中颜色后，其数值也会相应的改变。

（7）颜色库：单击"颜色库"按钮，将弹出"颜色库"对话框，如下图（左）所示。在"色库"下拉列表框中，可以选择用于印刷的颜色体系，如下图（右）所示。

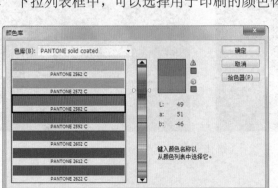

5.1.2 用吸管工具设置颜色

在图像处理的过程中，经常需要从图像中获取某处的颜色，这时就需要使用吸管工具进行颜色吸取。选择工具栏中的吸管工具 ，其属性栏如下图所示。其中：

取样大小：在该下拉列表框中，"取样点"表示将一个像素定义为选取范围，"3×3平均"表示定义3×3个像素的平均值为选取范围，以此类推。

样本：该下拉列表框用于选择对当前图层还是所有图层取样。

显示取样环：选中此复选框，可以显示取样时的环状颜色，如下图（左）所示。

当吸管工具在图像上吸取颜色时，"信息"面板中会显示出所选取颜色的详细色彩信息，如下图（右）所示。

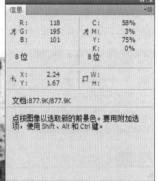

单击图像文件中的某处，Photoshop将吸管工具吸取的颜色默认为前景色；按住【Alt】键单击鼠标左键，则Photoshop将吸取的颜色默认为背景色，如下图所示。

5.1.3 使用"颜色"面板选取颜色

使用"颜色"面板可以编辑前景色和背景色，单击"窗口"|"颜色"命令，打开"颜色"面板，如下图（左）所示。

单击扩展按钮，弹出如下图（右）所示的下拉菜单，从中可以执行不同的命令来选取颜色。

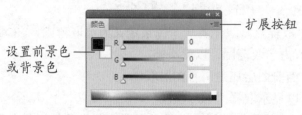

扩展按钮

设置前景色
或背景色

下面将介绍如何使用"颜色"面板选取颜色，具体操作方法如下：

Step 01 编辑前景色和背景色

单击前景色块，即可编辑前景色；单击背
景色块，即可编辑背景色，如下图所示。

 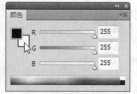

Step 02 改变颜色

拖动滑块，或者在 R、G、B 文本框中输
入数值，也可以改变颜色，如下图所示。

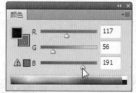 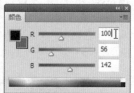

Step 03 选取与恢复颜色

将鼠标指针移至面板下方的四色颜色条
上，单击也可以选取颜色。单击最右边的黑白
色块，即可恢复黑色和白色，如下图所示。

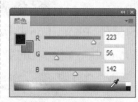 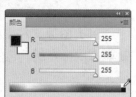

5.1.4　使用"色板"面板设置颜色

"色板"面板中的颜色更加直观。单击"窗口"|"色板"命令，打开"色板"面板，
单击一个颜色样本，Photoshop 将默认这个颜色为前景色；按住【Ctrl】键的同时单击
鼠标左键，则 Photoshop 将默认这个颜色为背景色，如下图所示。

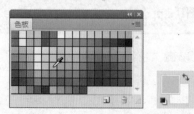 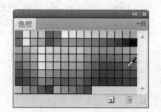

单击"色板"面板的扩展按钮，在弹出的下拉列表中提供了色板库。选择一个
色板库，单击"确定"按钮，载入的色板库会替换原来色板中的所有颜色，如下图所示。

5.2 绘画工具的使用

画笔、铅笔、颜色替换和混合器画笔工具是 Photoshop 提供的绘画工具，通过这些工具可以绘制出自己期望的图形。下面将详细介绍这些绘画工具的功能和使用方法。

5.2.1 使用画笔工具

画笔工具是日常绘图中最常用的绘画工具，与现实中的画笔绘画相似，线条比较柔和，就像是用户在用画笔绘画一样。选择工具栏中的画笔工具，其属性栏如下图所示。

：单击此下拉按钮，在弹出的下拉面板中可以设置画笔笔尖大小、画笔边缘的柔和程度和画笔形状，如下图（左）所示。

：单击此按钮，可以打开"画笔"面板，对画笔进行细微的设置，如下图（右）所示。

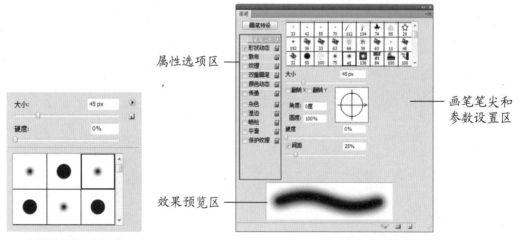

◎ 设置笔刷的基本特性

在"画笔"面板左侧列表中选择"画笔笔尖形状"选项，在右侧可以设置笔刷的直径、旋转角度、圆度和间距等一些基本特性，如下图所示。

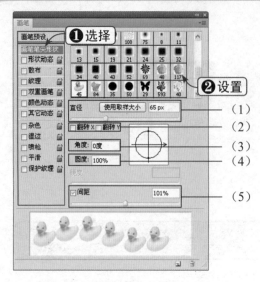

（1）用于调整画笔笔刷的直径大小，其数值在 1~2500 像素之间。

（2）控制画笔笔尖的水平与垂直翻转。

（3）设置笔尖的绘画角度。

（4）设置笔尖的圆形程度。

（5）设置画笔笔触之间的间距大小，数值越大，线条断续效果就越明显。

◎ 设置画笔的形状动态

要设置动态画笔，首先要选中"画笔"面板左侧列表中的"形状动态"复选框，然后在右侧进行相应的参数设置，如下图所示。

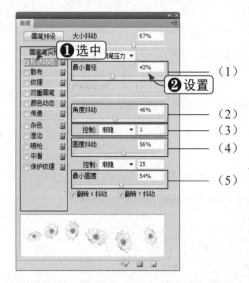

（1）设置画笔绘制的大小变化效果，数值越大，大小变化就越大。

（2）设置画笔笔刷的角度变化程度，数值越大，角度变化也就越大。

（3）在"控制"下拉列表框中选择"渐隐"选项，并设置合适的减弱步数，可以绘制渐隐线条。

（4）设置画笔笔刷的圆角变化程度。

（5）设置画笔笔刷的最小圆度值。

设置画笔的形状动态后，其绘制效果如下图所示。

◎ 设置画笔的散布效果

要设置笔刷的散布效果，首先要选中"画笔"面板左侧列表中的"散布"复选框，然后在右侧进行相应的参数设置，如下图所示。

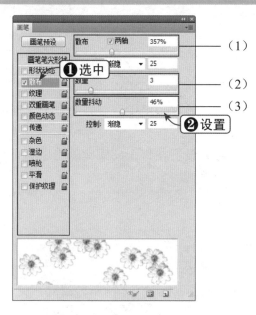

（1）用于设置散布程度，数值越大，散布程度就越强。

（2）用于设置散布密度，数值越大，线条的密度就越大。

（3）用于设置散布抖动效果。

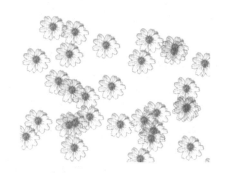

设置画笔的散布效果后，其绘制效果如右图所示。

◎ 设置笔刷的纹理效果

要设置笔刷的纹理效果，首先要选中"画笔"面板左侧列表中的"纹理"复选框，然后在右侧进行相应的参数设置，如下图所示。

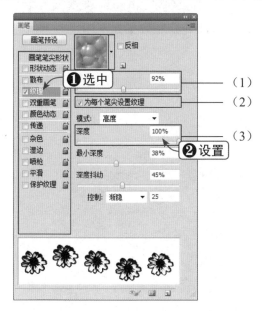

（1）用于设置纹理缩放比例。

（2）选中该复选框，可以利用下面的选项设置最小深度及深度抖动。

（3）在此设置笔刷渗透到纹理的深度。

设置画笔的纹理效果后，其绘制效果如右图所示。

◎ 设置画笔的双重画笔效果

要设置笔刷的双重画笔效果，首先要选中"画笔"面板左侧列表中的"双重画笔"复选框，然后在右侧进行相应的参数设置，如下图所示。

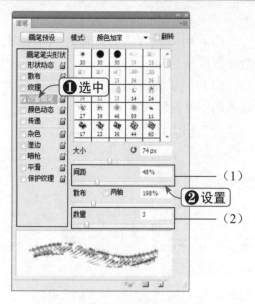

（1）设置画笔中双重画笔笔迹之间的距离。

（2）设置在每个间距间隔应用的画笔笔迹的数量。

设置画笔的双重画笔效果后，其绘制效果如右图所示。

◎ 设置画笔的颜色动态效果

要设置笔刷的颜色动态效果，首先要选中"画笔"面板左侧列表中的"颜色动态"复选框，然后在右侧进行相应的参数设置，如下图（左）所示。

要获得"颜色动态"效果，可以设置笔刷的前景／背景抖动、色相抖动、饱和度抖动、亮度抖动和纯度等参数。设置画笔的颜色动态效果后，其绘制效果如下图（右）所示。

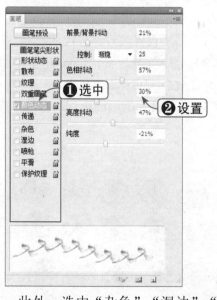

此外，选中"杂色"、"湿边"、"喷枪"、"平滑"或"保护纹理"复选框，可以分别设置相应的效果，读者可以自己尝试。

模式 正常 ▾：在此下拉列表框中可以选择色彩混合模式，如下图所示为不同色彩混合模式的效果对比。

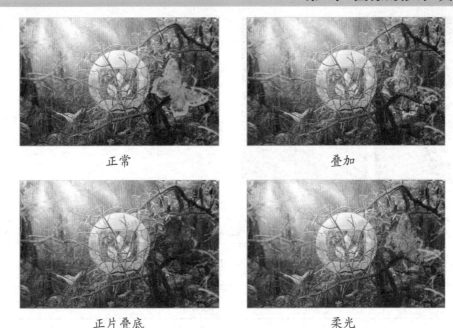

正常　　　　　　　　　　　　　　叠加

正片叠底　　　　　　　　　　　　柔光

不透明度：100% ：可以调整画笔绘制图案的透明程度，如下图所示为不同透明度的效果对比。

不透明度为100%　　　　不透明度为50%　　　　不透明度为10%

流量：50% ：可以控制画笔在绘画时的压力大小，数值越大，画出的颜色就越深。如下图所示为采用不同流量绘画的效果。

流量为100%　　　　　　流量为50%

：按下该按钮，在绘画时长时间按住鼠标左键，可以持续绘制同样的图形，如下图所示。

知识点拨

按键盘上的【[】键，可以将画笔调小；按键盘上的【]】键，可以将画笔调大。

5.2.2 实战——使用画笔工具制作梦幻粒子特效

下面将通过实例介绍画笔工具的使用方法，具体操作方法如下：

素材文件	光盘：素材文件\第5章\水上芭蕾.psd
效果文件	光盘：效果文件\第5章\水上芭蕾.psd

Step 01 打开素材文件

打开配套光盘中"素材文件\第5章\水上芭蕾.psd"文件，如下图所示。

Step 02 绘制路径

选择钢笔工具，在图像中绘制路径，如下图所示。

Step 03 设置画笔属性

选择画笔工具，单击属性栏中的"切换画笔面板"按钮，设置画笔的属性，如下图所示。

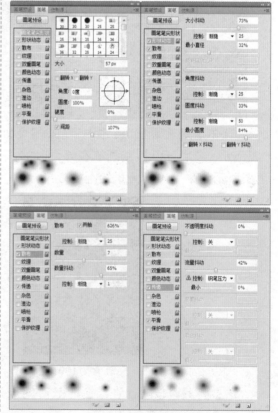

Step 04 描边路径

按【Ctrl+Shift+N】组合键，新建"图层2"。单击"路径"面板下方的"用画笔描边路径"按钮 ，调整画笔的大小，再次进行描边，即可得到最终效果，如下图所示。

5.2.3 使用铅笔工具

铅笔工具  也是使用前景色绘制线条的，但它只能绘制硬边线条，除了"自动抹除"功能外，其工具属性栏与画笔工具基本相同，如下图所示。

选中"自动抹除"复选框，在图像文件中拖动鼠标绘制线条。如果绘画起点处在前景色上，则绘画的线条为背景色；若绘画的起点处在背景色上，则绘画的线条为前景色，如下图所示。

知识点拨

铅笔工具现在常用于绘制像素画，这是正在流行的一种图画，它放大后会出现清晰的锯齿，但不会失真，类似马赛克画。如下图所示为使用铅笔工具绘制的像素画。

5.2.4 使用颜色替换工具

使用颜色替换工具 可以在保持图像纹理和阴影不变的情况下，快速改变图像任意区域的颜色。该工具不能用于位图、索引或多通道颜色模式的图像。下面将介绍使用颜色替换工具的方法，选择工具箱中的"颜色替换工具" ，其属性栏如下图所示。

单击此下拉按钮，在弹出的下拉面板中可以设置颜色替换笔尖大小、画笔边缘的柔和程度和角度等，如下图所示。

：该下拉列表框中包含"色相"、"饱和度"、"颜色"和"亮度"4个选项，其效果如下图所示。

| 色相 | 饱和度 | 颜色 | 明度 |

：按下此按钮，可以在拖曳鼠标时连续对颜色取样。

：按下此按钮，则只替换包含单击鼠标左键时所在区域的颜色。

：按下此按钮，则只替换包含当前背景色区域的颜色。

：选择"连续"选项，表示将替换鼠标指针所在区域相邻近的颜色；选择"不连续"选项，表示将替换任何位置的样本颜色；选择"查找边缘"选项，表示将替换包含样本颜色的连接区域，同时更好地保留形状边缘的锐化程度。

：取值范围为 1 ～ 100。其数值越大，可替换的颜色范围就越大。

：选中该复选框，可以为替换颜色的区域指定平滑的边缘。

下面将通过一个实例进行介绍，具体操作方法如下：

| | 素材文件 | 光盘：素材文件\第5章\朝阳.jpg |

Step 01 打开素材文件

打开配套光盘中"素材文件 \ 第 5 章 \ 朝阳 .jpg",如下图所示。

Step 02 颜色替换

按【Ctrl+J】组合键复制图层,设置前景色为 R251、G30、B71。选择颜色替换工具,对云层进行涂抹,如下图所示。

Step 03 设置图层混合模式

在"图层"面板中设置"图层混合模式"为"叠加",即可得到红色云朵的特殊效果,如下图所示。

Step 04 查看最终效果

按步骤 2～3 的方法进行操作,设置前景色为 R250、G243、B42,对图层进行涂抹,并设置"图层混合模式"为"正片叠底",即可得到如下图所示的最终效果。

5.2.5 使用混合器画笔工具

混合器画笔工具 类似在绘画的时候调颜色,将颜色混合生成其他颜色,其属性栏如下图所示。

：按下此按钮,使鼠标指针下的颜色与前景色混合,使用后会保留画笔颜色。

：按下此按钮,每次混合后不会保留画笔颜色,而是进行重新混合。

：在此下拉列表框中有 Photoshop 自带的各种混合模式,如下图所示。

潮湿,浅混合　　　　　　非常潮湿,深混合

潮湿: 10% : 设置潮湿参数, 数值越大, 颜色混合越明显。

载入: 5% : 画笔的载入量, 数值越大, 颜色越深。

混合: 0% : 颜色混合的多少, 数值越大, 混合越明显。

流量: 100% : 颜色的多少, 数值越大, 颜色越深。

: 喷枪按钮, 与画笔功能相同。

对所有图层取样 : 选中此复选框, 可以对所有图层的颜色进行混合。

5.3 渐变工具和填充工具

渐变工具和填充工具是 Photoshop 中常用的工具, 其应用范围非常广泛, 不仅可以用来填充图层和选区, 还可以用来填充图层蒙版、通道和快速蒙版。下面将介绍渐变工具和填充工具的使用方法。

5.3.1 渐变工具的使用

使用渐变工具可以快速地添加过渡自然的渐变颜色, 在绘图过程中是非常有用的工具。在工具箱中选择渐变工具 , 其属性栏如下图所示。

模式: 正常 **不透明度: 100%** **□反向 ☑仿色 ☑透明区域**

: 单击色块后面的下拉按钮, 在弹出的下拉面板中可以选择系统内置的渐变色, 如下图所示。

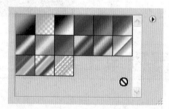

: 用于设置渐变填充类型, 分别是: 线性渐变、径向渐变、角度渐变、对称渐变和菱形渐变, 如下图所示。

线性渐变   径向渐变   角度渐变   对称渐变   菱形渐变

□反向 : 选中该复选框, 可以将渐变图案反向。

☑仿色 : 选中该复选框, 可以使渐变图层的色彩过渡得更加柔和、平滑。

☑透明区域 : 选中该复选框, 可以打开渐变图案的透明度设置。

5.3.2 实战——使用渐变工具制作水晶按钮

利用渐变工具可以制作出漂亮的水晶按钮，具体操作方法如下：

Step 01 新建文件窗口

单击"文件"|"新建"命令，在弹出的"新建"对话框中设置各项参数，单击"确定"按钮，如下图所示。

Step 02 打开标尺

按【Ctrl+R】组合键显示出标尺，拖动鼠标创建十字形参考线。按【Ctrl+Shift+N】组合键，新建"图层1"，如下图所示。

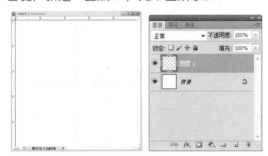

Step 03 绘制圆形路径

选择椭圆工具，按住【Alt+Shift】组合键，将鼠标指针移至中心处，拖动鼠标绘制圆形路径，如下图所示。

Step 04 绘制渐变

按【Ctrl+Enter】组合键，将路径转换为选区。选择渐变工具，单击属性栏中的"编辑渐变"按钮，打开"渐变编辑器"窗口，设置各项参数，其中颜色值分别为 R252、G226、B137，R248、G209、B64，R239、G163、B30，R233、G136、B23，单击"确定"按钮。单击属性栏中的"径向渐变"按钮，在窗口中由中心向边缘拖动鼠标，绘制渐变，如下图所示。

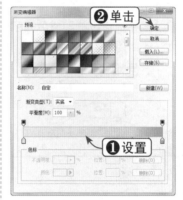

Step 05 羽化选区并填充

按【Ctrl+Shift+N】组合键，新建"图层2"。单击"选择"|"变换选区"命令，将选区缩小，按【Enter】键确认变换。单击"选择"|"修改"|"羽化"命令，设置"羽化半径"为10像素，单击"确定"按钮。设置前景色为R254、G245、B213，按【Alt+Delete】组合键填充前景色，如下图所示。

Step 06 添加图层蒙版

按【Ctrl+D】组合键取消选区，单击"图层"面板下方的"添加图层蒙版"按钮，

添加图层蒙版。选择椭圆选框工具○，按住
【Alt+Shift】组合键，将鼠标指针移至中心处，
拖动鼠标绘制圆形选区，设置前景色为黑色，
按【Alt+Delete】组合键进行填充，如下图所示。

Step 07 选择画笔工具

选择画笔工具✎，右击文件窗口内部，在
弹出的面板中设置画笔参数，设置前景色为白
色，在图像上进行涂抹，如下图所示。

Step 08 绘制渐变

按【Ctrl+Shift+N】组合键，新建"图层3"。
选择椭圆选框工具○，绘制椭圆形。选择渐
变工具■，单击属性栏中的■■按钮，打
开"渐变编辑器"窗口，设置各项参数，其中
颜色值分别为R254、G248、B223和白色。单
击属性栏中的"线性渐变"按钮■，然后拖动
鼠标绘制渐变，最终效果如下图所示。

5.3.3 填充工具的使用

填充工具即为油漆桶工具，选择油漆桶工具，其工具属性栏如下图所示。

前景 ▼：在此下拉列表框中，可以选择填充前景色或图案。

模式：变暗 ▼：在此下拉列表框中，可以选择色彩混合模式。

所有图层：选中此复选框，可以对所有图层进行填充。

5.3.4 实战——使用定义图案填充制作精美盒子

用户可以对图层进行纯色、图案、渐变等填充，也可以自己定义图案对图层进行
填充，下面将通过实例进行介绍，具体操作方法如下：

素材文件	光盘：素材文件\第5章\美女.jpg、心形盒子.jpg
效果文件	光盘：效果文件\第5章\精美盒子.psd

Step 01 打开素材文件

打开配套光盘中"素材文件\第5章\美女.jpg"，如下图所示。

Step 02 创建矩形选区

选择矩形选框工具 ▣，在文件窗口中拖动鼠标创建矩形选区，如下图所示。

Step 03 定义图案

单击"编辑"|"定义图案"命令，弹出"定义图案"对话框，输入名称，然后单击"确定"按钮，如下图所示。

Step 04 设置油漆桶参数

选择油漆桶工具 ，在其工具属性栏中设置各项参数，如下图所示。

Step 05 打开素材文件

打开配套光盘中"素材文件\第5章\心形盒子.jpg"，如下图所示。

Step 06 填充图案

按【Ctrl+Shift+N】组合键，新建"图层1"。使用油漆桶工具进行填充，如下图所示。

Step 07 调整图像大小和方向

按【Ctrl+T】组合键，调整图像的大小和方向，如下图所示。

Step 08 转换选区

打开"路径"面板，选中路径，按【Ctrl+Enter】组合键将路径转换为选区，如下图所示。

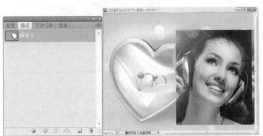

Step 09 反选并删除图像

按【Ctrl+Shift+I】组合键反选选区，按【Delete】键删除图像，按【Ctrl+D】组合键取消选区，如下图所示。

Step 10 设置图层混合模式

在"图层"面板中设置"图层混合模式"为"柔光"，即可得到最终效果，如下图所示。

5.4 图像的润饰

使用模糊、锐化、加深、减淡、涂抹、海绵工具可以对照片的细节进行润饰，改善图像的细节，使图像变得更加精美。

5.4.1 使用模糊工具与锐化工具

使用模糊工具可以降低图像的色彩反差，使图像进行柔化，减少图像细节；锐化工具则可以增强图像中相邻像素之间的对比，提高图像的清晰度，使图像对比更加强烈。

选择模糊工具 ，其工具属性栏如下图所示。

模式： 正常 ：在该下拉列表框中选择操作时的混合模式，与图层的混合模式相同。

强度： 50% ：输入数值，用于控制模糊工具的强度。

使用模糊工具在图像上涂抹前后的对比效果如下图所示。

知识点拨

模糊工具可用于对背景图像的模糊处理，使主题更加突出。

选择锐化工具 △，其工具属性栏与模糊工具差不多，如下图所示。

| △ ▾ | 画笔: •70 ▾ | 模式: 正常 ▾ | 强度: 50% ▸ | □ 对所有图层取样 |

使用锐化工具在图像上涂抹前后的对比效果如下图所示。

5.4.2 使用加深工具与减淡工具

在调节图像的亮度时，可以使用加深工具或减淡工具对图像的阴影、中间调和高光部分进行调暗和提亮，使图像在明暗度上更加具有层次感。

选择加深工具 🖐 或减淡工具 🔍，它们的工具属性栏是相同的。下面以加深工具为例，介绍工具的使用方法。选择减淡工具 🔍，其属性栏如下图所示。

| 🔍 ▾ | 画笔: •99 ▾ | 范围: 中间调 ▾ | 曝光度: 100% ▸ | 🖐 | ☑ 保护色调 |

范围: 中间调 ▾ ：该下拉列表框包括"阴影"、"中间调"和"高光"三个选项。选择"阴影"选项，主要是减淡图像的暗部区域；选择"中间调"选项，主要是减淡图像的灰色调区域；选择"高光"选项，主要是减淡图像的亮部区域。

曝光度: 100% ▸ ：用于设置对图像减淡处理时的曝光强度，数值越大，减淡的效果就越明显。

☑ 保护色调 ：选中此复选框，可以保护图像的色调不被改变。

使用减淡工具对图像进行减淡处理，效果如下图所示。

减淡中间调   减淡阴影   减淡高光

使用加深工具对图像进行加深处理，效果如下图所示。

加深中间调   加深阴影   加深高光

5.4.3 使用涂抹工具

若想使图像产生类似于在未干的画面上用手指涂抹的效果，就可以使用涂抹工具进行处理，其工具属性栏如下图所示。除了"手指绘画"复选框，其他选项与模糊工具和锐化工具相同。

取消选择"手指绘画"复选框，在图像中涂抹时只可以移动图像中颜色的位置；选中"手指绘画"复选框，则可以产生类似手指涂抹未干的颜料的效果。使用涂抹工具处理图像得到的效果如下图所示。

原图　　　　　　　取消选择"手指绘画"复选框　　　　　选中"手指绘画"复选框

5.4.4 使用海绵工具

使用海绵工具可以调整图像的饱和度，选择海绵工具，其工具属性栏如下图所示。

其中，"画笔"和"喷枪"选项与加深工具和减淡工具的相同。

模式 饱和 ：该下拉列表框中包括"饱和"和"降低饱和度"两种模式。选择"饱和"选项，可以提高图像的饱和度，对于灰度图像而言，其效果是减少图像中的灰度色调；选择"降低饱和度"选项，可以降低图像的饱和度，使图像中的灰色调增加，对于灰度图像而言，其效果是增加图像中的灰度色调。

流量 100% ：用于控制"饱和"和"降低饱和度"处理时的强度，数值越大，效果越明显，如下图所示。

原图　　　　　　　　　饱和　　　　　　　　　降低饱和度

5.5 图像的修复

对图像的修复，尤其是对数码照片的修复，是用户经常会遇到的问题。Photoshop 提供了仿制图章、污点修复画笔、修复画笔、修补和红眼等工具对图像进行修复，以去除图像中的污点和瑕疵，使图像更加完美。下面将介绍这些工具的使用方法。

5.5.1 使用仿制图章工具

使用仿制图章工具，可以将一幅图像的全部或部分复制到同一幅图像或另一幅图像中。选择工具箱中的仿制图章工具 🔏，其工具属性栏如下图所示。

□对齐：默认为选中状态，即在操作过程中一次只允许复制一个原图像；若取消选择该复选框，将连续复制多个相同的原图像。

样本:当前图层：在其中可以选择样本的对象，默认为"当前图层"，即只在当前图层选择样本。

下面将通过实例介绍仿制图章工具的使用方法，具体操作方法如下：

	素材文件	光盘：素材文件\第5章\草莓.jpg

Step 01 打开素材文件

打开配套光盘中"素材文件\第5章\草莓.jpg"，如下图所示。

Step 02 设置取样点

选择工具箱中的仿制图章工具，按住【Alt】键，将鼠标指针移至草莓的中间处，当鼠标指针变为 ⊕ 形状时单击设置取样点，如下图所示。

Step 03 设置属性

在仿制图章工具属性栏中设置各选项参数，如下图所示。

Step 04 仿制图像

在图像的空白处拖动鼠标进行绘制，即可仿制以鼠标指针所在处为圆心的图形，如下图所示。

5.5.2 使用图案图章工具

使用图案图章工具 ，可以将系统自带的图案或自己创建的图案复制到图像中。选择工具箱中的图案图章工具，其工具属性栏如下图所示。

 ：单击该按钮，在弹出的图案下拉列表中选择一种系统默认或自定义的图案，单击窗口中的图像，即可将图案复制到图像中。

 ：选中此复选框，可保持图案与起点图案的连续性，即使多次单击也不例外；取消选择此复选框时，则每次单击都重新应用图案，如下图所示。

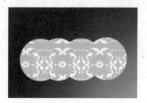 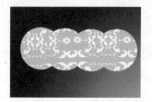

选中"对齐"复选框　　　　　　取消选择"对齐"复选框

 ：选中该复选框后，在复制图像时将产生类似于印象派艺术画效果的图案，如下图所示。

柔角画笔绘制　　　　　　　　尖角画笔绘制

下面将通过实例介绍图案图章工具的使用方法，具体操作方法如下：

	素材文件	光盘：素材文件\第5章\水的火焰.jpg

Step 01 打开素材文件

打开配套光盘中"素材文件\第5章\水的火焰.jpg"，如下图所示。

Step 02 使用图案图章工具

设置图案图章工具属性栏的各项参数，并在图像中进行绘制，效果如下图所示。

5.5.3 使用修复画笔

利用修复画笔工具 可以在不改变源图像的形状、光照和纹理等属性的前提下，清除图像中的杂质、刮痕和褶皱等。其功能与仿制工具相似，但其更加自然，修复后的人工痕迹不明显。

选择工具箱中的修复画笔工具，其工具属性栏如下图所示。

源:○取样：选中该单选按钮，将以图像区域中的部分图像作为复制对象（此时，修复画笔工具 🖊 的用法与仿制图章工具 🖊 相同）。

○图案 🔲 ：选中该单选按钮，则可以使用相应的图案来修复图像（此时，修复画笔工具 🖊 的用法与图案图章工具 🖊 相同）。

□对齐：选中该复选框，表示在复制图像时将以同一参考点对齐，即使多次复制图像，复制出来的图像仍是同一幅图像；若取消选择该复选框，则多次复制出来的图像将是以多幅图像为参考点的相同图像。

样本:当前图层 ▾ ：用于指定取样范围。

下面将通过实例介绍修复画笔工具的使用方法，具体操作方法如下：

🔵	素材文件	光盘：素材文件\第5章\绿色电脑.jpg

Step 01 打开素材文件

打开配套光盘中"素材文件 \ 第 5 章 \ 绿色电脑 .jpg"，如下图所示。

Step 02 使用修复画笔工具

设置修复画笔工具属性栏中的各项参数，将鼠标指针移至蝴蝶的身上，按住【Alt】键进行取样，拖动鼠标进行复制，即可复制蝴蝶图案；若将鼠标指针移至背景中进行取样，则可以去除图像中的蝴蝶图案，如下图所示。

Step 03 填充图案

选中工具属性栏中的"图案"单选按钮，即可填充图案，绘制后可以与背景更好地融合在一起，如下图所示。

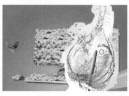

5.5.4 使用污点修复画笔工具

使用污点修复画笔工具 🖊 可以快速地移除图像中的污点和其他不理想的部分，它可以自动从所修复区域的周围取样，而不需要用户定义参考点。

选择工具箱中的污点修复画笔工具，其属性栏如下图所示。

○近似匹配：选中该单选按钮，表示将使用周围图像来近似匹配要修复的区域，如下图所示。

○创建纹理：选中该单选按钮，表示将使用选区中的所有像素创建一个用于修复该区域的纹理，如下图所示。

◎内容识别：选中该单选按钮，表示可以使用周围图像像素进行修复，如下图所示。

□对所有图层取样：选中该复选框，表示将对所有可见图层中的图像进行取样；若取消选择该复选框，则只对当前图层中的图像进行取样。

5.5.5 使用修补工具

与修复画笔工具 一样，修补工具 也是通过匹配样本图像和源图像的形状、光照及纹理等属性来修复图像。使用该工具时，既可以直接使用已经制作好的选区，也可以利用该工具创建选区。

选择工具箱中的修补工具，其工具属性栏如下图所示。

◎源：选中该单选按钮，如果将源图像选区拖至目标区域，则源区域图像将被目标区域的图像覆盖。

◎目标：选中该单选按钮，表示将选定区域作为目标区域，用其覆盖需要修补的区域。

□透明：选中该复选框，可将图像中差异较大的形状图像或颜色修补到目标区域中。

使用图案：创建选区后该按钮将被激活，单击该下拉按钮，可以在打开的图案列表中选择一种图案，以对选取图像进行图案修复。

下面将通过实例介绍修补工具的使用方法，具体操作方法如下：

	素材文件	光盘：素材文件\第5章\字迹美女.jpg

Step01 打开素材文件

打开配套光盘中"素材文件\第5章\字迹美女.jpg"，如下图所示。

Step02 创建选区

选择修补工具，拖动鼠标进行绘制，将文字放在选区内，松开鼠标，即可创建包围文字的选区，如下图所示。

Step03 移动选区

将鼠标指针移至选区内，按住鼠标左键并拖动至没有字迹的地方，如下图所示。

Step04 查看修补效果

松开鼠标，字迹即可被代替。按【Ctrl+D】组合键取消选区，美女脸上的字迹即被修补好，效果如下图所示。

知识点拨

在选择文字时，也可以使用矩形选框工具、魔棒工具或套索工具等来创建选区。

5.5.6 使用红眼工具

一般情况下，在光线昏暗的环境下拍摄人物照片会出现红眼，这是因为在暗处人的眼睛为了看清东西而放大瞳孔，从而增进通光量，在瞬间高亮的闪光灯下，数码相机拍到的通常都是张大的瞳孔，红色应该是瞳孔内血液映出的颜色。使用红眼工具 ，可以轻松地去除照片中的红眼。

选择工具箱中的红眼工具，其工具属性栏如下图所示。

下面将通过实例介绍红眼工具的使用方法，具体操作方法如下：

素材文件	光盘：素材文件\第5章\红眼.jpg

Step 01 打开素材文件

打开配套光盘中"素材文件 \ 第 5 章 \ 红眼 .jpg"，如下图所示。

Step 04 去除另一只眼睛红眼

采用相同的方法，将美女的另一只眼睛也去除红眼，效果如下图所示。

Step 02 设置工具参数

选择工具箱中的红眼工具，设置相应的参数，如下图所示。

Step 03 去除红眼

在人物图像红眼处单击鼠标左键，即可消除红眼，如下图所示。

5.5.7 实战——历史记录画笔工具的使用

使用历史记录画笔工具可以使图像恢复到在"历史记录"面板中设置的历史恢复点所在位置的图像效果，其工具属性栏如下图所示。

下面将通过实例介绍历史记录画笔工具的使用方法，具体操作方法如下：

 | 素材文件 | 光盘：素材文件\第5章\饮料.jpg

Step01 打开素材文件

打开配套光盘中"素材文件\第5章\饮料.jpg"，如下图所示。

Step02 使用"风"滤镜

单击"滤镜"|"风格化"|"风"命令，在弹出的"风"对话框中设置各项参数，单击"确定"按钮，如下图所示。

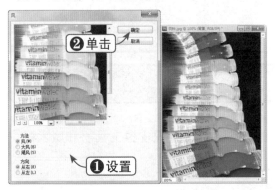

Step03 使用"动感模糊"滤镜

单击"滤镜"|"模糊"|"动感模糊"命令，在弹出的"动感模糊"对话框中设置各项参数，单击"确定"按钮，如下图所示。

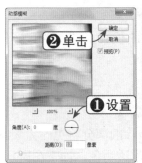

Step04 使用"波纹"滤镜

单击"滤镜"|"扭曲"|"波纹"命令，在弹出的"波纹"对话框中设置各项参数，单击"确定"按钮，如下图所示。

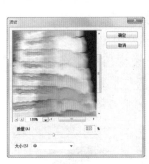

Step05 打开"历史记录"面板

单击"窗口"|"历史记录"命令，打开"历史记录"面板。选择历史记录画笔工具，单击"历史记录"面板中想恢复的步骤，如下图所示。

Step06 恢复操作步骤

在图像中进行涂抹，即可恢复此操作步骤，如下图所示。

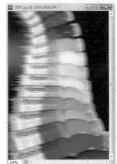

5.5.8　使用历史记录艺术画笔工具

历史记录艺术画笔工具 ◎ 与历史记录画笔工具的使用方法相同，但它在恢复图像时可以对图像进行艺术化处理，使图像更加具有特殊的艺术气息。选择工具箱中的历史记录艺术画笔工具，其工具属性栏如下图所示。

　　　　　样式： 松散中等 ▼ ：设置历史记录艺术画笔的艺术风格，选择不同艺术风格的选项所绘制的图像效果将不同。

　　　　　区域： 50 px ：用于设置历史记录艺术画笔描绘的范围，单位为"像素"。

　　　　　容差： 0% ▸ ：用于设置历史记录艺术画笔所描绘的颜色与需要恢复的颜色之间差异的百分比，输入的数值与恢复图像的失真程度成正比。

使用历史记录艺术画笔前后的对比效果如下图所示。

5.6　使用擦除工具

擦除图像的工具共有3种，分别为橡皮擦工具 ◢、背景橡皮擦工具 ◢ 和魔术橡皮擦工具 ◢，如下图所示。

图像擦除工具

5.6.1　使用橡皮擦工具

使用橡皮擦工具 ◢ 可以擦除图像中的颜色，它可以在擦除的位置上填入背景颜色或将其设置为透明色。

选择工具箱中的橡皮擦工具 ◢，其工具属性栏如下图所示。

使用橡皮擦工具擦除图像时，在"背景"图层中擦除，被擦除的部分将更改为工具箱中显示的背景色；在普通图层中擦除时，被擦除的部分将显示为透明色，如下图所示。

5.6.2 使用背景橡皮擦工具

使用背景色橡皮擦工具 可以有选择地擦除图像背景，其工具属性栏中的特有选项用于选择颜色区域。

选择工具箱中的背景色橡皮擦工具 ，其工具属性栏如下图所示。

取样按钮组 ：利用该按钮组可以设置取样方式。

按下"取样：连续"按钮 ，表示擦除过程中连续取样。

按下"取样：一次"按钮 ，表示仅取样单击鼠标左键时鼠标指针所在位置的颜色，并将该颜色设置为基准颜色。

按下"取样：背景色板"按钮 ，表示将背景色设置为基准颜色。

限制 连续 ：设置擦除限制类型，其中包含"连续"、"不连续"和"查找边缘"3个选项。

容差 50% ：用于设置擦除颜色的范围，数值越小，被擦除的图像颜色与取样颜色越接近。

保护前景色 ：选中该复选框，可以防止具有前景色的图像区域被擦除。

在使用背景橡皮擦工具擦除图像时，无论是在背景图层还是在普通图层上，都将图像的颜色擦除为透明色，并且将背景图层转换为普通图层，如右图所示。

5.6.3 使用魔术橡皮擦工具

魔术橡皮擦工具 就是魔棒工具 与【Delete】键相结合，当图像中含有大面积相同或相近的颜色时，使用魔术橡皮擦工具在要擦除的颜色区域单击鼠标左键，可以一次性擦除图像中所有与其相同或相近的颜色，并且通过设置容差可以控制擦除颜色的范围。

选择工具箱中的魔术橡皮擦工具 ，其工具属性栏如下图所示。

連续：选中"连续"复选框，则只能擦除与目标位置颜色相同且连续的图像。

对所有图层取样：选中该复选框，则在擦除图像时将对当前图像所有图层中的图像起作用，如下图所示。

5.7 使用自动命令处理图像

在 Photoshop CS5 中有许多自动命令，使用这些命令对图像进行处理，更加方便、快捷，也能使图像更加富有创意。

5.7.1 使用Photomerge命令

当用户的数码相机不能把整个景色全部收入时，可以在同一角度把全景图分成多张进行拍摄，再使用 Photomerge 命令将多张单独的图片合成全景图。单击"文件"|"自动"| Photomerge 命令，弹出 Photomerge 对话框，如下图所示。

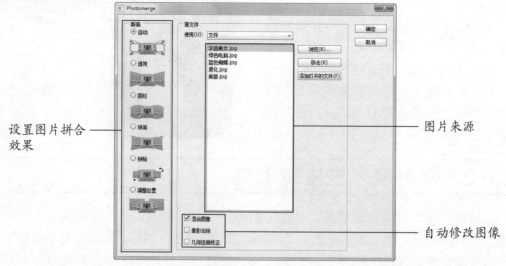

设置图片拼合效果

图片来源

自动修改图像

下面将通过实例介绍 Photomerge 命令的使用方法，具体操作方法如下：

素材文件	光盘：素材文件\第5章\全景图1.jpg、全景图2.jpg、全景图3.jpg

Step 01 打开素材文件

打开配套光盘中"素材文件\第5章\全景图1.jpg、全景图2.jpg、全景图3.jpg"，如下图所示。

单击"文件" | "自动" | Photomerge 命令，弹出 Photomerge 对话框。在"版面"选项区中选中"自动"单选按钮，单击"添加打开的文件"按钮，进行添加照片操作，并选中"混合图像"复选框，然后单击"确定"按钮，如下图所示。

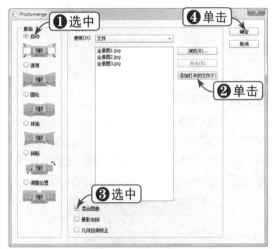

Step 02 使用 Photomerg 功能

知识点拨

若想合成全景图，单张的照片一定要有重叠的地方，Photoshop 会自动识别重叠处并拼接照片，一般重叠处需占整张照片的 10% ～ 15%。

5.7.2 使用"自动对齐图层"命令

使用"自动对齐图层"命令也可以拼接全景图照片，该命令可以根据在不同图层中的相似或重叠内容进行自动对齐图层。

下面将通过实例介绍"自动对齐图层"命令的使用方法，具体操作方法如下：

素材文件	光盘：素材文件\第5章\全景图1.jpg、全景图2.jpg、全景图3.jpg

Step 01 打开素材文件

打开配套光盘中"素材文件 \ 第 5 章 \ 全景图 1.jpg、全景图 2.jpg、全景图 3.jpg",并将"全景图 2.jpg"、"全景图 3.jpg"图像拖动到"全景图 1.jpg"文件窗口中,如下图所示。

Step 02 对齐图层

按住【Ctrl】键将图层全部选中,单击"编辑"|"自动对齐图层"命令,弹出"自动对齐图层"对话框,选中"自动"单选按钮和"晕影去除"复选框,单击"确定"按钮,如下图所示。

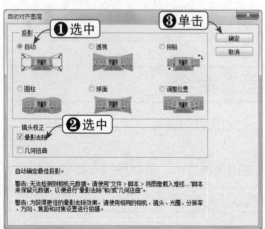

Step 03 查看拼接效果

此时,Photoshop 将图层自动对齐并拼接成全景图,如下图所示。

在"自动对齐图层"对话框中,其他单选按钮的作用如下:

：选中此单选按钮,Photoshop 会分析源图像,并应用"透视"或"圆柱"版面,使图像更好地进行拼接。

：选中此单选按钮,通过将源图像中的一个默认图像制定为参考图像来进行一致的拼接,在必要时可以对图像进行调整、拉伸或斜切,以便匹配图层的重叠处。

：选中此单选按钮,可以在各个图像中减少在"透视"版面中出现的"领结"扭曲,各图像之间的重叠处仍匹配并将参考图像居中放置。

：选中此单选按钮,将图像垂直和水平对齐,指定某个源图像为参考图像后对其他图像执行球面变换,以匹配重叠处。若图像是 360 度全景拍摄的照片,比较适合使用该命令。

：选中此单选按钮,Photoshop 在不修改图像中对象形状的情况下对齐图层并拼接重叠处。

：选中此单选按钮,Photoshop 在不变换任何源图像的情况下对齐图层并拼接重叠处。

5.7.3 使用HDR Pro命令

HDR 图像是通过合成多幅以不同曝光度拍摄的同一场景照片而创建的高动态范围图片，主要用于 3D 作品、特殊效果以及影片等高端图片。

下面将通过实例介绍 HDR Pro 命令的使用方法，具体操作方法如下：

	素材文件	光盘：素材文件\第5章\阳光下的冰块1~4.jpg

Step 01 打开素材文件

打开配套光盘中"素材文件\第 5 章\阳光下的冰块 1.jpg、阳光下的冰块 2.jpg、阳光下的冰块 3.jpg、阳光下的冰块 4.jpg"文件，如下图所示。

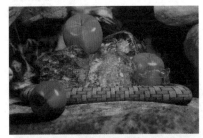

Step 02 合并到 HDR Pro

单击"文件" | "自动" | "合并到 HDR Pro"命令，弹出"合并到 HDR Pro"对话框，将打开的图像文件添加到列表中，单击"确定"按钮，如下图所示。

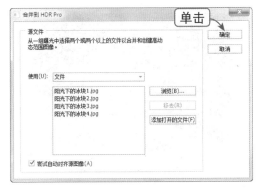

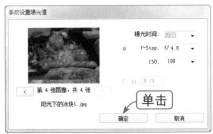

Step 03 设置参数

在"手动设置曝光度"对话框中设置各张图像的参数，单击"确定"按钮，Photoshop 会对图像进行处理并弹出"合并到 HDR Pro"对话框，显示合并的源图像、合并结果的预览图像、"位深度"菜单及用于设置白场预览的滑块，如下图所示。

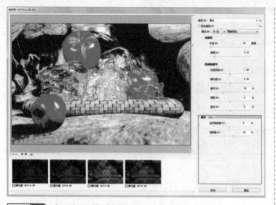

Step 04 查看图像效果

拖动滑块，同时观察图像的效果，调整到合适曝光度时单击"确定"按钮，创建 HDR 图像，如下图所示。

Step 05 调整 HDR 色调

单击"图像"|"调整"|"HDR 色调"命令，

弹出"HDR 色调"对话框，可以对 HDR 图像进行色调调整，单击"确定"按钮，如下图所示。

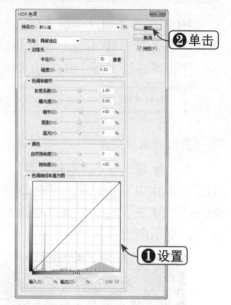

在"HDR 色调"对话框中，各选项的作用如下：

边缘光：用于控制边缘光调整范围和应用强度。

色调和细节：用于调整 HDR 图像的细节问题，如曝光度、阴影等。"灰度系数"则可以使用简单的乘方函数调整图像的灰度系数。

颜色：可以调整图像的色彩饱和度，拖动"自然饱和度"滑块改变图像饱和度时不会出现溢色。

色调曲线和直方图：显示 HDR 图像的直方图，并可以通过调整曲线对图像进行色调调整。

5.7.4 限制图像

使用"限制图像"命令可以改变照片中像素的数量，将图像限制为指定的宽度和高度，但不会改变图像的分辨率。单击"文件"|"自动"|"限制图像"命令，弹出"限制图像"对话框（如右图所示），用户可以根据自己的需要对照片进行修改。

第6章 图层的应用

图层在 Photoshop 中占据着极其重要的地位，灵活应用图层可以提高处理图像的速度和效率，还可以制作出很多意想不到的艺术效果。本章将介绍有关图层的使用方法和应用技巧，读者应该熟练掌握。

本章学习重点

1. 初识图层
2. 图层类型
3. 创建图层
4. 编辑图层
5. 合并和盖印图层
6. 应用图层样式
7. 编辑图层样式
8. 使用图层组

重点实例展示

设置图层不透明度

本章视频链接

运用各种图层的特性制作个性招贴

运用图层样式制作金属字

6.1 初识图层

Photoshop 将图像的不同部分分别存放在不同的图层中，这些图层叠放在一起形成完整的图像，用户可以独立对每一层中的图像内容进行操作，而不会影响到其他图层。

6.1.1 图层的基本概念

图层实际上就是一个完全透明的载体，每一个载体上承载着不同的图像，而每一个图层又是单独的个体，越是复杂的图像，图层就越多。如下图所示为图像与其相匹配的图层。

由上图可以看出，这个图像由三个图层组合而成，它们分别是文字图层、带有蒙版的图层和背景图层，当改变其中任何一个图层时，其他图层都不会受到影响。

只有在当前图层（即在"图层"面板中呈蓝色显示的图层）中，才可以进行编辑操作。因此，要想编辑哪部分图像，就需要找到这个图像所在的图层，并且把这个图层变为当前图层，方可进行编辑。只要在"图层"面板中单击某个图层，即可把这个图层变为当前图层。

6.1.2 "图层"面板

"图层"面板是整个图像各个图层的缩略图，图层的信息都显示在"图层"面板中。熟练地对"图层"面板进行操作，可以使用户更加方便地编辑图像。单击"窗口"|"图层"命令或按【F7】键，即可打开"图层"面板，如下图所示。

◎ ：单击该按钮，可以弹出"图层"面板的控制菜单，如右图所示。

◎ ⬚正常⬚：用于设置当前图层中的图像与下面图层中的图像以何种模式进行混合。

◎ 不透明度：100% ▸：用于设置当前图层中图像的不透明度。数值越小，图像越透明；数值越大，图像越不透明。

◎ ⬚：单击此按钮，可以使当前图层中的透明区域保持透明，不受各种操作的影响。

◎ ✎：单击此按钮，在当前图层中不能进行图形的绘制及其他命令操作。

◎ ✛：单击此按钮，可以将当前图层中的图像锁定不被移动。

◎ ⬚：单击此按钮，在当前图层中不能进行任何编辑修改操作。

◎ 填充：100% ▸：用于设置图层中图形填充颜色的不透明度。

◎ ◉：表示此图层处于可见状态。单击此图标后，图标中的眼睛将被隐藏，表示此图层处于不可见状态。

◎ ⬚：用于显示本图层图像的缩览图，它将随图层中图像的变化而随时更新，以方便用户参考。

◎ 图层0：显示各图层的名称。

◎ 🔗：用于链接图层。通过链接两个或多个图层，可以一起移动链接图层中的内容，也可以对链接图层执行对齐与分布及合并图层等操作。

◎ fx.：可以对当前图层中的图像添加各种样式效果。

◎ ◻：单击该按钮，可以为当前图层添加蒙版。如果先在图像中创建适当的选区，再单击此按钮，可以根据选区范围在当前图层上创建适当的图层蒙版。

◎ ◕.：单击该按钮，可在当前图层上添加一个调整图层或填充图层，对其下面的图层进行色调、色相的调整或填充。

◎ ▢：可以在"图层"面板中创建一个新的序列，类似于文件夹，以便于图层的管理和查询。

◎ 🗋：可以在当前图层上方创建新图层。

◎ 🗑：可以将当前图层删除。

6.2 图层类型

在 Photoshop 中，图层的类型多种多样，也各有各的特征和属性，全面了解图层的类型有助于用户更加方便、快捷地绘制图像，下面将详细介绍图层的类型。

6.2.1 背景图层与普通图层

当用户打开一幅图像，或者新建一个空白文件时（不透明的空白文件），在"图层"面板中都可以看到以斜体字表示的背景图层，并且在缩略图中能够看到该图层上的内容，如下图所示。

普通图层的背景色为透明色，创建的新图层都为普通图层，并且自动命名。若新建的图层中无内容，"图层"面板中该图层的缩览图也会是灰白相间的小块，表示为透明状态，如下图所示。

若在新建的图层中进行绘制，则在"图层"面板中缩览图也会显示出来，如下图所示。

在普通图层中可以进行任意的编辑修改，而不影响其他图层。当使用橡皮擦工具擦除普通图层中的图像后，被擦除的部分变为透明，从而显示出下面的图像，如下图所示。

6.2.2 文本图层与形状图层

当使用文字工具输入文字时，就会自动生成文本图层，其在"图层"面板中的缩览图上为一个 T 字形，确认输入后，所输入的文字也出现在缩略图中，如下图所示。

当对文字进行变形时，"图层"面板中该图层的缩览图也会发生改变，如下图所示。

当在图像文件窗口中使用矢量图形工具绘制图形时，一般会产生图形图层（前提是在矢量图形工具的属性栏中按下"形状图层"按钮□），在图形图层的缩略图后面一般会有一个用于决定图形形状的矢量蒙版，如下图所示。

选择当前图层，可以使用工具箱中的各种工具对其进行编辑，如下图所示。

在"图层"面板中双击形状图层的缩览图，在弹出的"拾取实色"对话框中可以重新设置图形的填充颜色，效果如下图所示。

6.2.3　调整、填充和蒙版图层

调整、填充和蒙版图层在进行图像创作时非常有用，也是比较常用的几种图层类型。下面将详细介绍这三种图层类型。

1．调整图层

调整图层是一种特殊的图层，它可以在不改变原图像像素的情况下将颜色与色调调整应用于图像，因此不会对图像产生实质性的改变和破坏。下面将介绍调整图层的使用方法。

单击"图层"|"新建调整图层"|"色相/饱和度"命令，或者单击"图层"面板下方的"创建新的填充或调整图层"按钮 ，也可以创建调整图层。如下图所示为创建调整图层前后的对比。

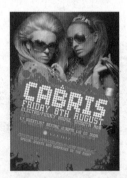

当单击调整图层左边的眼睛图标 将其关闭后，背景图层并不改变，如下图所示。

创建调整图层后，它的作用将影响它下面的所有图层。若想对几个图层做相同的色调调整，则可以在这些图层上面创建新的调整图层，不必进行每个图层的调整操作，如下图所示。

新图层在调整图层上方　　　　　　　　　　　　新图层在调整图层下方

单击"窗口"|"调整"命令，将弹出"调整"面板，如下图（左）所示。

单击任何一个调整图层按钮，即可创建新的调整图层。当创建完新的调整图层后，"调整"面板如下图（右）所示。

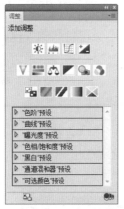　　　　　　　　　　

◎ ⬅：单击该按钮，可以返回到调整列表。

◎ ⬜：单击该按钮，将面板切换到标准视图，可以调整面板的宽度。

◎ ⬤：单击该按钮，可以将当前的调整图层与它下面的图层创建为一个剪切蒙版组，使调整图层仅影响它下面的一个图层。

◎ 👁：单击该按钮，可以切换图层可见性。

◎ 👁：单击该按钮，可以查看上一个状态。

◎ ↻：单击该按钮，将调整参数复位到调整默认值。

◎ 🗑：单击该按钮，可以删除此调整图层。

2. 填充图层

填充图层是向图层中填充纯色、渐变和图案而创建的特殊图层，使图像更加具有设计感。下面将通过一个实例进行详细介绍，具体操作方法如下：

素材文件	光盘：素材文件\第6章\女孩.jpg

Step 01 打开素材文件

打开配套光盘中"素材文件\第6章\女孩.jpg",并把背景图层转换为普通图层,如下图所示。

Step 02 复制并调整图像

按【Ctrl+J】组合键,复制图层。按【Ctrl+T】组合键,调整图像的大小和方向,如下图所示。

Step 03 创建纯色图层

选择"图层0",选择"图层"|"创建填充图层"|"纯色"命令,弹出"新建图层"对话框,单击"确定"按钮。弹出"拾色器"对话框,设置颜色值为R246、G229、B182,单击"确定"按钮。在"图层"面板中设置图层的"不透明度"为60%,效果如下图所示。

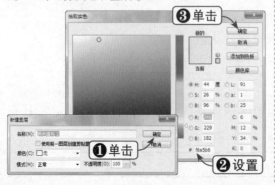

Step 04 创建图案图层

选择"图层0副本",选择"图层"|"创建填充图层"|"图案"命令,弹出"新建图层"对话框,单击"确定"按钮。在弹出的对话框中选取图案,单击"确定"按钮。单击●按钮,在"图层"面板中设置图层的"不透明度"为40%,如下图所示。

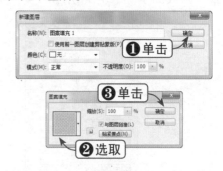

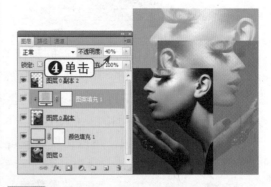

Step 05 创建渐变图层

选择"图层0副本2",单击"图层"面板下方的"创建新的填充或调整图层"按钮 ⊘.,新建"渐变"图层,并设置渐变参数,单击"确定"按钮,如下图所示。

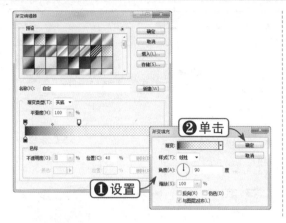

3. 蒙版图层

用户可以在蒙版中进行编辑，使与之联系的图层也随之改变，但是对图像却没有损坏，也不改变图像的像素等。如下图所示为带蒙版的图层。

用户可以在蒙版中填充纯色、渐变、图案等，也可以在蒙版中使用画笔等工具进行绘制。

蒙版缩览图外侧有一个白色边框，表示蒙版正处于编辑状态，此时用户的操作将应用于蒙版。若要编辑图像，则可单击图像缩览图，如下图所示。在蒙版中，黑色代表覆盖，白色代表显示。

6.2.4 实战——运用各种图层的特性制作个性招贴

下面将通过实例讲解如何运用填充图层、蒙版图层、调整图层的特性制作个性招贴，具体操作方法如下：

素材文件	光盘：素材文件\第6章\抽象.jpg、变异人.jpg、变异.jpg、炫光.jpg
效果文件	光盘：效果文件\第6章\创意.psd

Step 01 新建图像文件

单击"文件"|"新建"命令，在弹出的"新建"对话框中设置各项参数，单击"确定"按钮，如下图所示。

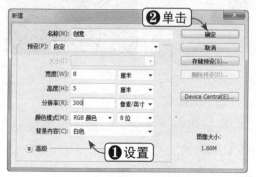

Step 02 拖入并调整素材文件

单击"文件"|"打开"命令，打开配套光盘中"素材文件\第6章\抽象.jpg"。选择移动工具 ，拖动"抽象"图像到"创意"文件窗口中，按【Ctrl+T】组合键调整图像的大小，如下图所示。

Step 03 创建渐变图层

单击"图层"|"新建填充图层"|"渐变"命令，弹出"新建图层"对话框，单击"确定"按钮。弹出"渐变填充"对话框，设置各项参数，单击"确定"按钮，如下图所示。

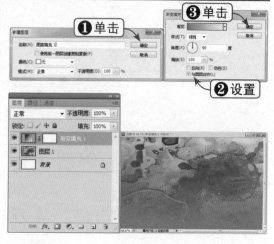

Step 04 拖入并调整素材文件

单击"文件"|"打开"命令，打开配套光盘中"素材文件\第6章\变异人.jpg"。选择移动工具 ，拖动"变异人"图像到"创意"文件窗口中，按【Ctrl+T】组合键调整图像的大小，如下图所示。

Step 05 添加图层蒙版

单击"图层"面板下方的"添加图层蒙版"按钮 ，设置前景色为黑色，选择画笔工具，在图像中进行涂抹，擦除背景图像，如下图所示。

Step 06 抠图并拖入素材文件

单击"文件"|"打开"命令,打开配套光盘中"素材文件\第6章\变异.jpg"。选择磁性套索工具 ![icon]，将人物载入选区。选择移动工具 ![icon]，拖动"变异"图像到"创意"文件窗口中,按【Ctrl+T】组合键调整图像的大小,如下图所示。

Step 07 创建调整图层

单击"图层"面板下方的"创建新的填充或调整图层"按钮 ![icon]，新建"亮度/对比度"调整图层,在"调整"面板中设置各项参数,并单击 ![icon] 按钮,如下图所示。

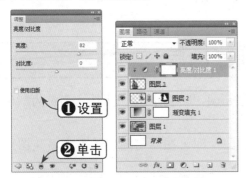

Step 08 选择"绿"通道

单击"文件"|"打开"命令,打开配套光盘中"素材文件\第6章\炫光.jpg"。单击"窗口"|"通道"命令,打开"通道"面板,选择"绿"通道,如下图所示。

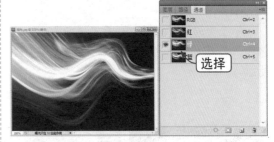

Step 09 复制"绿"通道

按住鼠标右键不放,将"绿"通道拖至"通道"面板下方的"创建新通道"按钮 ![icon] 上,复制"绿"通道,如下图所示。

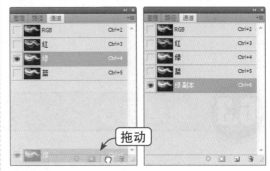

Step 10 设置色阶

按【Ctrl+L】组合键,弹出"色阶"对话框,设置各项参数,单击"确定"按钮,如下图所示。

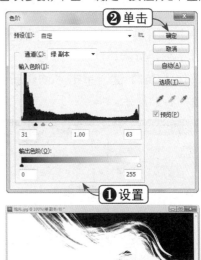

Step 11 载入选区

单击"通道"面板下方的"将通道作为选区载入"按钮 ⊙，再单击 RGB 通道，如下图所示。

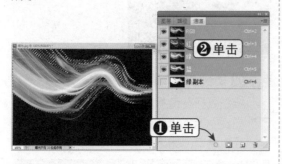

Step 12 设置图层不透明度

选择移动工具 ▶⊕，拖动"炫光"图像到"创意"文件窗口中。按【Ctrl+T】组合键，调整图像的大小，并在"图层"面板中设置图像的"不透明度"为 65%，即可得到如下图所示的最终效果。

6.3 创建图层

在应用图层之前，首先要学习如何创建图层。下面将详细介绍几种创建图层的基本方法，读者应该熟练掌握。

6.3.1 利用"图层"面板创建图层

单击"图层"面板下方的"创建新图层"按钮 ▣，即可创建新的图层，名称为默认，如下图（左）所示。

按住【Ctrl】键，单击"创建新图层"按钮 ▣，即可在当前图层的下方新建图层，如下图（右）所示。

6.3.2 利用"新建"命令创建图层

单击"图层"|"新建"|"图层"命令，或按【Ctrl+Shift+N】组合键，弹出"新建图层"对话框，设置各项参数，单击"确定"按钮，即可创建新图层，如下图所示。

6.3.3 利用"通过拷贝的图层"命令创建图层

单击"图层"|"新建"|"通过拷贝的图层"命令，或按【Ctrl+J】组合键，即可复制图像，成为另一个图层，如下图所示。

若在图像上创建选区，则复制的是选区内的图像，如下图所示。

6.3.4 利用"通过剪切的图层"命令创建图层

在图像中创建选区后，单击"图层"|"新建"|"通过剪切的图层"命令，或按【Shift+Ctrl+J】组合键，即可将选区内的图像剪切到另一个图层中，如下图所示。

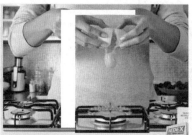

6.3.5 创建背景图层

创建新的图像文件时，在"新建"对话框的"背景内容"下拉列表框中选择"白色"或"背景色"选项，则创建的是背景图层如下图所示；若选择"透明"选项，则创建的是普通图层。

每个图像中只可以有一个背景图层，其他的图层可以有若干个。

6.3.6 背景图层与普通图层的相互转换

由于背景图层只能使用绘画工具和少数的滤镜进行编辑，就需要将背景图层转换为普通图层；当某个图层不再需要编辑了，可以再将其转换为背景图层。

双击背景图层，即可弹出"新建图层"对话框，设置各项参数后，单击"确定"按钮，即可将背景图层转换为普通图层，如下图所示。

 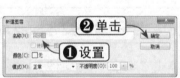 

单击"图层"|"新建"|"图层背景"命令，即可将普通图层转换为背景图层，如下图所示。

6.4 编辑图层

下面将详细介绍如何选择图层、复制图层、链接图层等图层的基本编辑操作，这是使用图层的基本操作，读者应该熟练掌握。

6.4.1 图层的选择

想要编辑哪个图层，就要把这个图层变为当前图层。下面将介绍几种选择图层的操作方法和技巧。

1. 选择单个图层

单击"图层"面板中的任何一个图层缩览图，即可选择单个图层，使之成为当前图层，如右图所示。

2. 选择多个图层

选择一个图层，按住【Shift】键的同时单击其他图层，可以选择多个相邻的图层，如下图（左）所示。

选择一个图层，按住【Ctrl】键的同时单击其他图层，可以选择多个不相邻的图层，如下图所示。

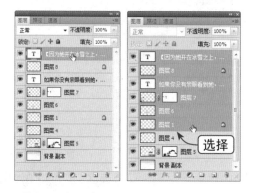

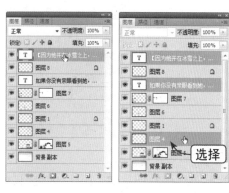

3. 选择所有图层

单击"选择"|"所有图层"命令，则可以选择所有图层，如下图所示。

4．选择相似图层

选择一个图层，单击"选择"｜"选择相似图层"命令，则可以将其他相似的图层进行选择，如下图所示。

5．选择链接图层

选择一个链接图层，单击"图层"｜"选择链接图层"命令，则可以选择与之链接的所有图层，如下图所示。

6．取消选择图层

若不想选择图层，则单击"选择"｜"取消选择图层"命令，可以取消选区；也可以在"图层"面板下方的灰色空白处单击鼠标左键，以取消选择图层，如下图所示。

6.4.2 图层的复制

当需要多个相同的图层时,可以对图层进行复制。单击"图层"|"复制图层"命令,弹出"复制图层"对话框,设置名称等参数,然后单击"确定"按钮,如下图所示。

按【Ctrl+J】组合键,也可以复制图层,如下图所示。

将鼠标指针移至背景图层上,按住鼠标左键不放,拖动鼠标到"图层"面板下方的"创建新图层"按钮□上,也可以复制图层,如下图所示。

6.4.3 图层的链接

若想要对多个图层进行相同的编辑或移动操作等,可以将这些图层进行链接。选择多个图层,单击"图层"|"链接图层"命令,或单击"图层"面板下方的"链接图层"按钮，即可将选择的图层进行链接,如下图所示。

6.4.4 图层的锁定

锁定图层后，可以保护图层不被错误地修改，Photoshop 中提供了 4 种锁定方式：锁定透明像素、锁定图像像素、锁定位置和锁定全部。背景图层中的锁形图标也表示其部分功能被锁定。在"图层"面板中，可对图层进行锁定，如下图所示。

◎ 锁定透明像素▣：单击该按钮，可以锁定透明区域，操作时只针对非透明区域。

◎ 锁定图像像素✎：单击该按钮，将无法修改图层中的像素，即禁止了对图层中图像的绘制或修改，但可以对图像进行移动。

◎ 锁定图像位置✛：单击该按钮，图像就不能再进行移动。

◎ 锁定全部🔒：单击该按钮，以上 3 项全部被锁定。

下面将通过一个实例进行介绍，具体操作方法如下：

素材文件	光盘：素材文件\第6章\地产.psd

Step 01 打开素材文件

打开配套光盘中"素材文件\第 6 章\地产 .psd"文件。

Step 02 锁定透明像素

选择"图层 4"，单击"锁定透明像素"按钮▣，选择椭圆选框工具◯，在空白处绘制椭圆选区。按【Alt+Delete】组合键，发现填充不上颜色，若将选区移至图像上，则可以进行填充，如下图所示。

知识点拨

合理地利用图层锁定功能，可以保护图像不被错误地修改。

Step 03 锁定图像像素

选择"图层 2"，单击"锁定图像像素"按钮✎，则无法进行绘制，但可以进行移动，如下图所示。

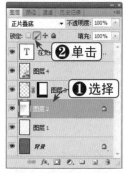

按钮+，发现图层不能移动，却可以做其他的调整，如下图所示。

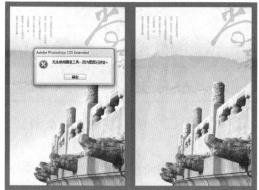

Step 04 锁定图像位置

选择"图层3"，单击"锁定图像位置"

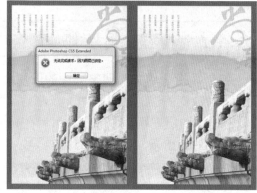

6.4.5 显示和隐藏图层

在"图层"面板中，各图层缩览图的前面都有一个眼睛图标，它可以控制图层的可见性。若想要隐藏某个图层，可以单击该图层前面的眼睛图标，图标隐藏后，相应的图层也随之隐藏；若想再显示这个图层，再次单击这个图标即可，如下图所示。

6.4.6 图层的删除

若不再需要某个图层，可以将其删除。选择一个图层，单击"图层"|"删除"命令，

或在"图层"面板中将鼠标指针放在要删除的图层上,按住鼠标左键不放,拖动鼠标到"图层"面板下方的"删除图层"按钮 🗑 上,即可删除图层,如下图所示。

6.4.7　调整图层顺序

将鼠标指针放在要调整顺序的图层上按住鼠标左键不放,拖动鼠标到两个图层之间,即可改变图层的顺序,如下(左)图所示。

单击"图层"|"排列"命令,然后在其下拉菜单中选择各项命令,用于调整图层顺序,如下图(右)所示。

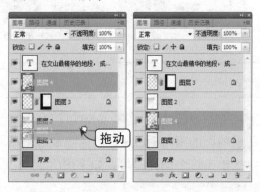 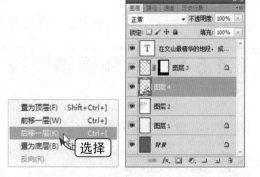

6.4.8　对齐和分布图层

如果要让多个图层中的图像呈现对齐分布,在"图层"面板中选择这些图层后,单击"图层"|"对齐"命令,然后在其下拉菜单中选择各选项,即可对齐图层中的图像,如下图所示。

"顶边"对齐方式

"垂直居中"对齐方式

"底边"对齐方式

"左边"对齐方式

"水平居中"对齐方式

"右边"对齐方式

如果想要多个图层采用一定的规律均匀分布，可以在"图层"面板中选择这些图层，单击"图层"|"分布"命令，然后在其下拉菜单中选择各项命令（如右图所示），可以对多个图层进行规律均匀的分布。

"顶边"分布是从每个图层的顶端像素开始，间隔均匀地分布图层，如下图所示。

"垂直居中"分布是从每个图层的垂直中心像素开始，间隔均匀地分布图层，如下图所示。

"底边"分布是从每个图层的底边像素开始，间隔均匀地分布图层，如下图所示。

"左边"分布是从每个图层的左边像素开始，间隔均匀地分布图层，如下图所示。

"水平居中"分布是从每个图层的水平居中像素开始，间隔均匀地分布图层，如下图所示。

"右边"分布是从每个图层的右边像素开始，间隔均匀地分布图层，如下图所示。

知识点拨

对齐与分布都是以像素为基准的，如果当前选择的是移动工具，可以单击工具选项栏中的 按钮进行对齐图层；也可以单击工具选项栏中的 按钮进行图层的分布操作。

6.5 合并和盖印图层

如果图层、图层组或图层样式过多，就会占用很大的磁盘空间。为了减少这样不必要的占用，可以将属性相同或者以后不会修改的图层等合并成一个图层，图层数量变少后，既便于管理，又可以快速、方便地寻找到需要的图层等。

6.5.1 合并图层

如果要合并多个图层,可以先选择这些图层,然后单击"图层"|"合并图层"命令,合并后的图层使用最上面图层的名称,如下图所示。

6.5.2 向下合并图层

如果要将一个图层与其下面的图层合并,可以选择这个图层,然后单击"图层"|"向下合并"命令,或按【Ctrl+E】组合键,即可向下合并图层,图层名称为下面图层的名称,如下图所示。

6.5.3 合并可见图层

如果要合并所有的可见图层,可以单击"图层"|"合并可见图层"命令,或按【Ctrl+Shift+E】组合键,所有可见图层将合并到最下面的图层中,名称也为最下面图层的名称,如下图所示。

6.5.4 盖印图层

盖印图层是一种特殊方法，它可以将一个图层中的图像内容合并到一个新图层中，同时不改变其他图层的属性。如果要得到某些图层的合并效果，而又要保持原图层的完整性，即可盖印图层。盖印图层的操作方法如下：

1. 向下盖印

选择一个图层，按【Ctrl+Alt+E】组合键，即可将这个图层中的图像盖印到下面的图层中，而原图层中的图像不变，如下图（左）所示。

2. 盖印多个图层

选择多个图层，按【Ctrl+Alt+E】组合键，可以将它们盖印到一个新的图层中，原有图层中的图像不变，如下图（右）所示。

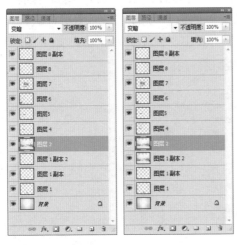
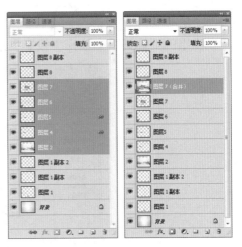

3. 盖印可见图层

将某些图层进行隐藏，按【Ctrl+Alt+Shift+E】组合键，即可将可见图层盖印，并产生新的图层，原有图层中的图像不变，如下图（左）所示。

4．盖印图层组

选择图层组，按【Ctrl+Alt+E】组合键，可以将组中的所有图层内容盖印到另一个新的图层中，原组及组中的图层中的图像不变，如下图（右）所示。

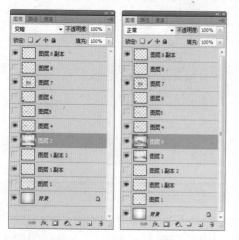
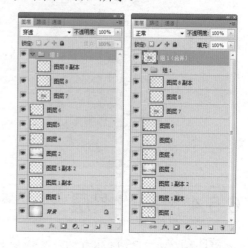

在 Photoshop CS5 中自带了多种图层样式，更加方便用户使用，以便制作出各式各样的图像特效。下面将详细介绍如何在图像处理中应用图层样式。

6.6.1 投影和内阴影

"投影"和"内阴影"图层样式可以增加图像的立体感，使图像更加生动。选择"图层"|"图层样式"|"投影"命令，或单击"图层"面板下方的"添加图层样式"按钮 *fx.*，在弹出的下拉菜单中选择"投影"选项，都将弹出"投影"对话框，如下图所示。

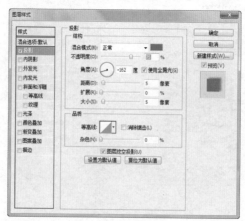

其中，各选项的含义如下：

◎ 混合模式(B)：正常 ：用于设置阴影与下方图层的混合模式。

◎ ▬ ：单击该颜色块，在弹出的"拾色器"对话框中可以设置阴影的颜色。

◎ **不透明度**：用于设置投影的不透明度。

◎ **角度**：用于设置投影的角度，不同角度的效果如下图所示。

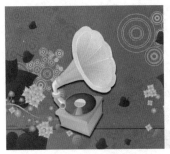

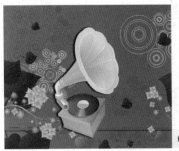

◎ ☑ 使用全局光(G)：选中该复选框，表示为同一图像中的所有图层使用相同的光照角度。

◎ **距离**：用于设置投影与图像的距离。数值越大，投影就越远，如下图所示。

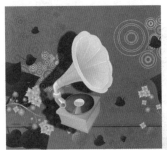

◎ **扩展**：预设时，阴影大小与图层大小相当，若希望阴影较粗，可以在文本框中输入相应的数值或调整移动滑块来进行设置，如下图所示。

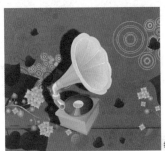

◎ **大小**：用于设置阴影边缘的柔化效果，如下图所示。

◎ 等高线 ：用于设置投影边缘的轮廓形状。轮廓的作用是加强投影的立体效果。

◎ □消除锯齿(L)：选中该复选框，可以消除投影边缘的锯齿。

◎ 杂色：用于设置颗粒在投影中的填充数量，如下图所示。

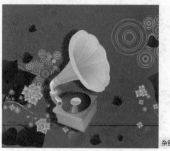

◎ 图层挖空阴影：选中该复选框，可以设置图层的外部投影效果。

内阴影样式与投影样式基本相同，但内阴影是通过"阻塞"来控制边缘的渐变程度的，在添加内阴影样式后会使图层产生凹陷效果。如下图所示为添加不同"阻塞"值的内阴影前后的对比效果。

6.6.2 外发光和内发光

"外发光"和"内发光"图层样式都可以为图像添加发光效果："外发光"是在图像的边缘向外创建发光效果，"内发光"则是向内创建发光效果。单击"图层"面板下方的"添加图层样式"按钮 *fx*.，在弹出的下拉菜单中选择"外发光"选项，将弹出"外发光"对话框，如下图所示。

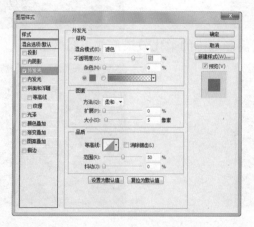

其中，各选项的含义如下：

◎ ：用于选择光晕的颜色。可以选择左侧的单色光晕或右侧的渐变光晕，如下图所示。

◎ 方法(Q)：用于设置边缘元素的方法。选择"精确"选项，光线将沿图像的边沿精确分布；选择"柔和"选项，光线将自由发散，如下图所示。

◎ 范围(R)：用于确定等高线的作用范围。设置的范围越大，等高线处理的区域也就越大，如下图所示。

◎ 抖动(J)：用于控制光的渐变。使用渐变光晕可以产生类似的溶解模式的效果。

单击"图层"面板中的"添加图层样式"按钮 *fx*，在弹出的下拉菜单中选择"内发光"选项，弹出"内发光"对话框，如下图所示。

内发光效果中除了"源"和"阻塞"选项外，其他大部分与外发光效果相同。其中：

◎ 源：◉ 居中(E)　◯ 边缘(G)：选中"居中"单选按钮，可以在图像的中央进行发光；选中"边缘"单选按钮，可以在图像的边缘内进行发光，如下图所示。

◎ **阻塞(C)：**：设置光源向内发散的大小，如下图所示。

6.6.3 斜面和浮雕

应用"斜面与浮雕"图层样式可以在图像上制作出各种浮雕效果，使图像更加具有立体感。单击"图层"面板下方的"添加图层样式"按钮 **fx.**，在弹出的下拉菜单中选择"斜面与浮雕"选项，弹出"图层样式"对话框，如下图所示。

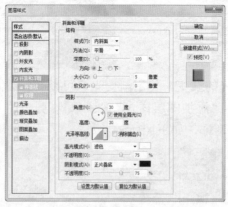

其中，各选项的含义如下：

◎ **样式(I)：** 内斜面 ▾：用于设置斜面和浮雕效果的样式。选择"外斜面"选项，可以在图像外部边缘产生一种斜面光线照明效果；选择"内斜面"选项，可以在图像的内部边缘产生一种斜面光线照明效果；选择"浮雕效果"选项，可以在图像的下方图层呈现凸出的效果；选择"枕状浮雕"选项，可以产生图像边缘陷进下方图层的效果；选择"描边浮雕"选项，可以创建边缘浮雕效果，如下图所示。

样式(T)：外斜面 ▼

样式(T)：浮雕效果 ▼

样式(T)：枕状浮雕 ▼

样式(T)：内斜面 ▼

◎ 方法(Q)：平滑 ▼：选择进行浮雕的方法，如下图所示。

方法(Q)：平滑 ▼

方法(Q)：雕刻清晰 ▼

方法(Q)：雕刻柔和 ▼

◎ 深度(D)：用于设置图层深度效果，数值越大，阴影的颜色越深，如下图所示。

深度(D)：———— 100 %

深度(D)：———— 300 %

◎ 方向：⊙上 ○下 ：用于改变立体效果的光源方向，如下图所示。

◎ 大小(Z)：：用于控制阴影面积的大小，如下图所示。

◎ 软化(F)：：用于设置阴影的边缘过渡，如下图所示。

◎ 角度(N)：：用于设置立体化光源的角度，如下图所示。

◎ 高度：：用于设置立体化光源的高度，如下图所示。

◎ 光泽等高线 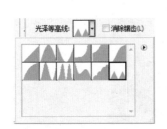：用于设置图层效果的光泽程度，以及设置明暗对比的分布方式，如下图所示。

◎ 高光模式(H): 滤色 ：用于设置立体化后高光效果的混合模式，利用其右侧的颜色块可以设置高光的颜色。

◎ 阴影模式(A): 正片叠底 ：用于设置立体化后阴影的混合模式，利用其右侧的颜色块可以设置阴影的颜色。

在"图层样式"对话框中，在"斜面和浮雕"选项的下方还有两个选项，分别为"等高线"和"纹理"。如右图所示为设置"等高线"选项的对话框。

其中，各选项的含义如下：

◎ 等高线: 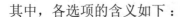：用于设置立体对象的分布方式。

◎ 范围(R)：用于调整等高线相对该立体的位置。

如下图（左）所示为添加了"等高线"的效果。如下图（右）所示为设置"纹理"选项的对话框。

其中，各选项的含义如下：

◎ ：用于设置或选择合适的材质。

◎ 贴紧原点(A)：单击该按钮，可以使图案返回到原来的位置。

◎ 缩放(S)：用于图案的扩大或缩小操作，以适合用户的需求。

◎ **深度(D):**：用于设置立体对比效果的强度。

如下图所示为添加了纹理的图像效果。

6.6.4 实战——运用"斜面和浮雕"制作岩石刻字

本实例主要运用"斜面与浮雕"图层样式来在模仿岩石上刻字的图像效果，具体操作方法如下：

	素材文件	光盘：素材文件\第6章\岩石.jpg
	效果文件	光盘：效果文件\第6章\石刻字.psd

Step 01 打开素材文件

打开配套光盘中"素材文件\第6章\岩石.jpg"，如下图所示。

Step 02 设置文字工具参数

选择横排文字工具 T.，在其属性栏中设置各项参数，如下图所示。

Step 03 输入文字并调整

在图像中输入文字"不虚此行"，按【Ctrl+T】组合键，设置文字大小和的方向，如下图所示。

Step 04 添加"内阴影"图层样式

单击"图层"面板下方的"添加图层样式"按钮 *fx.*，选择"内阴影"图层样式，在弹出的对话框中设置各项参数，如下图所示。

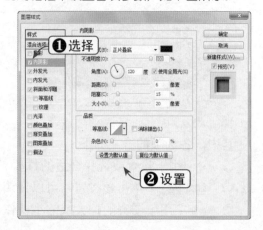

Step 05 添加"外发光"图层样式

选择"外发光"图层样式，并设置各项参数，如下图所示。

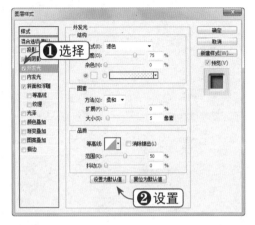

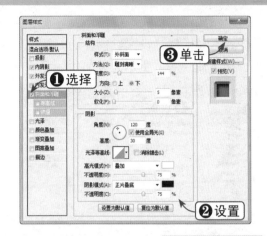

Step 06 添加"斜面与浮雕"图层样式

选择"斜面与浮雕"图层样式，并设置各项参数，单击"确定"按钮，即可得到如下图所示的最终效果。

6.6.5 光泽

应用"光泽"图层样式可以在图层上添加一种颜色，使图像产生类似绸缎的平滑效果。单击"图层"面板下方的"添加图层样式"按钮 *fx.*，在弹出的下拉菜单中选择"光泽"选项，弹出"图层样式"对话框，设置光泽参数，如下图（左）所示。

如下图（右）所示为添加"光泽"图层样式前后的图像对比效果。

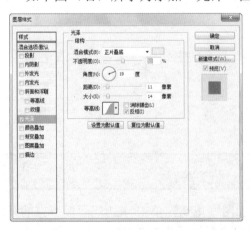

6.6.6 颜色叠加

应用"颜色叠加"样式可以在当前图像上添加单一的色彩。单击"图层"面板下方的"添加图层样式"按钮 $fx.$，在弹出的下拉菜单中选择"颜色叠加"选项，弹出"图层样式"对话框，设置颜色叠加参数，单击"确定"按钮，如下图（左）所示。

如下图（右）所示为添加"颜色叠加"图层样式前后的图像对比效果。

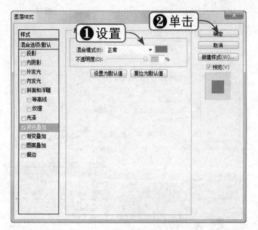

6.6.7　渐变叠加

应用"渐变叠加"样式可以在当前图像上添加渐变颜色。单击"图层"面板下方的"添加图层样式"按钮 $fx.$，在弹出的下拉菜单中选择"渐变叠加"选项，弹出"图层样式"对话框，设置渐变叠加参数，单击"确定"按钮，如下图所示。

如下图所示为添加"渐变叠加"图层样式前后的图像对比效果。

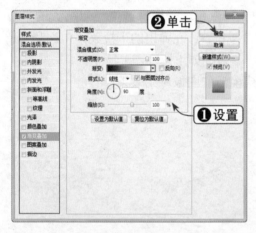

6.6.8　图案叠加

应用"图案叠加"样式可以在当前图像上添加图案填充。单击"图层"面板下方的"添加图层样式"按钮 $fx.$，在弹出的下拉菜单中选择"图案叠加"选项，弹出"图层样式"对话框，设置图案叠加参数，单击"确定"按钮，如下图（左）所示。

如下图（右）所示为添加"图案叠加"图层样式前后的图像对比效果。

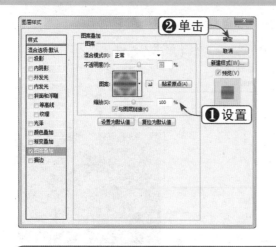

6.6.9 描边

应用"描边"图层样式可以在当前图像上添加描边。单击"图层"面板下方的"添加图层样式"按钮 **fx.**,在弹出的下拉菜单中选择"描边"选项,弹出"图层样式"对话框,设置描边参数,单击"确定"按钮,如下图所示。

如下图所示为添加"描边"图层样式前后的图像对比效果。

 知识点拨

"描边"图层样式对文字图层比较常用,在设计文字时经常用到。

6.6.10 实战——运用图层样式制作金属字

本实例主要运用"斜面和浮雕"、"投影"、"渐变叠加"等图层样式制作金属字,具体操作方法如下:

素材文件	光盘:素材文件\第6章\金属字背景.jpg
效果文件	光盘:效果文件\第6章\金属字.psd

Step 01 打开素材文件

打开配套光盘中"素材文件\第6章\金属字背景.jpg",如下图所示。

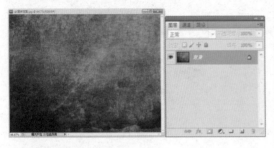

Step 02 绘制正圆选区

按【Ctrl+Shift+N】组合键,新建"图层1"。选择椭圆选框工具 ◯,单击工具属性栏中的"填充像素"按钮 ▣,按住【Shift】键绘制一个正圆选区,如下图所示。

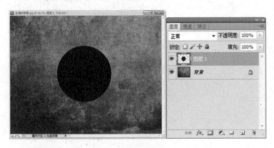

Step 03 变换选区并删除图像

单击"选择"|"载入选区"命令,将"图层1"载入选区后,单击"选择"|"变换选区"命令,按住【Shift+Alt】组合键的同时拖动控制柄,将选区向内等比例缩小。按【Enter】键确认变换操作,按【Delete】键进行删除,如下图所示。

Step 04 添加"斜面与浮雕"图层样式

单击"图层"面板下方的"添加图层样式"按钮 fx.,选择"斜面和浮雕"图层样式,弹出"图层样式"对话框。单击"等高线"按钮,弹出"等高线编辑器"对话框,调整曲线,单

击"确定"按钮,如下图所示。

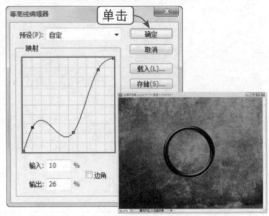

Step 05 添加"图案叠加"图层样式

选择"图案叠加"图层样式,单击"图案"按钮,选择一种图案,如下图所示。

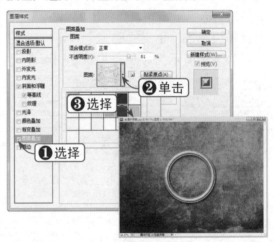

Step 06 添加"投影"图层样式

选择"投影"图层样式,设置各项参数,单击"确定"按钮,如下图所示。

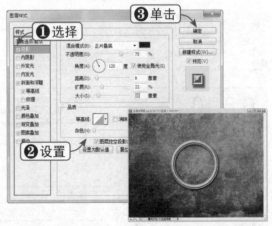

Step 07 绘制矩形

按【Ctrl+Shift+N】组合键，新建"图层2"。选择矩形工具 ▭.，绘制一个矩形，如下图所示。

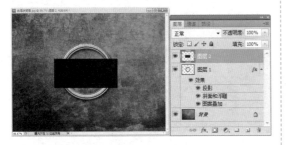

Step 08 复制图层样式

按住【Alt】键并拖动鼠标，将"图层1"的图层样式复制到"图层2"中，如下图所示。

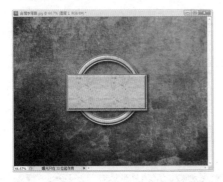

Step 09 输入文字

选择横排文字工具 T.，设置其属性栏中的参数，然后输入文字，如下图所示。

Step 10 复制图层样式

按照步骤8的方法，将"图层2"的图层样式复制到文字图层中，如下图所示。

Step 11 添加"渐变叠加"图层样式

选择"图层2"，单击"图层"面板下方的"添加图层样式"按钮 fx.，选择"渐变叠加"图层样式，设置各项参数，单击"确定"按钮，如下图所示。

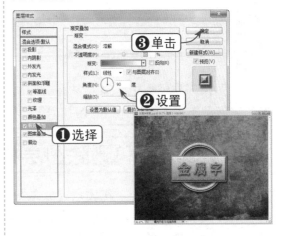

Step 12 新建并填充图层

按【Ctrl+Shift+N】组合键，新建"图层3"。设置前景色为黑色，按【Alt+Delete】组合键进行填充，并设置"图层混合模式"为"柔光"，如下图所示。

Step 13 使用"镜头光晕"滤镜

单击"滤镜"|"渲染"|"镜头光晕"命令，在弹出的对话框中设置各项参数，单击"确定"按钮，如下图所示。

Step 14 设置图层不透明度

设置图层的"不透明度"为60%，即可得到如下图所示的最终效果。

6.7 编辑图层样式

在图像创作过程中，需要掌握对图层样式的修改、隐藏和删除等操作，以便于图像的编辑操作。下面将详细介绍如何编辑图层样式。

6.7.1 隐藏和删除图层样式

在"图层"面板中，在图层样式效果的前面有眼睛图标 👁，它可以控制图层样式的隐藏和显示。若想要隐藏某个图层样式的效果，可以单击该效果前面的眼睛图标 👁，图标隐藏后，相应的图层样式效果也随之隐藏；若想要再显示这个效果，则再次单击这个图标即可，如下图所示。

如果这个图层样式不需要了，就可以将其删除。单击"图层"|"图层样式"|"清除图层样式"命令，或将鼠标指针移至"图层"面板中该图层缩览图的图层样式图标 fx 上，按住鼠标左键不放，拖动鼠标到"图层"面板下方的"删除图层"按钮 🗑 上，即可删除所有图层样式，如下图（左）所示。

将鼠标指针移至任意一个图层样式上，拖动鼠标到"图层"面板下方的"删除图层"

按钮 上，也可以单独地删除图层样式，如下图（右）所示。

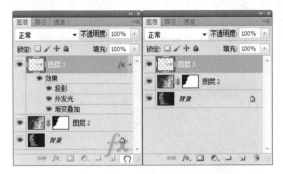

6.7.2 复制与粘贴图层样式

如果想要两个图层具有相同的图层样式，可以对图层样式进行复制和粘贴，这样可以快速、方便地创建图层样式。单击"图层"|"图层样式"|"拷贝图层样式"命令，可以复制图层样式效果；单击"图层"|"图层样式"|"粘贴图层样式"命令，可以粘贴图层样式效果，如下图（左）所示。

按住【Alt】键的同时拖动鼠标，将图层样式图标 拖动到另一个图层中，也可以复制并粘贴图层样式，如下图（右）所示。

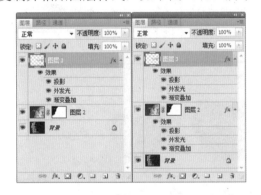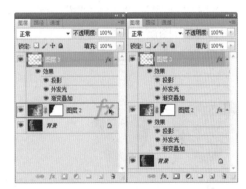

6.7.3 缩放图层样式

对于图层样式的大小，可以进行整体的效果缩放。单击"图层"|"图层样式"|"缩放效果"命令，弹出"缩放图层效果"对话框，设置"缩放"为50%，单击"确定"按钮即可，如下图所示。

6.7.4 将图层样式转换为图层

单击"图层"|"图层样式"|"创建图层"命令，可以将图层样式转换为图层，如下图所示。

6.7.5 使用全局光

在"图层样式"对话框中，"投影"、"内阴影"和"斜面和浮雕"效果都包含一个"全局光"选项，选中此复选框，以上效果会使用相同角度的光源。单击"图层"|"图层样式"|"全局光"命令，弹出"全局光"对话框，如右图所示。

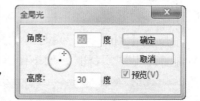

如下图所示为使用全局光前后效果的对比。

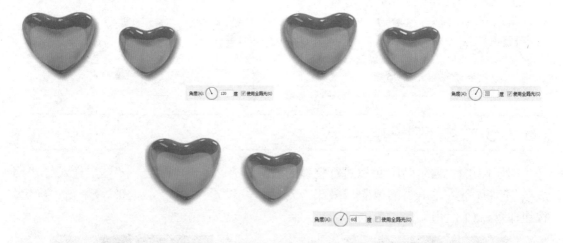

6.7.6 使用等高线

在"图层样式"对话框中，"投影"、"内阴影"、"内发光"、"外发光"、"斜面和浮雕"和"光泽"效果中都包含等高线的设置选项。单击"等高线"下拉按钮，在弹出的下拉列表中可以选择 Photoshop 默认的等高线样式，如下图（左）所示。

如果单击等高线缩览图，即可弹出"等高线编辑器"对话框，如下图（右）所示。它与"曲线"对话框非常相似，用户可以通过改变曲线来修改等高线的形状，从而影响图层样式的效果。

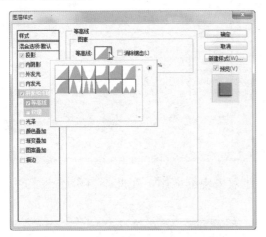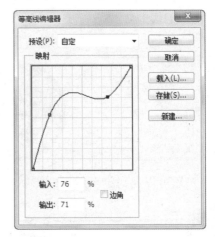

如下图所示为不同等高线形状影响"投影"效果的对比图。

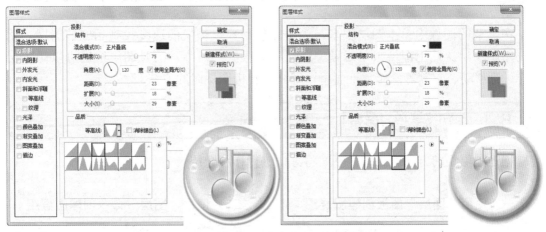

如下图所示为不同等高线形状影响"外发光"效果的对比图。

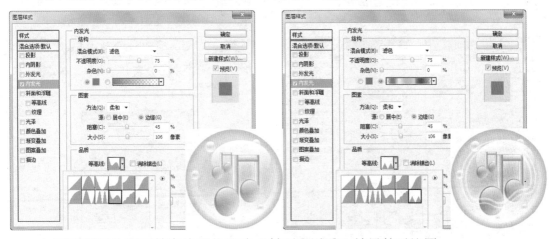

如下图所示为不同等高线形状影响"斜面和浮雕"效果的对比图。

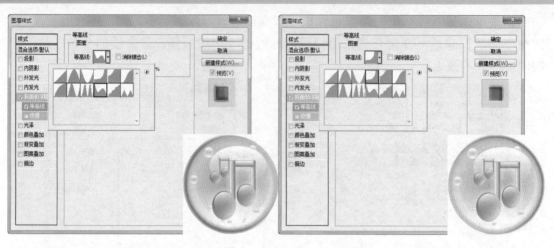

用户还可以自己调节等高线形状在其他效果中的应用，在此不再赘述。

6.8 使用图层组

在复杂的图像中单个图层很多，为了方便用户以最快的速度找到相应的图层，就要利用图层组。使用图层组可以使"图层"面板更加清晰，而且图层组也可以像图层一样进行移动、复制等操作。下面将详细介绍使用图层组的方法。

6.8.1 创建图层组

创建图层组的方法有三种，下面将分别进行详细介绍。

方法一：使用"图层"面板创建图层组

单击"图层"面板中的"创建新组"按钮 ![按钮]，即可在当前图层上创建图层组，如下图所示。

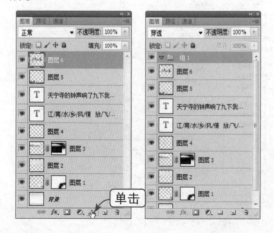

方法二：使用"图层"命令创建图层组

单击"图层"|"新建"|"组"命令，弹出"新建组"对话框，设置各项参数，单击"确定"按钮，即可创建新的组，如下图所示。

方法三：从所选图层创建图层组

若要将多个图层放入一个图层组中，可以选择这些图层，然后单击"图层"|"图层编组"命令或按【Ctrl+G】组合键，创建图层组，如右图所示。

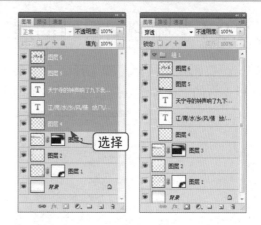

6.8.2 将图层移入或移出图层组

选择一个图层，按住鼠标左键不放，当图层呈浅蓝色时，将其拖动到组中，如下图所示。

将图层移出组的方法与移入的方法相同，用户也可以选择多个图层进行移动，在此不再赘述。

6.8.3 创建嵌套结构的图层组

在创建图层组后，也可以在图层组中再次创建图层组，这种多级结构的图层组称为嵌套图层组，如下图所示。

6.8.4　删除图层组图层

若要删除图层组，则选择一个图层组，按住鼠标左键不放，将其拖动到"图层"面板下方的"删除图层"按钮 🗑 上，即可删除图层组，如下图所示。

用户也可以右击"图层"面板中的"图层组"的蓝色空白处，在弹出的快捷菜单中选择"删除组"命令，进行删除组。

6.9　设置图层不透明度

设置图层的不透明度往往可以使设计的作品产生意想不到的艺术效果。下面将通过一个实例进行介绍，具体操作方法如下：

	素材文件	光盘：素材文件\第6章\写真.jpg、背景.jpg
	效果文件	光盘：效果文件\第6章\个性写真.psd

Step 01 打开素材文件

单击"文件"|"打开"命令，打开配套光盘中"素材文件\第6章\写真.jpg、背景.jpg"，如下图所示。

Step 02 拖入并调整素材文件

选择移动工具 ⊕，拖动"写真"图像到"背景"文件窗口中。按【Ctrl+T】组合键，调整图像的大小，如下图所示。

Step 03 添加图层蒙版

单击"图层"面板下方的"添加图层蒙版"按钮 ，设置前景色为黑色，选择画笔工具，在图像中进行涂抹，擦除背景图像，如下图所示。

Step 04 复制图层并调整图像大小

按【Ctrl+J】组合键复制图层，按【Ctrl+T】组合键，调整各个图像的大小，如下图所示。

Step 05 设置图层不透明度

选择"图层1"，设置图层的"不透明度"为20%，如下图所示。

Step 06 设置图层不透明度

选择"图层1副本"，设置图层的"不透明度"为30%，如下图所示。

Step 07 设置图层混合模式

选择"图层1副本2"，设置"图层混合模式"为"强光"，如下图所示。

Step 08 设置图层不透明度

选择"图层1副本3"，设置图层的"不透明度"为50%，效果如下图所示。

6.10 智能对象

智能对象是一个嵌入到当前文档中的文件，它可以包含图像，也可以是矢量图。

智能对象与普通图层的重要区别在于：可以保留对象的源内容和所有的原始特征，当编辑图像时不会破坏原始数据，从而保护了图像的完整性。

6.10.1 创建智能对象

当需要智能对象时，可以直接将文件作为智能对象打开。单击"文件"|"打开为智能对象"命令，可以选择一个文件作为智能对象打开。在"图层"面板中，智能对象的缩览图右下角会显示智能对象图标，如下图所示。

如果已经打开了文件，想要置入智能对象时，则单击"文件"|"置入"命令，可以将另一个文件作为智能对象置入到当前文件中，如下图所示。

在已经打开的图像中，如果想将其中一个或多个图层转换为智能对象，则右击"图层"面板中图层的蓝色空白处，在弹出的快捷菜单中选择"转换为智能对象"选项，可以转换为智能对象；或者单击"图层"|"智能对象"|"转换为智能对象图层"命令，可以将其转换为智能对象，如下图所示。

在 Photoshop 中，若要用到矢量图形，可以将 PDF 或 Illustrator 文件创建为智能对象，从而应用到设计中。将一个矢量图形拖动到 Photoshop 文件窗口中，弹出"置入 PDF"对话框，单击"确定"按钮，即可将其创建为智能对象，如下图所示。

6.10.2 创建链接的智能对象

在"图层"面板中选择一个智能对象，单击"图层"|"新建"|"通过拷贝的图层"命令，可以复制出新的智能对象，如下图（左）所示。

对原始智能对象所做的编辑会影响副本，而对副本所做的编辑同样也会影响原始智能对象，如下图（右）所示。

6.10.3 创建非链接的智能对象

单击"图层"|"智能对象"|"通过拷贝新建智能对象"命令，创建的新智能对象与原智能对象保持相对独立，修改其中一个智能对象，对其他拷贝的智能对象不会有影响，如下图所示。

6.10.4 将智能对象转换为图层

单击"图层"|"智能对象"|"栅格化"命令，即可将智能对象转换为图层，在"图层"面板中智能对象缩览图右下角的智能对象图标也会消失，如下图所示。

第7章 图像的颜色与色调调整

在 Photoshop CS5 中提供了很多类型的图像色彩调整命令，利用这些命令可以把彩色图像调整成黑白或单色，也可以给黑白图像上色，还可以使用提供的命令调整图像的色彩和色调，使其焕然一新。本章将引领读者重点学习图像色彩与色调调整的相关知识。

本章学习重点

1. 图像的颜色模式
2. 图像色彩调整命令
3. 图像色调调整命令

重点实例展示

图像的索引颜色模式

本章视频链接

使用"黑白"命令调整图像色彩

利用"亮度/对比度"命令调整色调

7.1 图像的颜色模式

图像的颜色模式包含位图模式、灰度模式、双色调模式、索引模式、RGB 颜色模式、CMYK 颜色模式、Lab 颜色模式和多通道模式等，用户可以根据对图像颜色的需要来选择不同的颜色模式。

7.1.1 图像的位图模式

位图模式使用黑色和白色两种颜色表示图像中的像素，如下图所示。位图模式的图像也称为黑白图像，其每一个像素都是用一个方块来记录的，因此所要求的磁盘空间最小。

7.1.2 图像的灰度模式

灰度模式是用单一色调表现图像，每个像素可表现 256 阶（色阶）的灰色调（含黑和白），用于将彩色图像转为高品质的黑白图像（有亮度效果），如下图所示。当图像转换成灰度模式后，颜色信息就会丢失，而且不能恢复。灰度模式可以和位图模式、RGB 模式的图像相互转换。

7.1.3 图像的双色调模式

双色调模式是一种为打印而制定的色彩模式，主要用于输出适合专业印刷的图像。该模式采用 2 ～ 4 种彩色油墨混合其色阶来创建双色调（2 种颜色）、三色调（3 种颜色）、四色调（4 种颜色）的图像，在将灰度图像转换为双色调模式的图像过程中，可以对色调进行编辑，从而产生特殊的效果，如下图所示。使用双色调的重要用途之一是使用尽量少的颜色表现尽量多的颜色层次，从而减少印刷成本。

7.1.4 图像的索引颜色模式

索引颜色模式采用一个颜色表存放并索引图像中的颜色，使用最多 256 种颜色。当转换为索引颜色时，Photoshop 将构建一个颜色查找表（CLUT），用于存放并索引图像中的颜色。如果原图像中的某种颜色没有出现在该表中，则程序将选取现有颜色中最接近的一种，或使用现有颜色模拟该颜色。它只支持单通道图像（8 位 / 像素），因此可以通过限制调色板、索引颜色减小文件大小，同时保持视觉上的品质不变，如下图所示。

知识点拨

当图像是 8 位 / 通道而且是索引颜色模式时，所有的滤镜都不可以使用。

7.1.5　图像的RGB模式

　　RGB 模式是 Photoshop 中最常用的一种颜色模式，因为图像在此模式下进行处理较为方便，且占用的磁盘空间也不大。RGB 色彩就是常说的三原色，R 代表 Red（红色）、G 代表 Green（绿色）、B 代表 Blue（蓝色）。RGB 模式是一种加色法模式，通过 R、G、B 的辐射量可以描述出任意一种颜色，如下图所示。图像若用于电视、幻灯片、网络、多媒体等，一般使用 RGB 模式。

7.1.6　图像的CMYK模式

　　CMYK 模式是一种印刷模式，其代表印刷上用的四种颜色，C 代表青色（Cyan）、M 代表洋红色（Magenta）、Y 代表黄色（Yellow）、K 代表黑色（Black），如下图所示。CMYK 模式产生颜色的方式为减色，在处理图像时一般不使用 CMYK 模式，因为这种模式下的图像会占用较大的存储空间，并且在这种模式下 Photoshop 中的很多滤镜不能使用，因此一般只在印刷时才将图像转换为该模式。

7.1.7　图像的Lab模式

　　Lab 模式既不依赖光线，也不依赖于颜料，它是 CIE 组织确定的一个理论上包括了人眼可以看见的所有色彩的色彩模式。Lab 模式由三个通道组成，但不是 R、G、B

通道。它的一个通道是亮度，即 L（Luminance）；另外两个是色彩通道，用 a 和 b 来表示，如下图所示。当将 RGB 模式转换成 CMYK 模式时，Photoshop CS5 将自动将 RGB 模式转换为 Lab 模式，再转换为 CMYK 模式。

7.1.8　图像的多通道模式

在多通道模式中，每个通道都使用 256 灰度级存放图像中颜色元素的信息，该模式多用于特定的打印或输出。通过将 CMYK 图像转换为多通道模式，可以创建青色、洋红、黄色和黑色专色通道。通过将 RGB 图像转换为多通道模式，可以创建红色、绿色和蓝色专色通道，如下图所示。若从 RGB、CMYK 或 Lab 图像中删除一个通道，可以自动将图像转换为多通道模式。

多通道模式对有特殊打印要求的图像非常有用，例如，如果图像中只使用了一两种或两三种颜色时，使用多通道颜色模式可以减少印刷成本。

7.2　图像色彩调整命令

图像的色彩是人的第一直观感觉，下面将介绍如何通过"色彩平衡"、"色相/饱和度"、"替换颜色"等命令对图像进行色彩的调整，使图像更加清晰、漂亮。

7.2.1 使用"色彩平衡"命令调整图像色彩

色彩平衡是 Photoshop 中的一个重要应用，可以用来控制图像的颜色分布，使图像的整体达到色彩平衡。该命令在调整图像的颜色时，根据颜色的补色原理，要减少某个颜色，就增加这种颜色的补色。使用"色彩平衡"命令计算速度快，适合调整较大的图像文件。

单击"图像"|"调整"|"色彩平衡"命令，或按【Ctrl+B】组合键，将弹出"色彩平衡"对话框，如下图所示。

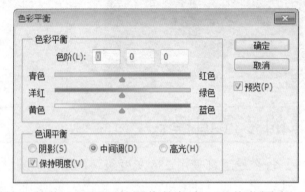

◎ 拖动滑块或输入数值，即可调整图像的色彩，取值范围为 -100~+100。

◎ 选中"保持明度"复选框,可以在调整色彩平衡的过程中保持图像的整体亮度不变。

下面将通过一个实例进行介绍，具体操作方法如下：

| | 素材文件 | 光盘：素材文件\第7章\蝴蝶女孩.jpg |

Step 01 打开素材文件

打开配套光盘中"素材文件\第 7 章\蝴蝶女孩 .jpg"，如下图所示。

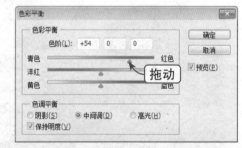

Step 02 调整色彩平衡

按【Ctrl+B】组合键，弹出"色彩平衡"对话框，拖动滑块使红色相应增加，青色相应减少，如下图所示。

Step 03 设置阴影

选中"阴影"单选按钮，拖动滑块，此时改变的是阴影部分的颜色，单击"确定"按钮，如下图所示。

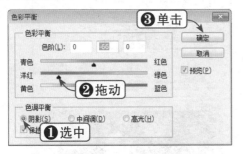

7.2.2 使用"色相/饱和度"命令调整图像色彩

利用"色相/饱和度"命令可以改变图像的颜色、饱和度和明度，使照片的颜色更加鲜明。单击"图像"|"调整"|"色相/饱和度"命令，或按【Ctrl+U】组合键，将弹出"色相/饱和度"对话框，如下图所示。

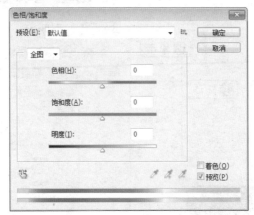

其中，各选项的含义如下：

◎ 全图 ：在该下拉列表框中可以选择要调整的颜色。选择"全图"选项，可以一次性调整所有的颜色；选择其他颜色，则调整参数时只对所选的颜色起作用。

◎ **色相**：色相即通常说的颜色，在"色相"文本框中输入数值或移动滑块，即可调整色相。

◎ **饱和度**：即颜色的纯度，饱和度越高，颜色就越纯。

◎ **明度**：即图像的明暗度。

◎ □着色(O)：选中该复选框，可以使灰色或彩色的图像变为单一颜色的图像。

下面将通过一个实例进行介绍，具体操作方法如下：

素材文件	光盘：素材文件\第7章\房地产.jpg

Step 01 打开素材文件

打开配套光盘中"素材文件\第7章\房地产 .jpg",如下图所示。

Step 02 调整色相

按【Ctrl+U】组合键,弹出"色相 / 饱和度"对话框,将"色相"滑块向右侧移动,即可改变图像色彩,单击"确定"按钮,效果如下图所示。

Step 03 调整饱和度

将"饱和度"滑块向左侧移动,颜色会越来越淡,最终图像变成黑白色,单击"确定"

按钮,效果如下图所示。

Step 04 调整明度

将"明度"滑块向右侧移动,图像会变亮,单击"确定"按钮,效果如下图所示。

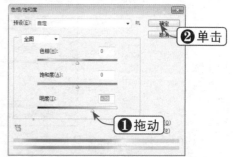

7.2.3 使用"阴影/高光"命令调整图像色彩

使用"阴影 | 高光"命令能将曝光不足、曝光过度或严重逆光但具有轮廓的图像进行修正。它与"亮度 | 对比度"命令不同,图像使用"亮度 | 对比度"命令后会损失细节,而"阴影 | 高光"命令在调整图像时损失的细节较少,调整合适时还会提高细节。单击"图像" | "调整" | "阴影 | 高光"命令,将弹出"阴影 | 高光"对话框,如右图所示。

选中"显示更多选项"复选框,可以显示出更多的选项。应用"阴影 | 高光"命令前后对比的效果如下图所示。

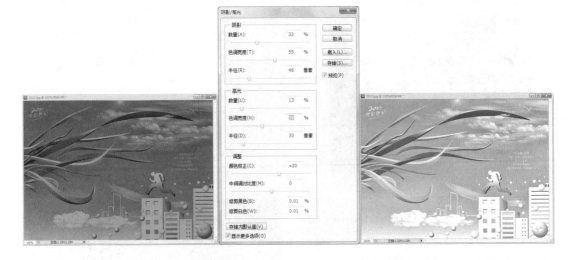

7.2.4 使用"黑白"命令调整图像色彩

"黑白"命令是把彩色图片处理成黑白图片的高级命令,可以通过调整参数来控制各种颜色转为黑白颜色之后的明暗度,而去色不能做到这一点。

单击"图像" | "调整" | "黑白"命令,或按【Alt+Shift+Ctrl+B】组合键,将弹出"黑白"对话框,如右图所示。

其中,各选项的含义如下:

◎ 预设:单击其右侧的下拉按钮,在弹出的下拉列表中可以选择系统预设或自定义的灰度混合效果。如果选择"自定"选项,则可以通过调整各颜色滑块来确定灰度混合效果。

◎ **颜色滑块**：用于调整图像中单个颜色成分在灰色图像中的色调。向左拖动滑块，可以使选择的颜色成分变暗；反之，可以使该颜色成分变亮。

◎ **色调**：选中该复选框后，"色相"和"饱和度"两个选项被激活，拖动其对应的滑块，可以将灰色图像转换为单一颜色的图像。

下面将通过一个实例进行介绍，具体操作方法如下：

素材文件	光盘：素材文件\第7章\巷子.jpg

Step 01 打开素材文件

打开配套光盘中"素材文件\第7章\巷子.jpg"，如下图所示。

Step 02 调整黑白色调

按【Alt+Shift+Ctrl+B】组合键,弹出"黑白"对话框，拖动颜色滑块，即可改变单个颜色在灰色图像中的色调，单击"确定"按钮，如下图所示。

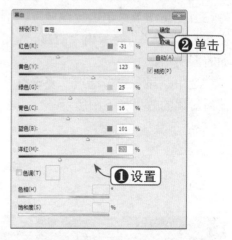

Step 03 添加单一色调

选中"色调"复选框，可以为图像添加单一色调，单击"确定"按钮，效果如下图所示。

7.2.5 使用"去色"命令去除图像颜色

使用"去色"命令可以去除图像中选定区域或整幅图像的彩色，从而将其转换为灰度图像，但此命令并没有改变图像的模式。单击"图像"|"调整"|"去色"命令，或按【Ctrl+Shift+U】组合键，即可对图像进行去色，效果如下图所示。

7.2.6 使用"替换颜色"命令替换图像颜色

"替换颜色"命令可以用其他颜色替换某些选定的颜色，一般在处理数码照片或更换指定颜色背景时使用。下面将通过一个实例进行介绍，具体操作方法如下：

	素材文件	光盘：素材文件\第7章\眼镜美女.jpg

Step 01 打开素材文件

打开配套光盘中"素材文件\第7章\眼镜美女.jpg"，如下图所示。

Step 02 设置替换颜色参数

单击"图像"|"调整"|"替换颜色"命令，弹出"替换颜色"对话框。使用吸管工具在图像中单击人物头发部分，然后用和工具在图像窗口或预览窗口中单击增减颜色范围，

并适当调整"颜色容差"值以增大或减小选区，再调整所选颜色的"色相"、"饱和度"与"明度"滑块到合适位置，单击"确定"按钮，即可得到如下图所示的效果。

7.2.7 使用"可选颜色"命令平衡和调整图像色彩

使用"可选颜色"命令可以在图像中的每个加色和减色的原色成分中增加或减少印刷颜色的数量，通过增加或减少与其他印刷油墨相关的印刷油墨数量，可以使用户有选择地修改任何原色中印刷色的数量，而不影响其他原色。下面将通过一个实例进行介绍，具体操作方法如下：

素材文件	光盘：素材文件\第7章\Fire Girl.jpg

Step 01 打开素材文件

打开配套光盘中"素材文件 \ 第 7 章 \Fire Girl.jpg"，如下图所示。

Step 02 设置可选颜色参数

单击"图像"|"调整"|"可选颜色"命令，弹出"可选颜色"对话框，拖动颜色滑块调整参数值，单击"确定"按钮，即可得到如下图所示的效果。

知识点拨

使用"可选颜色"命令可调整的颜色为 RGB 三原色：红色、绿色、蓝色；CMY 三原色：黄色、青色、洋红；黑白灰明度：白色、黑色、中性色。

7.2.8 使用"匹配颜色"命令匹配颜色

使用"匹配颜色"命令可以将一个图像（源图像）的颜色与另一个图像（目标图像）的颜色相匹配。这在使不同的图像外观一致，以及当一个图像中特殊元素的外观必须匹配另一个图像元素的颜色时非常有用。该命令仅工作于 RGB 模式。下面将通过一个实例进行介绍，具体操作方法如下：

素材文件	光盘：素材文件\第7章\天空下的爱.jpg、梦幻背景.jpg

Step 01 打开素材文件

打开配套光盘中"素材文件\第7章\天空下的爱.jpg、梦幻背景.jpg",要对这两幅图像匹配颜色,如下图所示。

Step 02 匹配颜色

单击"图像"|"调整"|"匹配颜色"命令,在弹出的"匹配颜色"对话框中设置各项参数,单击"确定"按钮,得到的效果如下图所示。

7.2.9 使用"渐变映射"命令调整颜色

使用"渐变映射"命令可以将相等的图像灰度范围映射到指定的渐变填充色,如指定双色渐变填充,将图像中的阴影映射到渐变填充的一个端点颜色,高光映射到另一个端点颜色,而中间调映射到两个端点颜色之间的渐变。

单击"图像"|"调整"|"渐变映射"命令,将弹出"渐变映射"对话框,如下图所示。

其中,各选项的含义如下:

◎ ▇▇▇▇ :单击该颜色条,将打开"渐变编辑器"窗口,从中可以编辑需要的渐变色。

◎ **仿色**:选中该复选框,可以使渐变过渡得更加均匀、柔和。

◎ 反向：选中该复选框，可以将编辑的渐变色前后颜色翻转。

应用"渐变映射"命令前后的图像对比效果如下图所示。

7.2.10 使用"变化"命令调整色彩

"变化"命令用于可视地调整图像或选区的色彩平衡、对比度和饱和度，此命令对于不需要精确色彩调整的平均色调图像很有用。单击"图像"|"调整"|"变化"命令，弹出"变化"对话框，如下图所示。

（1）单击此缩览图，可以撤销调整。

（2）单击此区域内的缩览图，可以使图像更绿、更蓝、更红或更黄。

（3）显示调整后的图像效果。

（4）单击此缩览图，可以使图像更亮。

（5）单击此缩览图，可以使图像更暗。

应用"变化"命令前后的图像对比效果如下图所示。

7.3 图像色调调整命令

图像的明暗关系直接关系到图像的精美程度，下面将介绍如何使用"色阶"、"曝光度"、"亮度|对比度"等命令调整图像的色调。有效、合理地控制图像的色调，是创作出理想作品的重要环节。

7.3.1 使用"色阶"命令调整色调

"色阶"命令对于调整图像色调来说是使用频率非常高的命令之一，它可以通过调整色彩的明暗度来改变图像的明暗及反差效果。使用该命令，可以通过调整图像的暗调、中间调及高光区域的色阶来调整图像的色调范围和色彩平衡。

单击"图像"|"调整"|"色阶"命令或按【Ctrl+L】组合键，将弹出"色阶"对话框，如右图所示。

其中，各选项的含义如下：

◎ 预设：在该下拉列表框中，可以选择多种预设的色阶调整效果。选择"自定"选项后，可以通过在下面输入色阶值来进行自由调整。

◎ 通道：用于选择所要进行色调调整的通道。例如，在调整 RGB 模式图像的色阶时，选择"蓝"通道，就可以对图像中的蓝色进行调整。

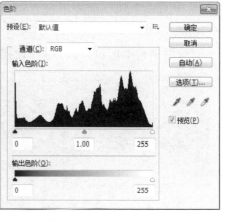

◎ 输入色阶：利用下端的滑块可以调整颜色，左边黑色的滑块代表阴影，中间灰色的滑块代表中间色，右边白色的滑块代表高光。通过拖动这些滑块可以调整图像中最暗处、中间色和最亮处的色调值，从而调整图像的色调和对比度。

下面将通过一个实例进行介绍，具体操作方法如下：

素材文件	光盘：素材文件\第7章\云.jpg

Step 01 打开素材文件

打开配套光盘中"素材文件\第7章\云.jpg",如下图所示。

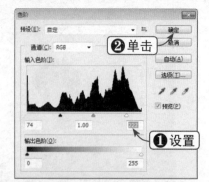

Step 02 设置色阶

按【Ctrl+L】组合键,弹出"色阶"对话框,设置各项参数,然后单击"确定"按钮,得到的效果如下图所示。

7.3.2 使用"自动色调"命令调整色调

单击"图像"|"自动色调"命令或按【Shift+Ctrl+L】组合键,可以将每个通道中最亮或最暗的像素定义为白色或黑色,然后按比例重新分配中间像素值来调整图像的色调。"自动色调"命令不设置对话框,其与"色阶"对话框中的"自动"按钮功能完全相同。

应用"自动色调"命令前后的图像对比效果如下图所示。

7.3.3 使用"曝光度"命令调整色调

利用"曝光度"命令可以将拍摄过程中产生的曝光过度或曝光不足的图片处理为

正常效果。单击"图像"|"调整"|"曝光度"命令，将弹出"曝光度"对话框，如右图所示。

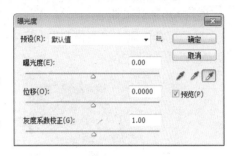

其中，各选项的含义如下：

◎ **曝光度**：调整色调范围的高光端，对阴影的影响很轻微。

◎ **位移**：使阴影和中间调变暗，对高光的影响很轻微。

◎ **灰度系数校正**：使用简单的乘方函数调整图像灰度系数。负值会被视为它们的相应正值（也就是说，这些值虽然保持为负，但仍然会被调整）。

◎ **吸管工具组**：使用设置黑场工具、设置灰场工具和设置白场工具，并分别在图像中最暗、中间亮度或最亮的位置单击鼠标左键，则可以使图像整体变暗或变亮。

应用"曝光度"命令前后的图像对比效果如下图所示。

7.3.4 使用"照片滤镜"命令调整色调

利用"照片滤镜"命令能模拟一个有色滤镜放在相机前面的技术来调整色彩平衡，颜色程度透过镜片的光传输。单击"图像"|"调整"|"照片滤镜"命令，弹出"照片滤镜"对话框，如右图所示。

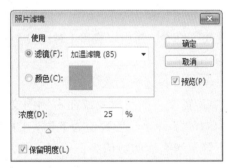

其中，各选项的含义如下：

◎ **使用**：该选项区用于指定照片滤镜使用的颜色，可以在"滤镜"下拉列表框中选择一种预设的颜色，也可以单击"颜色"右侧的颜色块，自定义一种颜色。

◎ **浓度**：设置当前颜色应用到图像的总量，数值越大，应用的颜色越重、越浓。

◎ **保留明度**：选中该复选框，在应用滤镜时可以保持图像的亮度。

下面将通过一个实例进行介绍，具体操作方法如下：

	素材文件	光盘：素材文件\第7章\荷花.jpg

Step 01 打开素材文件

打开配套光盘中"素材文件\第7章\荷花.jpg",如下图所示。

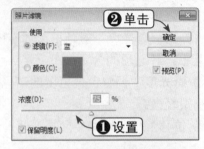

Step 02 设置照片滤镜参数

单击"图像"|"调整"|"照片滤镜"命令,弹出"照片滤镜"对话框,设置各项参数,单击"确定"按钮,得到的效果如下图所示。

7.3.5 使用"亮度/对比度"命令调整色调

"亮度|对比度"命令用于调整图像的亮度和对比度,它对图像中的每个像素都进行相同的调整。与"曲线"和"色阶"命令不同,该命令只能对图像进行整体调整,对单个通道不起作用。单击"图像"|"调整"|"亮度|对比度"命令,弹出"亮度|对比度"对话框,如右图所示。

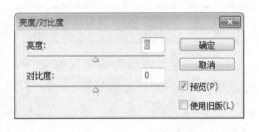

其中,各选项的含义如下:

◎ 亮度:拖动滑块或在右侧的文本框中输入数值,可以调整图像的亮度,取值范围为-100～100。当数值为0时,图像亮度不发生变化;当亮度为负值时,图像的亮度下降;当亮度的数值为正值时,则图像的亮度增加。

◎ 对比度:拖动滑块或在右侧的文本框中输入数值,可以调整图像的对比度,取值范围为-100～100。当数值为0时,图像对比度不发生变化;当对比度为负值时,图像的对比度下降;当对比度为正值时,则图像的对比度增加。

下面将通过一个实例进行介绍,具体操作方法如下:

素材文件	光盘:素材文件\第7章\汽车广告.jpg

Step 01 打开素材文件

打开配套光盘中"素材文件\第7章\汽车广告.jpg",如下图所示。

Step 02 调整亮度

单击"图像"|"调整"|"亮度/对比度"命令,弹出"亮度|对比度"对话框,将"亮度"滑块向左移动,则图像亮度变低,如下图所示。

Step 03 调整对比度

将"对比度"滑块向右移动,则图像对比度增加,单击"确定"按钮,如下图所示。

7.3.6 使用"色调均化"命令调整色调

单击"图像"|"调整"|"色调均化"命令,可以将图像亮度值和暗度值平均分布,并可以用来调整黑暗的扫描图像,使它们变得明亮一些。在使用此命令时,系统会将图像中最亮的像素转换为白色,最暗的像素转换为黑色,其余像素也相应的进行调整。

应用"色调均化"前后的图像对比效果如下图所示。

第8章 使用形状与路径

使用 Photoshop 的路径和形状功能可以绘制出各式各样的图像，并且路径和选区之间还可以相互转换。本章将对路径和形状进行详细讲解，其中包括形状工具、钢笔工具的应用，以及如何编辑路径等知识，读者应该熟练掌握。

本章学习重点

1. 使用形状工具
2. 使用钢笔工具
3. 编辑路径
4. 使用"路径"面板
5. 路径的应用

重点实例展示

使用椭圆工具

本章视频链接

自定义矢量图形

运用钢笔工具制作红酒海报

8.1 使用形状工具

在创建路径形状时，可以使用矢量形状工具。Photoshop CS5 的工具箱中提供了 6 个矢量图形工具，如右图所示。通过这几种工具，可以更加方便地绘制常见的路径形状。

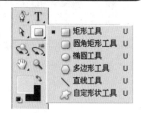

8.1.1 使用矩形工具

使用矩形工具▣可以绘制各种矩形和正方形，矩形工具的属性栏如下图所示。

其中，各选项的含义如下：

◎ **不受约束**：选中该单选按钮，拖动鼠标可以创建任意大小的矩形和正方形。

◎ **方形**：选中该单选按钮，拖动鼠标可以创建任意大小的正方形。

◎ **固定大小**：选中该单选按钮，并在右侧的文本框中输入数值（W 为宽度、H 为高度），拖动鼠标可以创建预设大小的矩形。

◎ **比例**：选中该单选按钮，并在右侧的文本框中输入数值（W 为宽度比例、H 为高度比例），拖动鼠标创建的矩形无论大小，都按预设的比例。

◎ **从中心**：选中该复选框，创建任意矩形时都以鼠标在文件窗口中的单击点为中心向外扩展。

◎ **对齐像素**：选中该复选框，矩形的边缘与像素的边缘重合，图形边缘不会出现锯齿形状。

使用矩形工具绘制的图形如下图所示。

知识点拨

按住【Shift】键拖动鼠标，可以绘制正方形；按住【Shift+Alt】组合键拖动鼠标，将以单击点为中心向外创建正方形。单击工具属性栏中的"形状图层"按钮▣，可以绘制形状；单击"路径"按钮▣，可以绘制路径。

8.1.2　使用圆角矩形工具

使用圆角矩形工具▢可以绘制各种矩形和正方形，其属性栏比矩形工具属性栏多了一个"半径"选项，该选项用于设置圆角矩形的圆半径大小，数值越大，圆角弧的半径就越大。圆角矩形工具属性栏如下图（左）所示。

使用圆角矩形工具绘制的图形如下图（右）所示。

8.1.3　使用椭圆工具

椭圆工具◯与矩形工具的工具属性栏基本相同，如下图（左）所示。

在图像窗口中按住鼠标左键并拖动，可以创建椭圆形路径；选中"圆（绘制直径或半径）"单选按钮，或按住【Shift】键的同时按住鼠标左键并拖动，创建的路径为正圆形路径，如下图（右）所示。

8.1.4　使用多边形工具

多边形工具◯的工具属性栏如下图（左）所示。在其属性栏中可以设置边的数值，即多边形的边数；在"多边形选项"中设置不同的参数，可以得到不同形状的星形路径。

其中，各选项的含义如下：

◎ 半径：用于设置多边形或星形的中心与外部点之间的距离。

◎ ☐平滑拐角：选中该复选框，可以绘制边缘平滑的多边形。

◎ 星形：选中该复选框，可以绘制星形路径。

◎ 缩进边依据 □：可以输入1%～99%之间的数值，用于设置星形半径被占据的部分。

◎ □平滑缩进：选中该复选框，绘制的星形在缩进的同时平滑边缘。

选择工具箱中的多边形工具 ◯，在属性栏中设置"边"为8、"半径"为80px，创建各种多边形图形，效果如下图（右）所示。

8.1.5 使用直线工具

选择工具箱中的直线工具 ＼，其工具属性栏如下图（左）所示。

其中，各选项的含义如下：

◎ 起点和终点：选中"起点"复选框，绘制线段时将在起点处带有箭头；选中"终点"复选框，绘制线段时将在终点处带有箭头。

◎ 宽度：用于设置箭头宽度和线段宽度的百分比。

◎ 长度：用于设置箭头长度和线段长度的百分比。

◎ 凹度：用于设置箭头中央凹陷的程度。

使用直线工具绘制的图形如下图（右）所示。

8.1.6 使用自定形状工具

选择工具箱中的自定形状工具 ，单击工具属性栏中"形状"选项右侧的下拉按钮，在弹出的"形状"下拉面板中可以选择各式各样的路径和形状，如下图（左）所示。

选择其中的形状，拖动鼠标进行绘制，效果如下图所示。

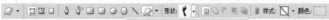

8.1.7 实战——自定义矢量图形

为了方便以后绘制同样的图形，用户也可以自定义矢量图形，具体操作方法如下：

 | **素材文件** | 光盘：素材文件\第8章\蝙蝠.jpg

Step 01 打开素材文件

打开配套光盘中"素材文件\第8章\蝙蝠.jpg"，如下图所示。

Step 02 设置色彩范围

单击"选择"|"色彩范围"命令，弹出"色彩范围"对话框，设置颜色容差，选择 ✎ 工具，在图像上的黑色区域单击鼠标左键，单击"确定"按钮创建选区，如下图所示。

Step 03 将选区转换为路径

单击"路径"面板底部的"从选区生成工作路径"按钮 ◯ ，使用默认的设置将选区转换为工作路径，如下图所示。

Step 04 自定义形状

单击"编辑"|"自定义形状"命令，弹出"形状名称"对话框，输入名称"蝙蝠"，然后单击"确定"按钮，如下图所示。

Step 05 选择"蝙蝠"形状

选择自定形状工具 ，在其"形状"面板中选择"蝙蝠"形状，如下图所示。

选择

Step 06 查看绘制效果

新建空白图像文件，设置不同的前景色，在空白图像文件中绘制形状，效果如下图所示。

8.2 使用钢笔工具

钢笔工具是绘图工具中最常用的工具之一，若要绘制自己期望的图形，就必须熟练掌握钢笔工具的功能和用法，下面将详细介绍钢笔工具的使用方法。

8.2.1 使用钢笔工具

钢笔工具是最基本也是最常用的路径工具，使用它可以绘制出各种各样的路径，其属性栏如下图所示。其中：

◎ 形状图层按钮：单击该按钮，即可创建形状，同时在"图层"面板中生成包括缩览图和矢量蒙版缩览图的形状层，并在"路径"面板中生成矢量蒙版，如下图所示。

◎ 路径按钮：单击该按钮，即可创建路径，仅在"路径"面板中生成路径层，但不在"图层"面板中生成新图层，如下图所示。

◎ 填充像素按钮▣：使用钢笔工具时该按钮不可用，只有在使用矢量形状工具时才可用。激活该按钮，可以绘制用前景色填充的图形，但不在"图层"面板中生成新的图层，也不在"路径"面板中生成工作路径，如下图所示。

◎ ☑自动添加/删除：选中该复选框，当位于路径上时自动添加或删除锚点。

◎ 添加到路径区域▣：可以将新路径区域添加到重叠路径区域。

◎ 从路径区域减去▣：可以将新路径区域从重叠路径区域中减去。

◎ 交叉路径区域▣：单击该按钮，将得到新路径区域与原路径区域的重叠区域。

◎ 重叠路径区域除外▣：单击该按钮，将得到除重叠区域以外的其他区域。

1. 创建直线路径

当用户需要方方正正的路径时，此时就需要创建直线路径。下面将介绍创建直线路径的方法。

选择钢笔工具▣，在图像文件中单击鼠标左键确定起始锚点，移动鼠标指针到下一个位置，单击鼠标左键创建第二个锚点，以此类推，直到得到一条开放型的路径，如下图所示。

开放型直线路径

继续在其他位置单击鼠标左键，确定其他锚点，当移动鼠标指针到起始锚点处时，钢笔的右下角会出现一个小圆圈，单击鼠标左键，即可闭合路径，如下图所示。

闭合型直线路径

2. 创建曲线路径

当用户需要平滑的路径时，就需要创建曲线路径，下面将介绍创建曲线路径的方法。

选择工具箱中的钢笔工具 ，在图像窗口中单击鼠标左键并拖动创建起始锚点，当鼠标指针呈 ▶ 形状时，拖动产生的调整柄以确定曲线的方向，继续单击鼠标左键并拖动得到下一个弧线，绘制的曲线路径如下图所示。

8.2.2 使用自由钢笔工具

选择工具箱中的自由钢笔工具 ，自由钢笔工具的属性栏和钢笔工具的属性栏基本相同，其工具属性栏如下图（左）所示。

◎ 曲线拟合：用于控制创建路径时对鼠标移动的灵敏度。输入的数值越高，创建的路径节点越少，路径就越光滑。

◎ ☑磁性的：选中该复选框，可以沿图像边缘创建路径。与磁性套索工具类似，不同之处是磁性套索工具创建的是选区。

◎ 宽度：用于设置磁性钢笔工具产生磁性的范围。

◎ 对比：用于设置磁性钢笔工具对图像边缘的灵敏度。

◎ 频率：设置的数值越大，产生的锚点就越多，创建的路径就越精确。

可在颜色差异较大，或者图形突出时使用自由钢笔工具创建路径，如下图（右）所示。

8.3 编辑路径

绘制路径后，尤其是复杂的路径，都需要进行编辑调整才能满足实际的需要，下面将介绍如何对路径进行编辑调整。

8.3.1 选择和移动锚点、路径段以及路径

如果要编辑路径，首先要选中锚点或路径，然后才能移动锚点或路径。下面将介绍选择和移动锚点或路径的方法。

1. 选择路径

在编辑路径前，首先要选中路径上的锚点或路径。Photoshop
CS5 中提供了两种用来选择路径的工具，如右图所示。

◎ 选择单个锚点：在工具箱中选择直接选择工具，然后单击路径中的某个锚点，此时该点显示为实心，即可选中该锚点，如下图（左）所示。

◎ 选择多个锚点：按住【Shift】键并单击其他锚点，可以选择多个锚点；再次按住【Shift】键并单击锚点，可以取消对该锚点的选择，如下图（中）所示。

◎ 选择整条路径：在工具箱中选择路径选择工具 ，单击路径，即可选中整条路径，如下图（右）所示。

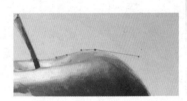

2. 移动锚点、路径段及路径

用户可以通过移动直线段、曲线段和锚点来改变路径的形状，其中：

◎ 移动直线段：使用直接选择工具选中需要移动的直线段，然后拖动该线段到所需位置即可，如下图（左）所示。该线段两侧的线段会自动变形，以跟随它移动。

◎ 移动曲线段：使用直接选择工具选中曲线段的第一个锚点，然后按住【Shift】键选中曲线段的第二个锚点，拖动到该曲线段到所需的位置即可，如下图所示。线段的线形不会发生改变，其两侧的线段会自动变形，以跟随它移动。

◎ 移动锚点：使用直接选择工具选中某锚点，然后拖动该锚点即可，如下图（右）所示。

8.3.2 添加和删除锚点

在使用钢笔工具时，为了精确地绘制路径，就需要添加或删除锚点，下面将介绍添加和删除锚点的方法。

◎ **增加锚点**：在工具箱中选择添加锚点工具 ，将鼠标指针移至路径上时，指针会变为 形状，此时单击鼠标左键，即可在该位置添加一个直线锚点；拖动鼠标，即可添加一个曲线锚点，如下图所示。

◎ **删除锚点**：在工具箱中选择删除锚点工具 ，将指针移至某个锚点上时，指针会变为 形状，此时单击鼠标左键即可将该锚点删除，如下图所示。

知识点拨

　使用钢笔工具时，在路径上右击，在弹出的快捷菜单中选择"添加锚点"选项，也可以添加锚点；如果想删除锚点，则将鼠标指针移至该锚点上并右击，在弹出的快捷菜单中选择"删除锚点"选项，即可删除锚点。

8.3.3 转换锚点类型

改变锚点的类型可以改变路径的形状，从而精确地创建用户期望的路径。下面将介绍锚点的几种类型，以及如何在各锚点类型中进行相互转换。

1. 锚点类型

锚点共有三种类型，即直线锚点、曲线锚点和贝叶斯锚点，其中：

◎ **直线锚点**：直线锚点没有调整柄，如下图（左）所示。

◎ **曲线锚点**：曲线锚点有两个调整柄，而且调整柄在一条直线上，如下图（中）所示。

◎ **贝叶斯锚点**：贝叶斯锚点有两个调整柄，但调整柄不在一条直线上，如下图（右）所示。

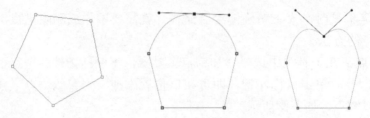

2. 转换锚点类型

使用转换点工具 可以实现各锚点类型之间的转换，下面将进行简单介绍。

◎ **转换为直线锚点**：选择工具箱中的转换点工具 ，将鼠标指针移至路径中任意一个平滑锚点、拐点锚点或复合锚点上，单击鼠标左键即可将该点转换为直线锚点，如下图所示。

◎ **转换为曲线锚点**：选择工具箱中的转换点工具 ，将鼠标指针移至图像中路径的角点处，单击鼠标左键并拖动，即可将角点转换为曲线锚点，如下图所示。

◎ **转换为贝叶斯锚点**：选择工具箱中的转换点工具 ，将鼠标指针移至要转换的路径上，拖动锚点上的调整柄改变其方向，使其与另一个调整柄不在一条直线上，可以将曲线锚点转换为贝叶斯锚点，如下图所示。

知识点拨

使用直接选择工具 时，按住【Ctrl+Alt】组合键，可以切换为转换点工具 ；使用钢笔工具 时，将鼠标指针放在锚点上时，按住【Alt】键，可以切换为转换点工具 。

8.3.4 实战——运用钢笔工具制作红酒海报

下面将通过一个红酒海报制作的实例介绍钢笔工具的具体使用方法，实例基本制作流程图如下图所示。

素材文件	光盘：素材文件\第8章\花纹.jpg、红酒.jpg	
效果文件	光盘：素材文件\第8章\红酒海报.psd	

 新建图像文件

单击"文件"|"新建"命令，在弹出的"新建"对话框中设置各项参数，单击"确定"按钮，如下图所示。

Step 02 绘制渐变

选择渐变工具 ，单击属性栏中的 按钮，打开"渐变编辑器"窗口，设置各项参数，其中颜色值分别为 R115、G37、B97，R96、G34、B83，R20、G33、B64，R53、G35、B51 和 R35、G37、B36，单击"确定"按钮。单击属性栏中的"径向渐变"按钮 ，在窗口中拖动绘制渐变，如下图所示。

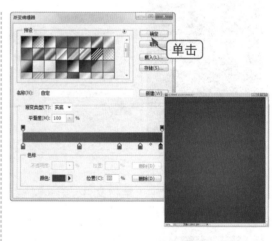

Step 03 打开素材文件

打开配套光盘中"素材文件\第8章\花纹.jpg"，如下图所示。

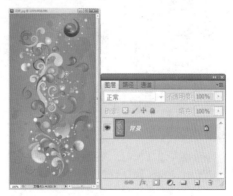

Step 04 拖入并调整素材文件

选择移动工具 ，拖动 "花纹" 图像到 "红酒海报" 文件窗口中。按【Ctrl+T】组合键，调整图像的大小，如下图所示。

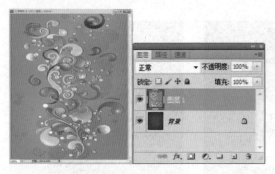

Step 05 设置图层混合模式

在 "图层" 面板中设置 "图层混合模式" 为 "正片叠底"，效果如下图所示。

Step 06 打开素材文件

打开配套光盘中 "素材文件\第8章\红酒.jpg"，如下图所示。

Step 07 绘制路径

选择钢笔工具 ，沿着红酒瓶身绘制路径。按【Ctrl+Enter】组合键，将路径转换为选区，

如下图所示。

Step 08 拖入并调整素材文件

选择移动工具 ，拖动 "红酒" 图像到 "红酒海报" 文件窗口中。按【Ctrl+T】组合键，调整图像的大小，如下图所示。

Step 09 复制图层

按【Ctrl+J】组合键，复制 "图层 2"，得到 "图层 2 副本"，如下图所示。

Step 10 添加蒙版并绘制渐变

单击 "图层" 面板下方的 "添加图层蒙版" 按钮 ，添加图层蒙版，然后选择渐变工具 ，单击属性栏中的 按钮，打开 "渐变编辑器" 窗口，设置各项参数，选择预设中的 "黑、白渐变" 选项，单击 "确定" 按钮。单击属性

栏中的"线性渐变"按钮，在蒙版中拖动鼠标绘制渐变，如下图所示。

Step 11 绘制路径并填充

按【Ctrl+Shift+N】组合键，新建"图层3"。选择钢笔工具，绘制线条路径。按【Ctrl+Enter】组合键，将路径转换为选区。设置前景色为 R223、G217、B155, 按【Alt+Delete】组合键填充颜色，如下图所示。

Step 12 使用"高斯模糊"滤镜

单击"滤镜"|"模糊"|"高斯模糊"命令，在弹出的"高斯模糊"对话框中设置各项参数，单击"确定"按钮，如下图所示。

Step 13 添加"外发光"图层样式

单击"图层"面板中的"添加图层样式"按钮 *fx.* ,在弹出的下拉菜单中选择"外发光"选项，弹出"图层样式"对话框，设置各项参数，单击"确定"按钮，如下图所示。

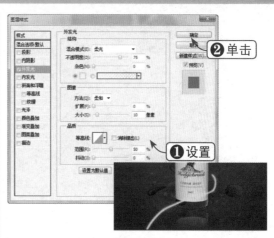

Step 14 绘制其他丝线

按照步骤 11~13 的方法进行操作，绘制另外两条丝线，得到的效果如下图所示。

Step 15 设置画笔参数

选择画笔工具 ，单击"切换画笔面板"按钮 ，在打开的"画笔"面板中设置画笔各项参数，如下图所示。

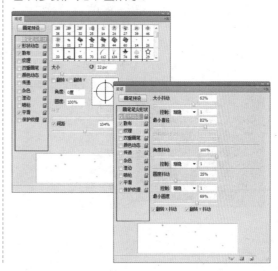

Step 16 绘制图形

按【Ctrl+Shift+N】组合键,新建"图层 6"。设置前景色为白色,使用画笔工具在"图层 6"中绘制图形,如下图所示。

Step 17 绘制圆形并填充颜色

按【Ctrl+Shift+N】组合键,新建"图层 7"。选择椭圆选框工具 ,按住鼠标左键并拖动,即可创建椭圆选区。设置前景色为白色,按【Alt+Delete】组合键填充颜色,如下图所示。

Step 18 绘制路径并填充颜色

选择钢笔工具 ,绘制路径。按【Ctrl+Enter】组合键,将路径转换为选区。按【Alt+Delete】组合键,填充颜色,如下图所示。

Step 19 使用"高斯模糊"滤镜

单击"滤镜"|"模糊"|"高斯模糊"命令,在弹出的"高斯模糊"对话框中设置各项参数,单击"确定"按钮,如下图所示。

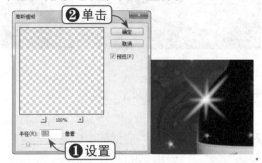

Step 20 复制并调整图像

按住【Alt】键,连续拖动并复制"图层 7"。按【Ctrl+T】组合键,调整图像的大小和角度,即可得到如下图所示的最终效果。

8.4 使用"路径"面板

使用"路径"面板可以更好地编辑路径,改变路径的颜色,进行选区与路径的转换等,下面将详细介绍"路径"面板的使用方法。

8.4.1 认识"路径"面板

"路径"面板专门为路径服务,路径的基本操作和编辑大部分都可以通过该面板来完成。单击"窗口"|"路径"命令,即可打开"路径"面板,如下图(左)所示。

其中,各按钮的功能如下:

◎ 用前景色填充路径 ●:单击该按钮,可以用前景色填充路径。

◎ 用画笔描边路径 ○:单击该按钮,将用画笔和设置的前景色对路径进行描边。

◎ 将路径作为选区载入 ○:单击该按钮,可以将路径转换为选区。

◎ 从选区生成工作路径 ○:单击该按钮,可以将选区转换为路径。

◎ 创建新路径 □:单击该按钮,可以创建一条新路径。

◎ 删除当前路径 🗑:单击该按钮,可以将选择的路径删除。

◎ 扩展按钮 ▼≡:单击扩展按钮,将弹出下拉菜单,其命令与控制按钮差不多,如下图(右)所示。

8.4.2 新建路径

路径的创建主要有两种途径:一种是使用路径绘制工具直接绘制,系统会自动创建临时工作路径,绘制完成后如果不进行保存,路径信息将会丢失,如下图(左)所示。另一种是先在"路径"面板中单击"创建新路径"按钮 □,然后创建新的路径进行绘制,系统会自动保存路径的绘制结果,如下图(中)所示。

知识点拨

若按住【Alt】键的同时单击"创建新路径"按钮 □,将弹出"新建路径"对话框,输入路径名称,单击"确定"按钮,如下图(右)所示。

在 Photoshop CS5 中，用于创建路径的工具有钢笔工具、自由钢笔工具和形状工具等，还可以通过选择范围来创建路径。Photoshop CS5 中的路径工具如下图所示。

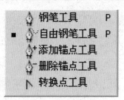 

8.4.3 选择与隐藏路径

在编辑图像的过程中，有时需要对路径进行隐藏，有时需要将其显示出来。在"路径"面板中单击某个路径的缩览图，该路径就会显示在图像窗口中；单击"路径"面板的灰色空白处，当前显示的路径便被隐藏起来。按【Esc】或【Enter】键，也可以隐藏路径，如下图所示。

8.4.4 复制与删除路径

对路径的复制和删除，更有利于用户绘制图形。当需要多次使用相同的路径时，就需要将路径进行复制；当不再使用路径时，可以将路径删除。下面将介绍如何复制和删除路径。

1. 复制路径

如果用户想要两条甚至多条同样的路径，就需要将路径进行复制。在"路径"面板中用鼠标将"路径 1"拖至"创建新路径"按钮上，松开鼠标后原来的"路径 1"变为"路径 1 副本"，即复制了该路径，如下图所示。

2. 删除路径

如果工作路径在后面的制作过程中不需要再使用了，就可以将工作路径删除。在"路径"面板中用鼠标将"工作路径"拖至"删除当前路径"按钮 上，松开鼠标后，原来的"工作路径"就被删除了，如下图所示。

8.5 路径的应用

在绘制完路径后，可以对路径进行编辑操作，以达到用户期望的效果。下面将详细介绍路径的应用方法。

8.5.1 填充和描边路径

在绘制完路径后，可以对路径进行填充颜色和描边操作，以增加路径的效果。在"路径"面板中选中路径，单击"用前景色填充路径"按钮 ，可以使用当前前景色填充路径内部；单击"用画笔描边路径"按钮 ，可以使用画笔工具对路径进行描边操作，其效果如下图所示。

路径　　　　　　　　　　　填充颜色　　　　　　　　　　　描边路径

如果想设置填充和描边的数据，可以单击"路径"面板上的扩展按钮 ，在弹出的菜单中选择相应的选项，将弹出"填充路径"与"描边路径"对话框，如下图所示。在其中设置相关参数，单击"确定"按钮，也可以对当前路径进行填充与描边操作。

8.5.2 路径和选区的转换

在进行抠图操作时，可以用钢笔工具将图形的轮廓描绘出来，再将其转换为选区；若想改变图形的形状，可以将图形载入选区，再转换为路径进行编辑。下面将介绍路径与选区相互转换的方法。

1. 路径转换为选区

要将路径转换为选区，可以在"路径"面板中选中需要转换为选区的路径，然后单击"路径"面板底部的"将路径作为选区载入"按钮 ，或按【Ctrl+Enter】组合键，系统会使用默认的设置将路径直接转换为选区，如下图所示。

2. 选区转换为路径

要将选区转换为路径，可以使用选区工具在图像中创建选区，然后单击"路径"面板底部的"从选区生成工作路径"按钮 ，使用默认的设置将选区转换为工作路径，如下图所示。

如果想设置"建立选区"和"建立工作路径"的数据，可以单击"路径"面板上的扩展按钮，在弹出的菜单中选择相应的选项，将弹出"建立选区"与"建立工作路径"对话框，如下图所示。在其中设置相关参数，单击"确定"按钮，也可以实现路径与选区的相互转换。

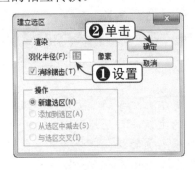

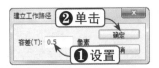

8.5.3　路径的运算

选择工具箱中的路径选择工具，在图像窗口中选择要进行组合的多个路径，然后在工具属性栏中选择合适的组合按钮，如"添加到形状区域"按钮、"从形状区域减去"按钮、"交叉形状区域"按钮和"重叠形状区域除外"按钮。

选择路径组合并填充颜色后，即可查看效果，如下图所示。

選擇路徑　　　　　　　添加到形狀選區　　　　　　從形狀區域減去

交叉形狀區域　　　　　　重叠形狀區域以外

第 **9** 章　文字的应用

一幅成功的作品是离不开文字的，文字给予观看者直观的感受，令人对作品的主题一目了然。因此，对文字的编辑与应用也是设计中很重要的组成部分。本章将详细介绍如何创建与编辑文字，读者应该熟练掌握。

 本章学习重点

1. 创建文字
2. "字符"和"段落"面板
3. 沿路径创建文字
4. 创建变形文字
5. 将文字转换为工作路径

 重点实例展示

创建并编辑垂直文字

 本章视频链接

制作七彩文字

编辑文字路径

9.1 创建文字

文字在设计中起着重要的作用，常常作为点睛之笔，使设计的作品提升魅力。下面将介绍创建文字的具体方法。

文字工具箱中的文字工具组如右图所示。

各个文字工具的属性栏相同，以横排文字工具为例，其属性栏如下图所示。

◎ ⬚：单击该按钮，可以使文字在水平或垂直间进行切换，如下图所示。

◎ 宋体 ⬚：用于设置文本字体。

◎ · ⬚：用于设置文字的字体样式。

◎ T 12点 ⬚：用于设置文字大小。

◎ aₐ 锐利 ⬚：用于设置文字边缘消除锯齿的方式，如下图所示。

| 无 | 锐利 | 犀利 | 浑厚 | 平滑 |

◎ ▤▥▦：对齐按钮组，用于设置文本的对齐方式。

◎ ■：用于设置文本颜色。单击该色块，可以在弹出的"选择文本颜色"对话框中设置字体的颜色，如下图（左）所示。

◎ ⬚：单击该按钮，在弹出的"变形文字"对话框中可以设置文字的变形样式，如下图（右）所示。

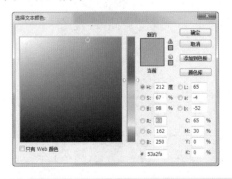 

◎ ：用于显示或隐藏"字符"和"段落"面板。在"字符"和"段落"面板中，可以对文字进行更多的设置。

◎ ◎：单击该按钮，可以取消文本的输入或编辑操作。

◎ ✔：单击该按钮，可以确认文本的输入或编辑操作。

9.1.1 创建水平文字

当图片需要输入水平文字时，可以选择横排文字工具 **T**，设置文字属性，然后即可输入水平的文字，如下图所示。

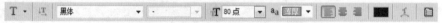

9.1.2 实战——创建并编辑垂直文字

输入文字后，为了满足设计的需求，需要对文字进行编辑。下面通过一个实例介绍如何创建并编辑垂直文字，具体操作方法如下：

| 素材文件 | 光盘：素材文件\第9章\竹子.jpg |

Step 01 打开素材文件

打开配套光盘中"素材文件\第9章\竹子.jpg"，如下图所示。

Step 02 输入文字

选择直排文字工具，输入垂直文字"咬定青山不放松"，如下图所示。

Step 03 选中文字

在文字上拖动鼠标，即可选中文字，如下图所示。

Step 04 设置文字属性

设置文字工具属性栏中的参数，即可改变原来输入文字的外观，得到的效果如下图所示。

9.1.3 实战——创建段落文字

当用户想输入更多的文字，并想对它们进行整体编辑时，可以创建段落文字。下面通过一个实例进行介绍，具体操作方法如下：

素材文件	光盘：素材文件\第9章\思念.jpg

Step 01 打开素材文件

打开配套光盘中"素材文件\第9章\思念.jpg"，如下图所示。

Step 02 绘制文本框

选择横排文字工具或直排文字工具，将鼠标指针移至文件窗口中，此时指针呈 形状，按住鼠标左键不放绘制矩形区域，当达

到所需的位置后松开鼠标，即可绘制一个文本框，如下图所示。

Step 03 设置文字属性并输入 文字

设置文字工具属性栏中的各项参数，然后在文本框中输入文字，如下图所示。

②输入

Step 04 确认创建段落文字

按【Ctrl+Enter】组合键，即可创建段落文字，如下图所示。

9.1.4 实战——创建选区文字

如果用户想要对文字填充其他图案或渐变颜色，就需要创建选区文字。

方法一： 运用横排文字蒙版工具 或直排文字蒙版工具 创建。

下面通过一个实例进行介绍，具体操作方法如下：

	素材文件	光盘：素材文件\第9章\飞翔.jpg

Step 01 打开素材文件

打开配套光盘中"素材文件\第9章\飞翔.jpg"，如下图所示。

Step 02 输入文字

选择横排文字蒙版工具 ，输入文字，单击工具属性栏中的"提交当前所有编辑"按钮 ，即可创建选区文字，如下图所示。

方法二： 利用"栅格化文字"命令将文本图层转换为普通图层，再载入选区。

下面通过一个实例进行介绍，具体操作方法如下：

	素材文件	光盘：素材文件\第9章\不许动.jpg

Step 01 打开素材文件

打开配套光盘中"素材文件\第9章\不许动.jpg",如下图所示。

Step 02 输入文字

在图像中输入文字"不许动",如下图所示。

Step 03 栅格化文字

右击文字图层,在弹出的快捷菜单中选择"栅格化文字"选项,此时文本图层将变为普通图层,如下图所示。

Step 04 将文字载入选区

单击"选择"|"载入选区"命令,弹出"载入选区"对话框,单击"确定"按钮,文本文字将变为选区文字,如下图所示。

知识点拨

对文本使用"栅格化文字"命令后,对文字编辑的命令都将不能再使用。

9.1.5 实战——制作七彩文字

当单种颜色满足不了设计需求时,就需要用户对文字进行多种渐变颜色或图案的填充,以满足设计的要求。下面通过一个实例进行介绍如何制作七彩文字,具体操作方法如下:

素材文件	光盘:素材文件\第9章\彩绘.jpg

Step 01 打开素材文件

打开配套光盘中"素材文件\第9章\彩绘.jpg",如下图所示。

Step 02 创建文字选区

选择横排文字蒙版工具，输入文字"用自己双手 描绘自己生活"。按【Ctrl+Enter】组合键，即可创建文字选区，如下图所示。

输入

Step 03 绘制渐变

选择渐变工具，单击属性栏上的按钮，打开"渐变编辑器"窗口，设置各项参数，单击"确定"按钮。单击属性栏中的"线性渐变"按钮，在窗口中拖动鼠标绘制渐变，效果如下图所示。

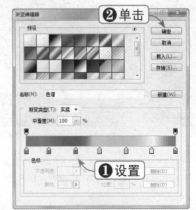

❷单击

❶设置

9.2 "字符"和"段落"面板

当文字工具属性栏的各种属性满足不了设置文字的需要时，可以使用"字符"面板和"段落"面板来进行文字编辑。下面将详细介绍"字符"面板和"段落"面板的应用方法。

9.2.1 "字符"面板的应用

要设置文字的字体、字号和颜色等属性，除了可以利用文字工具属性栏设置外，还可以利用"字符"面板进行设置。单击"窗口"|"字符"命令，将打开"字符"面板，如下图所示。

其中，各选项的含义如下：

◎ 行距 ：用于设置所选文字行与行之间的距离。

◎ 垂直缩放：用于设置所选字符的垂直缩放比例。

◎ 水平缩放：用于设置所选字符的水平缩放比例。

◎ ：用于设置两个字符间的字距比例，数值越大，字距越小。

◎ 字距调整：可以设置所选文字间的距离，数值越大，字符之间的距离越大。

◎ 字距微调：用于微调两个字符键的间距。在输入文本状态下，将光标置于两个字符之间，在该下拉列表框中选择或输入一个数值，即可微调这两个字符之间的间距，取值范围为 -100 ～ 100。

◎ 基线偏移：用于设置所选字符与其基线的距离，正值上移，负值下移。

◎ ：单击相应的按钮，可以设置字体的仿粗体、仿斜体、全部大写字母、小型大写字母、上标、下标、下划线和删除线。

9.2.2 "段落" 面板的应用

如果想对成段的文字进行编辑，可以单击"窗口"|"段落"命令，打开"段落"面板，如右图所示。

其中，各选项的含义如下：

◎ 对齐方式：用于设置文本的对齐方式，从左至右依次为：左对齐文本、居中对齐文本、右对齐文本、最后一行左边对齐、最后一行居中对齐、最后一行右边对齐和全部对齐。

◎ 左缩进：用于设置段落的左缩进。对于直排文字，该选项控制从段落顶端的缩进。

◎ 右缩进：用于设置段落的右缩进。对于直排文字，该选项控制从段落底部的缩进。

◎ 首行缩进：用于设置段落第一行文本的缩进量。

◎ 段前添加：用于设置段落与上一行的距离，或全选文字的每一段的距离。

◎ 段后添加：用于设置每段文本后的一段距离。

◎ 连字：选中该复选框，表示在换行时自动用连字符连接。

9.3 沿路径创建文字

在输入文字时，有时需要文字以各种形状进行排列，这时就需要使文字沿着特定的路径输入。下面将详细介绍沿路径创建文字的方法。

9.3.1　输入沿路径排列的文字

　　用户可以根据自己的需要创建不同的路径，让文字沿路径排列。下面将通过一个实例进行介绍，具体操作方法如下：

素材文件	光盘：素材文件\第9章\纸船.jpg

Step 01 打开素材文件

　　打开配套光盘中"素材文件 \ 第 9 章 \ 纸船 .jpg"，如下图所示。

Step 02 绘制路径

　　选择工具箱中的钢笔工具，在文件窗口中绘制一条路径，如下图所示。

Step 03 沿路径输入文字

　　选择横排文字工具，将鼠标指针移至路径的起始点处，这时指针将变成形状，单击鼠标左键即可确定文本插入点，此时将出现一个闪烁的光标，输入文字，并按【Ctrl+Enter】组合键确认操作，如下图所示。

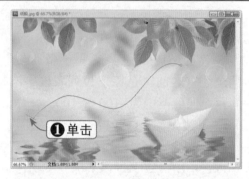

Step 04 隐藏路径

　　单击"窗口" | "路径"命令，打开"路径"面板，在"路径"面板的灰色空白处单击鼠标左键，隐藏路径，效果如下图所示。

9.3.2　编辑文字路径

　　用户可以通过直接选择工具或转换点工具对路径进行编辑，具体操作方法如下：

素材文件	光盘：素材文件\第9章\环保.jpg

Step 01 在素材图像中输入路径文字

打开配套光盘中"素材文件\第9章\环保.jpg"，选择工具箱中的钢笔工具，在文件窗口中绘制一条路径，并输入文字"去哪里寻找那一抹绿"，如下图所示。

Step 02 调整路径

选择直接选择工具 ▶，单击路径显示出锚点，进行路径调整，文字会随着路径的变化而重新排列，如下图所示。

9.3.3 调整路径文字

在路径上输入文字后，如果不在希望的位置上，可以使用直接选择工具 ▶ 或路径选择工具 ▶ 调整路径文字，具体操作方法如下：

素材文件	光盘：素材文件\第9章\创意.jpg

Step 01 在素材图像中输入路径文字

打开配套光盘中"素材文件\第9章\创意.jpg"，选择工具箱中的钢笔工具，在文件窗口中绘制一条路径，并输入文字，如下图所示。

Step 02 选择直接选择工具

选择直接选择工具 ▶，将鼠标指针移至文字上时会变为 ▶ 形状，如下图所示。

Step 03 移动路径文字

按住鼠标左键并沿路径拖动，便可以移动路径文字，如右图所示。

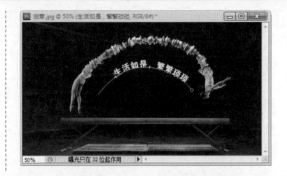

9.4 创建变形文字

在输入文字后，有时需要对其进行简单的变形，使文字和图片更加贴合。下面将介绍创建变形文字的具体方法。

如果希望文本呈弧形、扭曲或膨胀挤压等简单变形排列，可以使用 Photoshop CS5 提供的创建变形文字功能。单击"创建文字变形"按钮 ，在弹出的"变形文字"对话框中可以设置文字的变形样式，如右图所示。

◎ **样式**：在该下拉列表框中有 15 种变形样式，变形效果如下图所示。

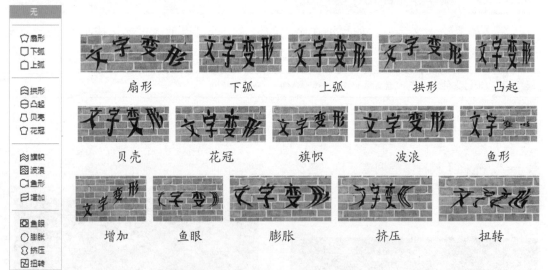

◎ **水平 | 垂直**：选中该单选按钮，可以进行水平 / 垂直的扭曲，如下图所示。

◎ 弯曲：设置文本弯曲的程度。

◎ 水平扭曲 | 垂直扭曲：可以对文本应用透视扭曲，如下图所示。

水平扭曲   垂直扭曲

下面将通过一个实例进行介绍，具体操作方法如下：

 | **素材文件** | 光盘：素材文件\第9章\仰望.jp

Step 01 打开素材文件

打开配套光盘中"素材文件\第9章\仰望.jpg"，并输入文字"抬头仰望"，如下图所示。

Step 02 设置文字变形

单击工具属性栏中的"创建文字变形"按钮，弹出"变形文字"对话框。在"样式"下拉列表框中选择要使用的样式，并设置其参数，单击"确定"按钮，如下图所示。

简单的文字变形可以通过设置"变形文字"对话框，若要体现作者的个性创作，可以将文字转换为路径，然后进行编辑，方法将在下一节中具体讲解。

9.5 将文字转换为工作路径

将文字转换为工作路径后，可以对路径进行编辑，从而改变文字的形状，使文字与众不同，更能体现出设计的思想。下面通过一个实例进行介绍，具体操作方法如下：

 | **素材文件** | 光盘：素材文件\第9章\货车.psd

Step 01 打开素材文件

打开配套光盘中"素材文件 \ 第9章 \ 货车 .psd",如下图所示。

Step 02 创建工作路径

单击"图层"|"文字"|"创建工作路径"命令，或右击文字图层，在弹出的快捷菜单中选择"创建工作路径"选项，如下图所示。

Step 03 编辑并填充路径

单击 ● 图标隐藏文字图层，选择直接选择工具进行编辑路径，新建图层并填充路径，效果如下图所示。

第10章 通道和蒙版

　　蒙版和通道是 Photoshop 中的重要功能，在图像处理与合成中起着非常重要的作用。深入理解并灵活应用蒙版和通道是图像处理者必须具备的技能，因此读者应该熟练掌握。

 本章学习重点

1. 通道
2. "通道"面板
3. 通道操作
4. "蒙版"面板
5. 蒙版的应用

 重点实例展示

使用图层蒙版进行合成

 本章视频链接

新建通道

选择半透明图像

10.1 通道

在 Photoshop 中，所有颜色都是由若干个通道来混合表示的。在一幅图像中，最多可以有 56 个通道。通道可以存储选区，也可以载入备用选区，还可以查看图像的颜色信息，并可以通过调整颜色信息来创建特殊的图像效果。在 Photoshop 中包含了 3 种类型的通道，分别为颜色通道、Alpha 通道和专色通道，下面将对各种类型的通道逐一进行介绍。

10.1.1 颜色通道

在 Photoshop 中，颜色通道的作用非常重要。颜色通道用于保存和管理图像中的颜色信息，每幅图像都有自己单独的一套颜色通道，在打开新图像时会自动进行创建。图像的颜色模式决定颜色通道的数目。

RGB 颜色模式的图像有四个通道：R（红色）、G（绿色）、B（蓝色）和用于编辑图像的 RGB 复合通道（复合通道不含任何信息，它只是同时预览并编辑所有颜色通道的快捷方式），如下图（左）所示。

在 CMYK 颜色模式的图像中，有 5 个默认的颜色通道：C（青色）、M（洋红）、Y（黄色）、K（黑色）和用于编辑图像的 CMYK 复合通道，如下图（中）所示。

对于一个 Lab 颜色模式的图像，则有 Lab、明度、a、b 四个通道，如下图（右）所示。

RGB模式

CMYK模式

Lab模式

每个颜色通道都是一幅灰度图像，它代表了一种颜色的明暗变化，所有颜色通道混合在一起时便形成了图像的彩色效果，也构成了彩色的复合通道。

1. RGB颜色模式

对于 RGB 颜色模式的图像来说，颜色通道中较亮的部分表示这种颜色用量大，较暗的部分表示该颜色用量少，如下图所示。

RGB模式原图

R通道

G通道

B通道

2. CMYK颜色模式

对于 CMYK 颜色模式的图像来说，颜色通道中较亮的部分表示这种颜色用量少，较暗的部分表示这种颜色用量大，如下图所示。

CMYK模式原图

"青色"通道

"洋红"通道

"黄色"通道

"黑色"通道

3. Lab颜色模式

　　Lab 颜色模式的图像有 3 个通道，一个通道明度，即 L；另外两个是色彩通道，用 a 和 b 来表示。a 通道包括的颜色是从深绿色（低亮度值）到灰色（中亮度值）再到亮粉红色（高亮度值）；b 通道则是从亮蓝色（低亮度值）到灰色（中亮度值）再到黄色（高亮度值）。因此，这种色彩混合后将产生明亮的色彩，如下图所示。

Lab模式原图

明度通道

a通道

b通道

10.1.2　实战——利用通道改变图像色彩

　　通过编辑通道的颜色可以改变图像的颜色，下面将通过一个实例进行讲解，效果如下图所示。

素材文件	光盘：素材文件\第10章\鞋.jpg
效果文件	光盘：效果文件\第10章\鞋.jpg

Step 01 打开素材文件

打开配套光盘中"素材文件\第10章\鞋.jpg"，如下图所示。

Step 02 调整"红"通道曲线

在"通道"面板中选择"红"通道，单击"图像"|"调整"|"曲线"命令或按【Ctrl+M】组合键，弹出"曲线"对话框，调整曲线，单击"确定"按钮，如下图所示。

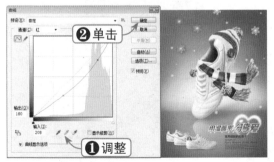

Step 03 调整"蓝"通道曲线

在"通道"面板中选择"蓝"通道，单击"图像"|"调整"|"曲线"命令，弹出"曲线"对话框，调整曲线，单击"确定"按钮，如下图所示。

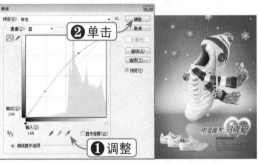

Step 04 调整 RGB 复合通道曲线

在"通道"面板中选择 RGB 复合通道，单击"图像"|"调整"|"曲线"命令，弹出"曲线"对话框，调整曲线，单击"确定"按钮，如下图所示。

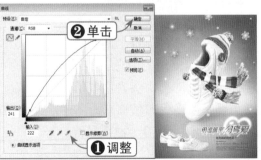

10.1.3　Alpha通道

Alpha 通道是一个 8 位的灰度通道，该通道用 256 级灰度来记录图像中的透明度信息，定义透明、不透明和半透明区域。其中，黑表示全透明，白表示不透明，灰表示半透明。Alpha 通道有三种用途：其一，可以保存选区；其二，可以将选区存储为灰度图像，这样用户就能够用画笔、减淡等工具以及各种滤镜，通过修改 Alpha 通道来修改选区；其三，可以从 Alpha 通道中载入选区。

在 Alpha 通道中，白色代表可以被选择的区域，黑色代表不能被选择的区域，灰色代表可以部分被选择的区域（即羽化区域）。用白色涂抹 Alpha 通道可以扩大选区范围，用黑色涂抹则缩小选区，用灰色涂抹可以增加羽化范围，如下图所示。

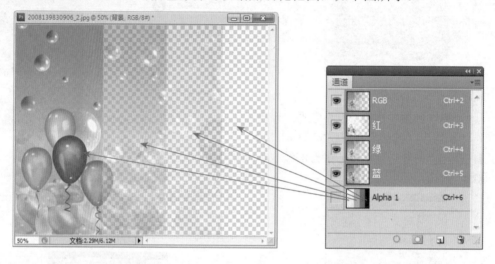

10.1.4　专色通道

专色通道是可以保存专色信息的通道，即可以作为一个专色色版应用到图像和印刷当中，这是它区别于 Alpha 通道的明显之处。同时，专色通道具有 Alpha 通道的一切特点：保存选区信息、透明度信息。每个专色通道只是以灰度图形式存储相应专色信息，与其在屏幕上的彩色显示无关。专色通道用来储存印刷用的专色，专色是特殊的预混油墨，金属金银色油墨、荧光油墨等。通常情况下，专色通道都是以专色的名称来命名的，如右图所示。

专色油墨是指一种预先混合好的特定彩色油墨（或称为特殊的预混油墨），用来替代或补充印刷色（CMYK）油墨，如明亮的橙色、绿色、荧光色、金属金银色油墨等，或者可以是烫金版、凹凸版等，还可以作为局部光油版等，它不是靠 CMYK 四色混合出来的。每种专色在付印时要求专用的印版，专色意味着准确的颜色。

专色具有以下几个特点：

◎ **准确性**：每一种专色都有其本身固定的色相，所以它解决了印刷中颜色传递准确性的问题。

◎ **实地性**：专色一般用实地色定义颜色，而无论这种颜色有多浅。当然，也可以给专色加网，以呈现专色的任意深浅色调。

◎ **不透明性和透明性**：专色油墨是一种覆盖性的油墨，是不透明的，可以进行实地覆盖。

◎ **表现色域宽**：专色色域很宽，超过了 RGB、CMYK 的表现色域，可以印制出颜色十分丰富的印刷品。

10.2 "通道"面板

图像的所有通道及其信息都在"通道"面板上显示，使用"通道"面板可以创建、保存和管理通道，下面将介绍如何使用"通道"面板。

单击"窗口"|"通道"命令，即可打开"通道"面板，如下图所示。

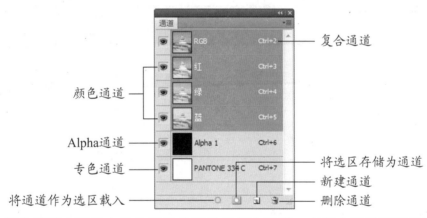

◎ **复合通道**：面板中最先列出的通道是复合通道，在复合通道下可以同时预览和编辑所有颜色通道。

◎ **颜色通道**：用来记录图像颜色信息的通道。

◎ **Alpha 通道**：用来保存选区的通道。

◎ **专色通道**：用来保存专色油墨的通道。

◎ **将通道作为选区载入**：单击该按钮，可以载入所选通道内的选区。

◎ **将选区存储为通道**：单击该按钮，可以将图像中的选区保存在通道内。

◎ **创建新通道**：单击该按钮，可以创建 Alpha 通道。

◎ **删除当前通道**：单击该按钮，可以删除当前选择的通道，但复合通道不能删除。

为了提高 Photoshop 的运行速度，默认情况下，"通道"面板中的每个颜色通道都是以灰度显示的，如果要得到真实的彩色通道，则需要用彩色通道显示，具体操作方法如下：

Step 01 选中"用彩色显示通道"复选框

单击"编辑"|"首选项"|"界面"命令，弹出"首选项"对话框，在"常规"选项区中选中"用彩色显示通道"复选框，单击"确定"按钮，如下图所示。

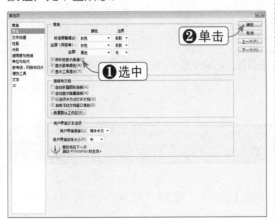

Step 02 查看通道效果

此时，"通道"面板上则显示彩色通道，如下图所示。

10.3 通道操作

下面将介绍如何使用"通道"面板上的命令创建通道，以及如何对通道进行复制、删除、分离和合并等操作。

10.3.1 新建通道

1. 新建Alpha通道

新建 Alpha 通道的操作方法如下：

	素材文件	光盘：素材文件\第10章\颜料.jpg

Step 01 打开素材文件

打开配套光盘中"素材文件\第 10 章\颜料.jpg"，如右图所示。

 知识点拨

通常情况下，如果图像中没有选区，"将通道存储为选区"按钮 □ 是不可用状态。

Step 02 新建通道

单击"通道"面板上的"创建新通道"按钮 🔲，如下图所示。

Step 03 查看通道效果

此时，即可创建一个 Alpha 通道，如下图所示。默认情况下，新通道以 Alpha1、Alpha2、Alpha3……方式命名的。

在 Alpha1 通道上双击鼠标左键，将弹出"通道选项"对话框，可以对通道进行重命名及设置颜色显示方式等操作，如下图所示。

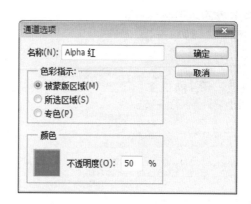

其中，各选项的含义如下：

◎ 被蒙版区域：选择该选项，则新建的通道中有颜色的区域代表被遮罩的范围，没有颜色的区域则是选择范围。

◎ 所选区域：选择该选项，则得到与上一选项刚好相反的结果，没有颜色的区域表示被遮罩的范围，有颜色的区域则代表选取的范围。

◎ 不透明度：设置蒙版颜色的透明度。

2. 新建专色通道

新建专色通道的操作方法如下：

素材文件	光盘：素材文件\第10章\彩画.jpg
效果文件	光盘：效果文件\第10章\彩画.psd

Step 01 打开素材文件

打开配套光盘中"素材文件 \ 第 10 章 \ 彩画 .jpg",如下图所示。

Step 02 选择"新建专色通道"选项

单击"通道"面板右上方的 按钮,在弹出的下拉菜单中选择"新建专色通道"选项,如下图所示。

Step 03 单击"颜色"色块

弹出"新建专色通道"对话框,单击"颜色"色块,如下图所示。

Step 04 选择颜色

弹出"选择专色"对话框,单击右侧的"颜色库"按钮,在弹出的"颜色库"对话框中选择颜色,单击"确定"按钮,如下图所示。

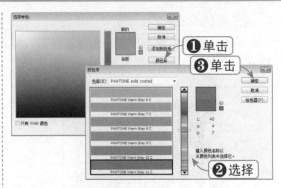

Step 05 新建专色通道

返回"新建专色通道"对话框,可以看到专色通道名称与所选专色的名称相同,单击"确定"按钮,如下图所示。

Step 06 查看专色通道效果

此时,可以看到"通道"面板上新建的专色通道,如下图所示。

Step 07 编辑专色通道

选中专色通道,对其所做的任何编辑都是以专色的颜色体现出来,如输入文字"彩画",如下图所示。

10.3.2 选区与通道之间的关系

通道本身可以存储选区和编辑选区，在"通道"面板中单击不同的通道缩览图，即可载入相应的选区。选区与通道之间具有相互依存的关系，并且可以相互转换。

在"通道"面板中选择"红"通道后，单击"将通道作为选区载入"按钮 ，红色花朵部分将转换为选区，如下图（左）所示。

选择"绿"通道，单击"将通道作为选区载入"按钮 ，绿色叶子部分将转换为选区，如下图（右）所示。

1．将选区保存为通道

创建选区后，可以将其保存为通道，以方便以后进行编辑，具体操作方法如下：

	素材文件	光盘：素材文件\第10章\鼎.jpg

Step01 打开素材文件

打开配套光盘中"素材文件\第10章\鼎.jpg"，如下图所示。

Step02 创建选区

在图像中创建选区，然后打开"通道"面板，如下图所示。

Step03 将选区存储为通道

单击"通道"面板中的"将选区存储为通道"按钮 ，如下图所示。

Step04 查看通道效果

此时，在"通道"面板中将新建一个 Alpha 通道，如下图所示。

2. 将通道转换为选区

将通道作为选区载入的具体操作方法如下：

素材文件	光盘：素材文件\第10章\地球危机.psd

方法一：

Step 01 打开素材文件

打开配套光盘中"素材文件\第10章\地球危机 .psd"，如下图所示。

Step 02 将通道转换为选区

按住【Ctrl】键的同时单击 Alpha 通道的缩览图标，即可看到通道已经转换为选区，如下图所示。

方法二：

Step 01 单击"通道转换为选区"按钮

在"通道"面板中选择通道，单击"将通道作为选区载入"按钮 ，如下图所示。

Step 02 查看转换效果

此时，可以看到通道已经转换为选区，效果如下图所示。

方法三：

Step 01 载入选区

选择 Alpha 通道，单击"选择"|"载入选区"命令，在弹出的"载入选区"对话框中单击"确定"按钮，如下图所示。

Step 02 查看转换效果

此时，可以看到通道已经转换为选区，如下图所示。

10.3.3　分离与合并通道

在 Photoshop CS5 中，当需要在不能保留原通道的文件格式中保留某个通道信息时，可以使用"分离通道"命令将其分离为单独的图像。

使用"分离通道"命令后，原图像就被分离为独立的灰度文件，并可以分别进行修改、编辑和保存，具体操作方法如下：

	素材文件	光盘：素材文件\第10章\包装.jpg

Step 01 打开素材文件

打开配套光盘中"素材文件\第10章\包装.jpg"，如下图所示。

Step 02 选择"分离通道"选项

在"通道"面板中单击其右上方的按钮，在弹出的下拉菜单中选择"分离通道"选项，如下图所示。

Step 03 查看分离效果

此时，在图像窗口中可以看到原图像已经分离成三个图像，如下图所示。

R

G

B

知识点拨

分离通道常用于双色和三色印刷中，当图像中只有一个背景图层时，"分离通道"命令才能使用。当图像的颜色模式为 RGB 时，分离后会得到 3 个灰度图像；如果图像的颜色模式为 CMYK 模式，则分离通道时将会得到 4 个灰度图像。

对于分离后的灰度图像，可以使用"合并通道"命令将它们整合为一幅彩色图像，具体操作方法如下：

Step 01 选择"合并通道"选项

选择分离图像后的一个通道，在"通道"面板中单击其右上方的 按钮，在弹出的下拉菜单中选择"合并通道"选项，如下图所示。

Step 02 选择图像模式

弹出"合并通道"对话框，设置"模式"为"RGB 颜色"，单击"确定"按钮，如下图所示。

Step 03 为通道指定灰度文件

弹出"合并 RGB 通道"对话框，在此可以为每个通道指定相应的灰度文件，单击"确定"按钮，如下图所示。

Step 04 查看组合效果

此时，在图像窗口中可以看到分离的三个图像重新组合成一个图像，如下图所示。

10.3.4 实战——通过分离和合并通道更改图像色调

合并通道时，不仅可以选择从同一彩色图像中分离出来的灰度文件，也可以选择文件尺寸相同、分别率相同且已在 Photoshop 中打开的灰度文件。下面两幅图像是使用分离和合并通道更改图像色调的效果，如右图所示。

通过分离和合并通道更改图像色调的具体操作方法如下：

素材文件	光盘：素材文件\第10章\手绘抽象.jpg
效果文件	光盘：效果文件\第10章\手绘抽象.psd

Step 01 打开素材文件

打开配套光盘中"素材文件\第10章\手绘抽象.jpg"，如下图所示。

Step 02 选择"分离通道"选项

在"通道"面板中单击其右上方的 按钮，在弹出的下拉菜单中选择"分离通道"选项，如下图所示。

Step 03 查看分离效果

此时，在图像窗口中可以看到原图像已经分离成三个图像，如下图所示。

R　　　　　　　　G

B

Step 04 选择"合并通道"选项

选择其中一个通道文件，在"通道"面板中单击其右上方的 按钮，在弹出的下拉菜单中选择"合并通道"选项，如下图所示。

Step 05 合并通道

弹出"合并通道"对话框，设置"模式"为"RGB 颜色"，单击"确定"按钮。弹出"合并 RGB 通道"对话框，在其中设置参数，单击"确定"按钮，如下图所示。

Step 06 查看组合效果

此时，在图像窗口中可以看到分离的三个图像重新组合成一个图像，如下图所示。

知识点拨

如果要合并的通道超过了色彩模式所应有的数量，则只能选择多通道模式进行合并。

10.3.5 将通道中的图像粘贴到图层中

将通道中的图像粘贴到图层中，可以在图层中创建灰度图层，具体操作方法如下：

	素材文件	光盘：素材文件\第10章\牵挂.jpg

Step 01 打开素材文件

打开配套光盘中"素材文件\第10章\牵挂.jpg"，如下图所示。

Step 02 复制通道

在"通道"面板中选择"绿"通道，画面中会显示该通道的图像，按【Ctrl+A】组合键全选图像，按【Ctrl+C】组合键复制图像，如下图所示。

Step 03 查看粘贴效果

按【Ctrl+2】快捷键，返回RGB复合通道，显示彩色的图像。按【Ctrl+V】组合键，可以将复制的通道粘贴到一个新的图层中，如下图所示。

知识点拨

粘贴通道时，一定更要选择"RGB 复合"通道，才能在"图层"面板上新建图层。

10.3.6 将图层中的图像粘贴到通道中

在 Photoshop 中不仅可以将图像从通道粘贴到图层中，也可以将图层中的图像粘贴到通道中，以便于进行操作，具体操作方法如下：

	素材文件	光盘：素材文件\第10章\茶.jpg

Step01 打开素材文件

打开配套光盘中"素材文件\第10章\茶.jpg",如下图所示。

Step02 复制图像

在"图层"面板中选中背景图层,按【Ctrl+A】组合键全选图像,按【Ctrl+C】组合键复制图像,如下图所示。

Step03 新建 Alphal 通道

打开"通道"面板,单击"通道"面板中的"创建新通道"按钮，创建 Alpha1 通道,如下图所示。

Step04 将图层粘贴到通道中

选择 Alpha 通道,按【Ctrl+V】组合键粘贴,即可将图层粘贴到通道中,如下图所示。

10.3.7 "计算"命令

使用"计算"命令可以混合来自一个或多个源图像的单个 Alpha 通道,再生成新的通道,即新的选区。单击"图像"|"计算"命令,将弹出如下图所示的"计算"对话框。其中:

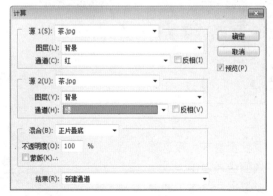

◎"源1"和"源2":选择参与计算的图像文件,在其中会显示当前文件、与当前文件大小相同且已经打开的图像文件。

◎ 图层：选择参与计算的图层，在其中会列出源图像的所有图层。如果要使用源图像中所有的图层，应选择"合并图层"选项。

◎ 通道：选择要参与计算的通道。

◎ 反相：选中该复选框时，会先将通道反相成负片再计算。

◎ 混合：选择一种混合模式。

◎ 结果：可以选择一种计算结果的生成方式。选择"通道"选项，可以将结果应用到新通道中，参与混合的两个通道不会受到任何影响；选择"文档"选项，可以得到一个新的黑白图像；选择"选区"选项，可以得到一个新的选区。

10.3.8 通道与抠图

抠图是指将一个图像的部分内容准确地选取出来，使之与背景分离。在图像处理中，抠图是非常重要的工作，抠选的图像是否准确、彻底是影响图像合成效果真实性的关键。下面将通过一个实例介绍如何通过通道抠图，效果如右图所示。

	素材文件	光盘：素材文件\第10章\美女.jpg、背景.jpg
	效果文件	光盘：效果文件\第10章\美女.psd

Step 01 打开素材文件

打开配套光盘中"素材文件\第10章\美女.jpg"，如下图所示。

Step 02 选择通道

在"通道"面板中，反复查看并比较这幅图像的每个通道，最终发现蓝色通道中头发与人物的颜色反差较大，所以选择使用这个通道来创建选区，如下图所示。

R通道

G通道

B通道

Step 03 复制通道

在"通道"面板中，将"蓝"通道拖动到下方的"创建新通道"按钮上，复制出"蓝 副本"通道，如下图所示。

Step 04 通道反相

选择"蓝副本"通道为当前工作通道，按【Ctrl+I】组合键，将"蓝 副本"通道进行反相，如下图所示。

Step 05 调整曲线

单击"图像"|"调整"|"曲线"命令，弹出"曲线"对话框，调整曲线的形状，增加黑的对比度，单击"确定"按钮，如下图所示。

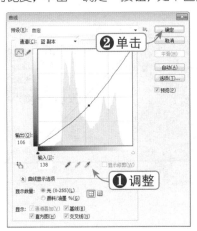

Step 06 调整色阶

单击"图像"|"调整"|"色阶"命令，弹出"色阶"对话框，如下图所示。

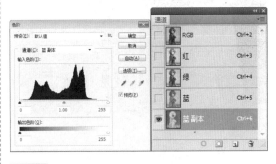

Step 07 设置黑场

单击"设置黑场"按钮，当鼠标指针呈黑色吸管形状时，在背景区域单击鼠标左键，使其变成黑色，如下图所示。

Step 08 设置白场

单击"设置白场"按钮，当鼠标指针呈白色吸管形状时，在头发上的浅灰色区域单击鼠标左键，使这些区域变成白色，如下图所示。

Step 09 将通道转换为选区

单击"确定"按钮，关闭"色阶"对话框。单击"通道"面板中"将通道转换为选区"按钮，将通道中的白色区域作为选区载入，如下图所示。

Step 10 拷贝新图层

单击 RGB 通道，将所有颜色通道显示出来，并隐藏"蓝 副本"通道。切换到"图层"面板，选中背景图层，按【Ctrl+J】组合键，将选区中的图像拷贝到新图层——"图层 1"中，如下图所示。

Step 11 查看图像效果

隐藏背景图层，只显示刚才拷贝的新图层，此时可以看到一个虚影，但头发部分是清晰的，如下图所示。

Step 12 擦除多余背景图像

用橡皮擦工具擦除多余的背景图像，如下图所示。

Step 13 选取其他图像

显示并选中隐藏的背景图层，然后使用其他选择工具沿着身体及头部创建选区，如下图所示。

Step 14 复制新图层

创建选区后，按【Ctrl+J】组合键，将选中的其他部分复制到新图层——"图层 2"中，并将该图层放置到"图层 1"的上面，然后隐藏背景图层，即可得到边缘清晰的人物图像，如下图所示。

Step 15 合并图层

确认"图层 2"为当前工作图层,按【Ctrl+E】组合键,将"图层 1"和"图层 2"合并,如下图所示。

Step 16 查看最终效果

图像中的美女已经精确地选取出来了,打开"素材文件\第 10 章\背景 .jpg",将美女图像拖曳到背景图像文件中即可,如下图所示。

10.3.9 实战——选择半透明图像

在设计过程中有许多图像是半透明的,利用通道可以选择半透明图像。下面将通过一个实例进行详解,制作的效果如下图所示。

素材文件	光盘:素材文件\第10章\泡泡.jpg、背景女孩.jpg
效果文件	光盘:效果文件\第10章\吹泡泡.psd

Step 01 打开素材文件

打开配套光盘中"素材文件\第 10 章\泡泡 .jpg",如下图所示。

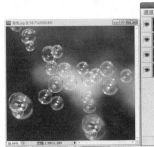

Step 02 选择通道

在"通道"面板中,反复查看并比较这幅图像的每个通道,最终发现蓝色通道中泡沫与背景的颜色反差较大,所以选择使用这个通道来创建选区,如下图所示。

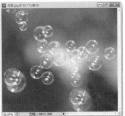

R通道　　　　　　　　　G通道

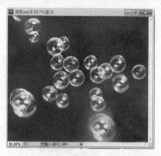

B通道

Step 03 复制通道

将"通道"面板中的"蓝"通道拖动到下方的"创建新通道"按钮🔲上,复制出"蓝副本"通道,如下图所示。

Step 04 调整曲线

单击"图像"|"调整"|"曲线"命令或按【Ctrl+M】组合键,弹出"曲线"对话框,调整曲线,然后单击"确定"按钮,如下图所示。

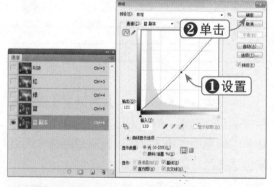

Step 05 将通道转换为选区

单击"通道"面板中的"将通道转换为选区"按钮 ⚪ ,将通道中的白色区域作为选区载入,如下图所示。

Step 06 选择 RGB 通道

在"通道"面板中隐藏"蓝 副本"通道,再选择 RGB 通道,如下图所示。

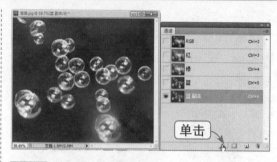

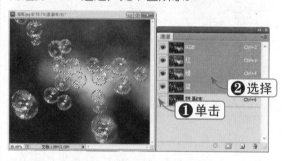

Step 07 移动图像

打开光盘"素材文件 \ 第 10 章 \ 背景女孩 .jpg",通过移动工具将泡泡图像拖至背景女孩图像窗口中,如下图所示。

Step 08 设置图层混合模式

将"图层混合模式"设置为"滤色",效果如下图所示。

Step 09 擦除多余的图像

按【Ctrl+T】组合键，调整泡泡图像的大小，并用橡皮擦工具擦除不需要的图像，如下图所示。

Step 10 复制图层

复制"图层1"为"图层1副本"，移动其位置，擦除不需要的图像，如下图所示。

Step 11 调整色阶

在"图层"面板底部单击 ◑. 按钮，在弹出的下拉菜单中选择"色阶"选项，创建"色阶"调整图层，并设置相关参数，如下图所示。

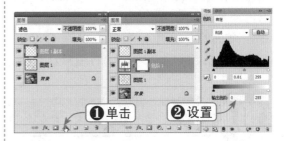

Step 12 查看图像效果

此时，可以看到图像的最终效果，如下图所示。

知识点拨

选择颜色通道制作副本时，一定要选择颜色反差大的通道。

10.3.10 通道与色彩

在"通道"面板中，颜色通道记录了图像的颜色信息，因此对颜色通道进行任何编辑都会影响到图像的颜色。下面将介绍通道与色彩的相关知识。

色彩混合分为加色混合与减色混合。加色混合是指将不同光源的辐射光投照到一起产生出新的色光。我们在电脑、电视、幻灯片、网络、多媒体上接触的颜色就是通过这种方式合成的。由于所有的色彩都是由红、绿、蓝三种光混合而成，因此这种模式称为RGB模式，而这三种光分别存储在红、绿、蓝通道中，如右图所示。

颜料、燃料、涂料、印刷油墨等属于减色混合。减色混合式指本身不能发光，却能吸收一部分投照来的光，并将余下的光反射出去的色料混合。例如，各种印刷颜色都是通过青、洋红、黄、黑四种油墨混合而成的，这几种颜色存储在 CMYK 模式的各个颜色通道中，如右图所示。

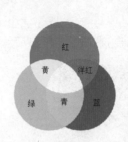

10.4 "蒙版"面板

蒙版是显示和隐藏图像的一种功能，通过编辑蒙版使其中的图像发生变化，就可以使该图层中的图像与其他图像之间的混合效果发生相应的变化。蒙版用于保护被遮盖的区域，使该区域不受任何操作的影响。蒙版有 4 种形式，即快速蒙版、图层蒙版、剪贴蒙版和矢量蒙版。

蒙版及其信息都在"蒙版"面板上显示，如下图所示。使用"蒙版"面板可以添加、删除和管理蒙版，下面将介绍"蒙版"面板的功能。

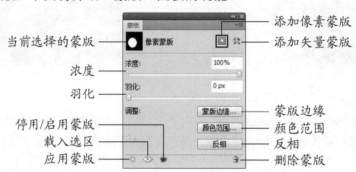

◎ 当前选择的蒙版：显示了在"图层"面板中选择的蒙版类型，此时可以在"蒙版"面板中对其进行编辑。

◎ 添加像素蒙版 / 添加矢量蒙版：单击■按钮，可以为当前图层添加像素蒙版；单击█按钮，则可以添加矢量蒙版。

◎ 浓度：拖动滑块可以控制蒙版的不透明度，即蒙版的遮盖强度。

◎ 羽化：拖动滑块，可以柔化蒙版的边缘。

◎ 蒙版边缘：单击该按钮，可以弹出"调整蒙版"对话框，从中可以修改蒙版边缘，并针对不同的背景查看蒙版。

◎ 颜色范围：单击该按钮，可以弹出"颜色范围"对话框，通过在图像中取样并调整颜色容差，可以修改蒙版范围。

◎ 反相：可以翻转蒙版的遮盖区域。

◎ 从蒙版中载入选区 ██ ：单击该按钮，可以载入蒙版中包含的选区。

◎ 应用蒙版 ██ ：单击该按钮，可以将蒙版应用到图像中，同时删除被蒙版遮盖的图像。

◎ 停用 | 启用蒙版 ◉：单击该按钮，或按住【Shift】键单击蒙版缩览图，可以停用（或者重新启用）蒙版。停用蒙版时，蒙版缩览图上会出现一个红色的叉号。

◎ 删除蒙版 ⬚：单击该按钮，可以删除当前选择的蒙版。此外，在"图层"面板中将蒙版缩览图拖至"删除图层"按钮上，也可以将其删除。

10.5 蒙版的应用

蒙版是 Photoshop 的核心功能之一，主要用来创建选区，使用蒙版可以进行各种图像的合成等。下面将详细介绍蒙版的应用方法。

10.5.1 快速蒙版

快速蒙版只是一种临时蒙版，使用快速蒙版不会修改图像，只创建图像的选区。它可以在不使用通道的情况下快速地将选区转换为蒙版，然后在快速蒙版下进行编辑。

单击工具箱中的"以快速蒙版编辑模式"按钮 ◻，即可进入快速蒙版编辑状态，再次单击则退出快速蒙版状态。双击此图标，即可弹出"快速蒙版选项"对话框，如右图所示。其中：

◎ 被蒙版区域：指的是非选择区域。在快速蒙版状态下，使用画笔工具在图像上进行涂抹，被涂抹的区域即被蒙版区域，退出快速蒙版状态后，图像中的选区如下图所示。

被蒙版区域

图像中所选区域

◎ 所选区域：指的是选择部分。在快速蒙版状态下，使用画笔工具在图像上进行涂抹，涂抹的即是所选区域，如下图所示。

所选区域

图像中所选区域

在快速蒙版编辑状态下，可以使用各种绘图工具和编辑命令对蒙版形状进行修改，从而改变选区的形状。在快速蒙版编辑状态下，只能使用黑、白、灰3种颜色：用白色绘图，可以减少蒙版区域；用黑色绘图，可以增加蒙版区域，即减少选区；不同程度的灰度则可以产生不同程度的透明变化，如下图所示。

前景色为黑色时涂抹　　　　图像中的选区　　　　前景色为白色时涂抹　　　　图像中的选区

知识点拨

在英文输入状态下，按【Q】键可以在进入快速蒙版编辑状态和退出快速蒙版编辑状态间进行切换。

10.5.2　图层蒙版

图层蒙版相当于一个 8 位灰阶的 Alpha 通道，控制图层或图层组中的不同区域如何隐藏和显示。黑色区域表示全部被遮住的部分，白色区域表示图像中被显示的部分，蒙版灰度部分表示图像的半透明部分。通过编辑与更改蒙版，可以对图层应用各种特殊效果，而不会实际影响该图层上的像素。

1. 创建图层蒙版

在 Photoshop 中有两种形式的图层蒙版——白色蒙版和黑色蒙版。创建白色蒙版的具体操作方法如下：

 | **素材文件** | 光盘：素材文件\第10章\支撑.jpg
|---|---|---|

Step 01 打开素材文件

打开配套光盘中"素材文件\第10章\支撑.jpg"，如下图所示。

Step 02 复制背景图层

单击"图层"|"复制图层"命令，复制背景图层，如下图所示。

Step 03 添加图层蒙版

在"图层"面板中单击"添加图层蒙版"按钮，即可创建图层蒙版，如下图所示。

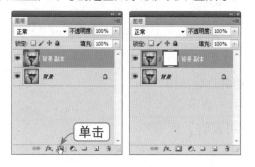

选择要添加蒙版的图层，按住【Alt】键的同时单击"添加图层蒙版"按钮，或单击"图层"|"图层蒙版"|"隐藏全部"命令，即可创建一个黑色的图层蒙版，如下图所示。

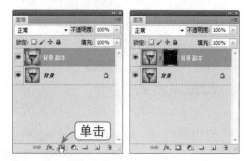

2. 从选区创建蒙版

用户也可以从选区生成蒙版，具体操作方法如下：

Step 01 创建选区

使用椭圆选框工具在图像中创建椭圆选区，如下图所示。

Step 02 添加图层蒙版

在"图层"面板中单击"添加图层蒙版"按钮或单击"图层"|"图层蒙版"|"显示选区"命令，即可创建一个显示选区隐藏背景的图层蒙版，如下图所示。

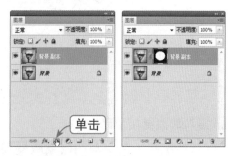

Step 03 查看图像效果

隐藏背景图层，可以看到添加图层蒙版的效果，如下图所示。

知识点拨

在打开的图像文件中绘制选区时，必须确认当前图层为普通图层才可以添加图层蒙版。

3. 启用和停用蒙版

图层蒙版可以显示和隐藏，以及停用图层蒙版的操作非常简单。在实际操作过程中，为了方便观察图像效果，一般只是暂时停用图层蒙版。

（1）停用图层蒙版有以下三种方法：

方法一：按住【Shift】键的同时单击图层蒙版的缩览图。

方法二：单击"图层"|"图层蒙版"|"停用"命令。

方法三：单击"蒙版"面板上的"停用|启用蒙版"按钮 👁。

停用蒙版后，蒙版的缩览图会显示一个红叉，如下图（左）所示。

（2）启用图层蒙版

方法一：按住【Shift】键的同时单击图层蒙版的缩览图。

方法二：单击"图层"|"图层蒙版"|"启用"命令。

方法三：单击"蒙版"面板上的"停用|启用蒙版"按钮 👁。

启用蒙版后，红叉将会消失，如下图（右）所示。

4. 链接与取消链接蒙版

默认情况下，图层与图层蒙版链接，使用移动工具移动图层或蒙版时，它们将在图像中一起移动。通过取消图层与蒙版的链接，就能够单独移动它们，并可以独立于图层而改变蒙版的边界，具体操作方法如下：

Step 01 取消链接

单击图层和蒙版中间的"链接"图标 ⬚，即可取消图层与其蒙版的链接，如下图所示。

Step 02 恢复链接

再次单击图层与蒙版缩览图的中间位置，即可恢复链接，如下图所示。

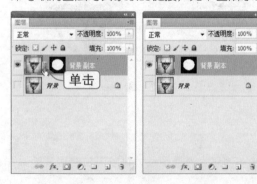  

5. 删除蒙版

图层蒙版是作为 Alpha 通道存储的，因此应用和删除图层蒙版有助于减小文件的大小。删除蒙版的方法有多种，不同情况下删除的方式也不同，下面将分别进行介绍。

方法一：在"图层"面板中删除蒙版

Step 01 删除图层蒙版

选择图层蒙版缩览图，将其向下拖至"删除图层"按钮 上，如下图所示。

应用蒙版后图层状态及其图像效果

Step 02 确定是否应用到图像中

松开鼠标，将弹出警告信息框，单击"应用"按钮，就会将蒙版应用到图像中去；单击"删除"按钮，则将整个蒙版删除，这样在蒙版中对图像进行的所有操作都将删除，使图层恢复到原始状态，如下图所示。

单击"删除"按钮后图层状态及其图像效果

单击"应用"按钮

方法二：

单击"蒙版"面板上的"删除"按钮 ，也可以删除蒙版，如下图所示。

方法三：

单击"图层"|"图层蒙版"|"删除"命令，可以直接将图层蒙版删除，如下图所示。

知识点拨

如果需要为背景图层添加蒙版时，可以先将背景图层转换为普通图层，再创建蒙版。

10.5.3 实战——使用图层蒙版进行合成

使用图层蒙版可以快速地合成图像，下面通过一个实例进行介绍，具体操作方法如下：

素材文件	光盘：素材文件\第10章\自然风光1~6.jpg、
效果文件	光盘：效果文件\第10章\自然风光.psd

Step 01 新建图像文件

单击"文件"|"新建"命令,弹出"新建"对话框,设置各项参数,然后单击"确定"按钮,如下图所示。

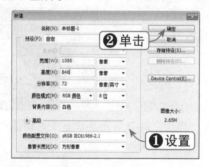

Step 02 新建图层

单击"图层"面板上的"创建新图层"按钮 ，新建"图层1",如下图所示。

Step 03 单击渐变按钮

选择工具箱中的渐变工具,单击属性栏中的 按钮,如下图所示。

Step 04 编辑渐变颜色

打开"渐变编辑器"窗口,编辑渐变颜色,然后单击"确定"按钮,如下图所示。

Step 05 渐变填充

通过拖动鼠标将"图层1"填充为蓝色至白色的渐变,如下图所示。

Step 06 拖入并调整图像

打开配套光盘中"素材文件\第10章\自然风光1.jpg、自然风光2.jpg、自然风光3.jpg、自然风光4.jpg、自然风光5.jpg、自然风光6.jpg",将它们拖动到"未标题-1"图像窗口中,并调整图层的顺序,如下图所示。

Step 07 添加并渐变填充蒙版

关闭暂时不需要的图层，选择"图层3"，单击"图层"面板下方的"添加图层蒙板"按钮 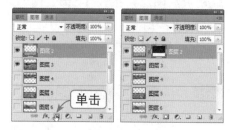 ，创建图层蒙版。单击图层蒙版缩览图，为蒙版填充黑白渐变，如下图所示。

Step 08 调整图像的阴影 | 高光

单击"图层2"的缩览图，单击"图像"|"调整"|"阴影|高光"命令，在弹出的对话框中设置阴影数量为35%。高光数量为13%，单击"确定"按钮，如下图所示。

Step 09 编辑蒙版

单击图层蒙版缩览图，选择柔角画笔，将"不透明度"设置为30%。使用画笔工具在两相交接区域进行涂抹，使其看起来过渡得更加自然，如下图所示。

Step 10 修改其他图层图像

采用同样的方法为"图层4"至"图层6"添加蒙版，并用画笔工具进行涂抹，如下图所示。

Step 11 调整色阶

选择"图层7"，单击"图像"|"调整"|"色阶"命令或按【Ctrl+L】组合键，弹出"色阶"对话框，设置各项参数，然后单击"确定"按钮，如下图所示。

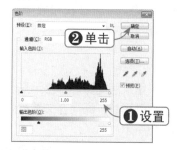

Step 12 查看合成效果

此时，可以看到图像的合成效果，如下图所示。

10.5.4 矢量蒙版

　　矢量蒙版是通过钢笔或形状工具绘制的蒙版，主要使用矢量化的线条来控制图像的显示与隐藏。当创建矢量蒙版后，可以向该图层应用一个或多个图层样式。通常在需要重新修改的图像的形状上添加矢量蒙版，这样就可以随时修改蒙版的路径，从而达到修改图像形状的目的。

1. 创建矢量蒙版

　　创建矢量蒙版的方法有以下 3 种：

　　方法一：单击"图层"|"矢量蒙版"|"显示全部"命令。

　　方法二：单击"蒙版"面板上的"添加矢量蒙版"按钮。

　　方法三：在"图层"面板中选择需要添加矢量蒙版的图层，按住【Ctrl】键的同时单击"图层"面板下方的"添加图层蒙版"按钮，如下图所示。

2. 为矢量蒙版添加形状和效果

　　添加矢量蒙版后，可以在上面绘制形状，具体操作方法如下：

Step 01 添加形状

　　单击矢量蒙版缩览图，使用形状工具在矢量蒙版上绘制形状，即可在矢量蒙版上添加形状，如下图所示。

Step 02 查看图像效果

　　隐藏背景图层，即可看到通过矢量蒙版添加形状的效果，如下图所示。

3. 启用和停用矢量蒙版

　　在图像处理过程中可以随意对矢量蒙版进行控制，对其启用和停用。

（1）停用矢量蒙版的方法有以下三种：

方法一：按住【Shift】键的同时单击矢量蒙版的缩览图。

方法二：单击"图层"|"矢量蒙版"|"停用"命令。

方法三：单击"蒙版"面板上的"停用 | 启用蒙版"按钮 ● 。

停用蒙版后，蒙版的缩览图会显示一个红叉，如下图（左）所示。

（2）启用矢量蒙版

方法一：按住【Shift】键的同时单击矢量蒙版的缩览图。

方法二：单击"图层"|"矢量蒙版"|"启用"命令。

方法三：单击"蒙版"面板上的"停用 | 启用蒙版"按钮 ● 。

启用蒙版后，红叉将会消失，如下图（右）所示。

4．删除矢量蒙版

创建矢量蒙版后，若要将其删除，方法有多种，下面将分别进行介绍。

方法一：在"图层"面板中删除矢量蒙版

Step 01 删除蒙版

选择矢量蒙版缩览图，向下拖至"删除图层"按钮 ● 上，如下图所示。

Step 02 确定删除蒙版

此时，将弹出一个警告信息框，单击"确定"按钮，即可删除矢量蒙版，如下图所示。

方法二：

单击"图层"|"矢量蒙版"|"删除"命令，可以直接将矢量蒙版删除。

方法三：

直接单击"蒙版"面板上的"删除"按钮，如右图所示。

5. 将矢量蒙版转换为图层蒙版

矢量蒙版与图层蒙版既可以同时使用，也可以单独使用，不过有时需要将两种蒙版进行转换，以方便对图像进行处理。将矢量蒙版转换为图层蒙版，目的是为了栅格化蒙版，从而可以使用绘图工具编辑蒙版。将矢量蒙版转换为图层蒙版的具体操作方法如下：

Step 01 选择"栅格化矢量蒙版"选项

在"图层"面板上右击矢量蒙版的缩览图，在弹出的快捷菜单中选择"栅格化矢量蒙版"选项，如下图所示。

Step 02 查看图像效果

此时，移动蒙版位置，即可看到矢量蒙版转换为图层蒙版后的图像效果，如下图所示。

知识点拨

矢量蒙版经过栅格化后，无法再将其转换为矢量对象，但是矢量蒙版和图层蒙版是可以同时存在的，可以使用这两种蒙版对图像局部的不透明度进行设置。

10.5.5 剪贴蒙版

剪贴蒙版并不是一个特殊的图层类型，而是一组具有剪贴关系图层的名称。相邻的两个图层创建剪贴蒙版后，上面的图层所显示的形状或虚实就要受下面图层的控制。下面图层的形状是什么样子，上面的图层就显示什么形状，或者只能有下面图层的形状部分能够显示出来，但画面内容还是上面图层的，只是形状受下面图层的影响。剪贴蒙版的作用比一般的图层蒙版更广泛。

1. 剪贴蒙版的图层结构

剪贴蒙版主要由两部分组成，即基底图层和内容图层。基底图层位于整个剪贴蒙版的底部,而内容图层则位于剪贴蒙版中基底图层的上方。剪贴蒙版最少包括两个图层,多则可以无限个。利用基底图层的属性来控制内容图层中图像的显示效果,内容图层显示出来的内容完全由基底图层自身属性所决定,如下图所示。

基底图层   内容图层

原图像   创建剪贴蒙版后效果

2. 创建剪贴蒙版

创建剪贴蒙版的方法有4种,具体操作方法如下:

方法一:选择"图层"面板中基底图层上方的第一个图层,单击"图层"|"创建剪贴蒙版"命令。

方法二:在"图层"面板中选择位于上方的图层,并按【Ctrl+Alt+G】组合键。

方法三:在"图层"面板上选择位于上方的图层并右击,在弹出的快捷菜单中选择"创建剪贴蒙版"选项。

方法四:按住【Alt】键的同时,将鼠标指针放在"图层"面板上用于分隔要在剪贴蒙版中包含的基底图层和上方的第一个图层线上,此时鼠标指针显示为 形状,单击鼠标左键即可创建剪贴蒙版,如下图所示。

 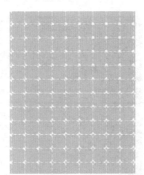 

3. 释放剪贴蒙版

有时我们在设计中会产生一些新的想法，或者对之前的图像效果不满意，这时可以释放剪贴蒙版。

方法一：选择"图层"面板中剪贴蒙版中的任意一个图层，单击"图层"|"图层释放剪贴蒙版"命令。

方法二：在"图层"面板中选择剪贴蒙版中的任意一个图层，按【Ctrl+Alt+G】组合键。

方法三：在"图层"面板中选择位于上方的图层并右击，在弹出的快捷菜单中选择"释放剪贴蒙版"选项。

方法四：按住【Alt】键的同时，将指针放在"图层"面板中用于分隔要在剪贴蒙版中包含的基层图层和上方的第一个图层线上，此时指针会显示形状，单击鼠标左键即可释放剪贴蒙版，如下图所示。

4. 设置剪贴蒙版的不透明度和图层混合模式

剪贴蒙版组使用基底图层的不透明属性，调整基底图层的不透明度时可以控制整个剪贴蒙版组的不透明度，如下图所示。

而调整内容图层的不透明度时，不会影响到剪贴蒙版组中的其他图层，如下图所示。

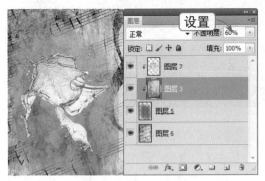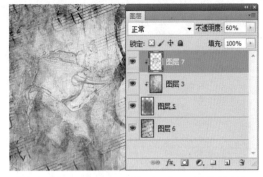

剪贴蒙版使用基底图层的混合模式，当基底图层为"正常"模式时，所有的图层将按照各自的混合模式与下面的图层混合。调整基底图层混合模式时，整个剪贴蒙版中的图层都会使用此模式与下面的图层混合；而调整内容图层时，仅其自身产生作用，不会影响其他图层，如下图所示。

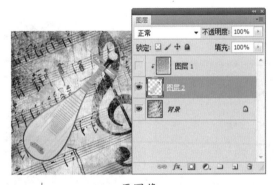

原图像

设置内容图层混合模式　　　　　　　　　　设置基底图层混合模式

10.5.6　实战——利用剪贴蒙版设计字体特效

下面将通过一个实例介绍如何利用剪贴蒙版设计字体特效，具体操作方法如下：

	素材文件	光盘：素材文件\第10章\皮绢.jpg
	效果文件	光盘：效果文件\第10章\字体.psd

Step 01 新建图像文件

单击"文件"|"新建"命令,弹出"新建"对话框,设置画布大小,单击"确定"按钮,如下图所示。

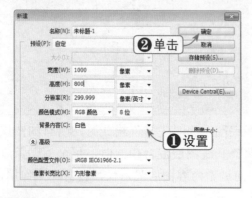

Step 02 新建图层

单击"图层"面板下方的"新建图层"按钮，新建"图层 1"，如下图所示。

Step 03 输入并调整文字大小

选择工具箱中的横排文字工具，输入文字"沙鸥"，并调整其大小，如下图所示。

Step 04 打开素材文件

打开配套光盘中"素材文件\第10章\皮绢.jpg"，并将其拖曳到"未标题-1"图像窗口中，如下图所示。

Step 05 创建剪贴蒙版

按住【Alt】键的同时，将鼠标指针放在"图层"面板上"图层 1"和文字图层之间的图层线上，当指针变为形状时单击鼠标左键即可创建剪贴蒙版，如下图所示。

Step 06 设置图层混合模式

选择"图层 1"，修改其"图层混合模式"为"线性光"，如下图所示。

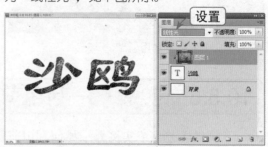

Step 07 设置图层混合模式和不透明度

选择文字图层，设置其"图层混合模式"为"溶解"，"不透明度"为60%，如下图所示。

Step 08 设置投影

单击"图层"面板底部的"添加图层样式"按钮 fx，在弹出的下拉菜单中选择"投影"选项，弹出"图层样式"对话框，从中设置投影参数，单击"确定"按钮，如下图所示。

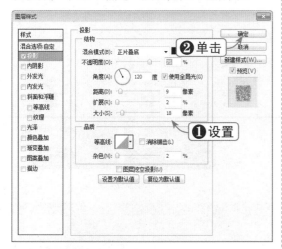

Step 09 设置内发光

单击"图层"面板底部的"添加图层样式"按钮 fx，在弹出的下拉菜单中选择"内发光"选项，弹出"图层样式"对话框，设置内发光参数，单击"确定"按钮，如下图所示。

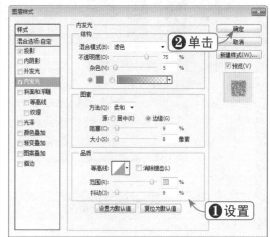

Step 10 查看字体特效最终效果

此时，即可看到字体特效的最终效果，如下图所示。

第11章 滤镜的使用

Photoshop CS5 自带了许多强大的滤镜工具，使用这些滤镜可以创作出超现实的精美图像。本章将详细介绍每一种滤镜的使用方法及效果，熟练掌握后即可创作出焕然一新的创意图像。

本章学习重点

1. "风格化"滤镜组
2. "画笔描边"滤镜组
3. "模糊"滤镜组
4. "扭曲"滤镜组
5. "锐化"滤镜组
6. "视频"滤镜组
7. "素描"滤镜组
8. "纹理"滤镜组
9. "像素化"滤镜组
10. "渲染"滤镜组
11. "艺术效果"滤镜组
12. "杂色"滤镜组
13. "其他"滤镜组
14. Digimarc滤镜组
15. 使用智能滤镜

重点实例展示

镜头模糊

本章视频链接

"拼贴"滤镜效果

"粗糙蜡笔"滤镜效果

11.1 "风格化"滤镜组

使用"风格化"滤镜组可以对图像进行置换像素、查找并增加图像的对比度等操作，从而产生绘画和印象派风格效果。

11.1.1 "查找边缘"滤镜

"查找边缘"滤镜能自动搜索图像像素对比度变化剧烈的边缘，将高反差区变亮，低反差区变暗，其他区域介于两者之间，硬边变为线条，而柔边变粗，形成一个清晰的轮廓。如下图所示即为使用"查找边缘"滤镜前后的对比效果。

11.1.2 "等高线"滤镜

"等高线"滤镜可以查找主要亮度区域的转换，并为每个颜色通道勾勒出淡淡的描边，以获得与等高线图中线条类似的效果，如下图所示。

在"等高线"对话框中，各选项的含义如下：

◎ 色阶：用于调整描绘边缘的基准亮度等级。

◎ 边缘：用于设置处理图像边缘的位置，以及边界产生的方法。选中"较低"单选按钮时，可以在基准亮度等级以下的轮廓上生成等高线；选中"较高"单选按钮时，可以在基准亮度等级以上的轮廓上生成等高线。

11.1.3 "风"滤镜

"风"滤镜可以产生类似风吹的效果。此效果只能产生水平方向上的效果，若用户想要产生其他方向的风吹效果，可以先将图像进行旋转，再使用"风"滤镜。如下图所示即为使用"风"滤镜的效果。

在"风"对话框中，各选项的含义如下：

◎ **方法**：有三种"风"类型可以选择，包括"风"、"大风"和"飓风"，如下图所示。

◎ **方向**：用来设置"风"的方向。

11.1.4 "浮雕效果"滤镜

"浮雕效果"滤镜可以通过勾画图像或选区的轮廓和降低周围色值来生成凸起或凹陷的浮雕效果，如下图所示。

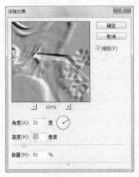

在"浮雕效果"对话框中，各选项的含义如下：

◎ 角度：用于设置照射浮雕效果的光线角度。

◎ 高度：用于设置浮雕效果的凸起高度，数值越大，浮雕效果越明显。

◎ 数量：用于设置浮雕效果的作用范围，数值越高，边界越清晰；小于40%时，整个图像会变灰。

11.1.5 "扩散"滤镜

"扩散"滤镜可以使图像中相邻的像素按规定的方式有机移动，使图像扩散，形成一种分离模糊的效果，如下图所示。

如下图所示为各选项的效果对比,其中包括"变暗优先"、"变亮优先"和"各向异性"。

11.1.6 "拼贴"滤镜

"拼贴"滤镜可以将图像以指定的值分为块状，并将其偏离其原来的位置，从而产生不规则的拼凑成图像的效果，如下图所示。

在"拼贴"对话框中，各选项的含义如下：

◎ 拼贴数：设置图像拼贴块的数量。

◎ 最大位移：设置图像拼贴块之间的间隙。

◎ 填充空白区域用：可以设置不同前景色或背景色来填充不同的颜色，也可以对图像进行反向或用未改变的图像进行填充。

如下图所示为使用"反向图像"和"未改变的图像"的对比效果。

11.1.7 "曝光过度"滤镜

"曝光过度"滤镜可以模拟摄影中增加光线强度而产生曝光过度的效果，如下图所示。

11.1.8 "凸出"滤镜

"凸出"滤镜可以将图像分成大小相同且有机重叠的立方体或锥体，从而产生特殊的立体效果，如下图所示。

在"凸出"对话框中，各选项的含义如下：

◎ 类型：用于设置图像凸起的方式。如下图所示即为选中"金字塔"单选按钮的效果。

◎ 大小：用于设置立方体或金字塔地面的大小，数值越高，产生的立方体或金字塔越大，如下图所示。

◎ 深度：用于设置突出对象的高度，"随机"为每个块或金字塔是任意的深度；"基于色阶"为使每个对象的深度与其亮度对应，越亮凸出的越多，如下图所示。

选中"随机"单选按钮　　　　　　　　　　　选中"基于色阶"单选按钮

◎ 立方体正面：选中此复选框，图像将失去整体轮廓，生成的立方体上只显示单一的颜色，如下图（左）所示。

◎ 蒙版不完整块：选中此复选框，将隐藏所有延伸出去的对象，如下图（右）所示。

11.1.9 "照亮边缘"滤镜

"照亮边缘"滤镜可以查找图像中颜色变化比较明显的区域，并在边缘添加类似霓虹灯的光亮，如下图所示。

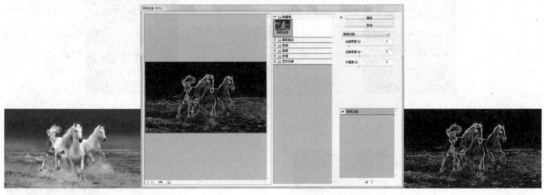

在"照亮边缘"对话框中，各选项的含义如下：

◎ 边缘宽度：用于设置发光边缘的宽度，数值越大，宽度越大。

◎ 边缘亮度：用于设置发光边缘的亮度，数值越大，亮度越亮。

◎ 平滑度：用于设置发光边缘的平滑度，数值越大，就越平滑。

11.2 "画笔描边"滤镜组

画笔描边滤镜组中包含 8 种滤镜，使用这些滤镜可以通过不同的画笔勾画图像而产生绘画效果，有些滤镜可以添加颗粒、杂色等。这些滤镜不能用于 Lab 模式和 CMYK 模式的图像。

11.2.1 "成角的线条"滤镜

"成角的线条"滤镜可以使用对角描边重新绘制图像，用单一方向的线条绘制亮部区域，用相反方向的线条绘制暗部区域，如下图所示。

在"成角的线条"对话框中，各选项的含义如下：

◎ 方向平衡：用于设置对角线条的倾斜角度，如下图所示。

◎ 描边长度：用于设置对角线条的长度。

◎ 锐化程度：用于设置对角线条的清晰程度，如下图所示。

11.2.2 "墨水轮廓"滤镜

"墨水轮廓"滤镜可以产生钢笔绘画的效果，用纤细的线条重叠绘制图像，如下图所示。

 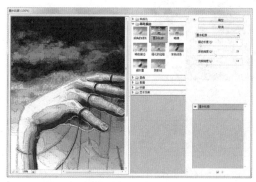 

在"墨水轮廓"对话框中，各选项的含义如下：

◎ 描边长度：用于设置图像中生成线条的长度。

◎ 深色强度：用于设置图像中生成线条的阴影强度，数值越大，图像越暗，如下图所示。

◎ 光照强度：用于设置图像中生成线条的高光强度，数值越大，图像越亮。

11.2.3 "喷溅"滤镜

"喷溅"滤镜能使图像产生笔墨喷溅的效果，类似于油画，如下图所示。

在"墨水轮廓"对话框中，各选项的含义如下：

◎ 喷溅半径：用于分散不同颜色的区域，数值越大，颜色越分散，如下图所示。

◎ 平滑度：用于设置喷溅效果的平滑程度，数值越大，就越平滑。

11.2.4 "喷色描边"滤镜

"喷色描边"滤镜可以使用图像的主导颜色重新以成角的喷溅颜色线条绘画图像，从而产生带有斜纹的飞溅效果，如下图所示。

在"喷色描边"对话框中，各选项的含义如下：

◎ 描边长度：用于设置笔触的长度。

◎ 喷色半径：用于控制喷色范围。

◎ 描边方向：用于设置笔触的方向，在其下拉列表中共有 4 种方向，分别是"右对角线"、"水平"、"左对角线"和"垂直"。

11.2.5　"强化的边缘"滤镜

"强化的边缘"滤镜可以强化图像的边缘，类似于为图像的边缘描边，如下图所示。

在"强化的边缘"对话框中，各选项的含义如下：

◎ 边缘宽度：用于设置强化边缘的宽度，数值越大，线条越宽。

◎ 边缘亮度：用于设置强化边缘的亮度。边缘亮度高时，强化效果类似于白色粉笔状；边缘亮度低时，强化效果类似于黑色油墨，如下图所示。

◎ 平滑度：用于设置强化边缘的平滑程度，数值越大，线条越平滑。

11.2.6　"深色线条"滤镜

"深色线条"滤镜用深色的线条绘制图像的暗部，用白色线条绘制图像的亮部，如下图所示。

在"深色线条"对话框中，各选项的含义如下：

◎ 平衡：用于控制绘制深浅线条的比例。

◎ 黑色强度：用于设置绘制的深色调的强度，数值越大，线条颜色就越深。

◎ 白色强度：用于设置绘制的浅色调的强度，数值越大，线条颜色就越浅。

11.2.7 "烟灰墨"滤镜

"烟灰墨"滤镜是模拟中国传统画的一种画笔，可以制作出具有中国风的效果，另外它也在日本画中有所体现。"烟灰墨"滤镜能使图像看起来像是用蘸满油墨的画笔在宣纸上绘画，可以创建柔和的模糊边缘，如下图所示。

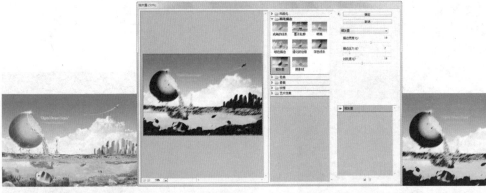

在"烟灰墨"对话框中，各选项的含义如下：

◎ 描边宽度：用于设置画笔的宽度。

◎ 描边压力：用于设置画笔的压力，数值越大，就越清晰，如下图所示。

◎ 对比度：用于设置画面的效果对比度。

11.2.8 "阴影线"滤镜

"阴影线"滤镜可以保留原始图像的细节，同时为图像添加类似铅笔阴影线的纹理，并使彩色区域的边缘变得粗糙，如下图所示。

在"阴影线"对话框中，各选项的含义如下：

◎ 描边长度：用于设置线条的长度，数值越大，线条越长。

◎ 锐化程度：用于设置线条的清晰程度。

◎ 强度：用于设置线条的数量和强度，数值越大，数量越多，强度越大，如下图所示。

11.3 "模糊"滤镜组

模糊滤镜组包含 11 种滤镜，使用这些滤镜可以对图像进行柔化处理，从而产生模糊效果。在创建某些特殊图像效果时，常常会用到这组滤镜。

11.3.1 "表面模糊"滤镜

"表面模糊"滤镜可以使图像的边缘清晰，而对图像的内容进行模糊，对于给人像磨皮的效果非常好，如下图所示。

在"表面模糊"对话框中，各选项的含义如下：

◎ 半径：用于设置模糊区域的大小，数值越大，就越模糊。

◎ 阈值：用于控制相邻像素色调值与中心像素值相差多少时才能成为模糊对象，色调值差小于阈值的像素将被排除在模糊范围之外，如下图所示。

11.3.2 "动感模糊"滤镜

"动感模糊"滤镜可以控制图像模糊的方向和强度，从而产生类似运动时拍摄照片的模糊效果，如下图所示。

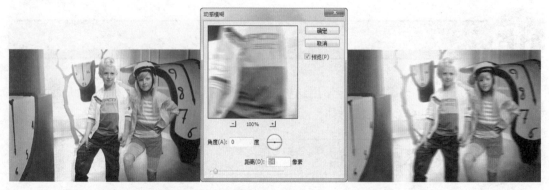

在"动感模糊"对话框中，各选项的含义如下：

◎ 角度：可以控制模糊的方向，如下图所示。

◎ 距离：用于设置像素移动的距离，数值越大，移动的距离就越大，如下图所示。

11.3.3 "方框模糊"滤镜

"方框模糊"滤镜可以将相邻像素计算出平均颜色值，对图像生成类似方块状的特殊模糊，如下图所示。

 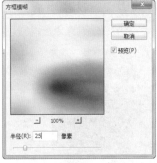 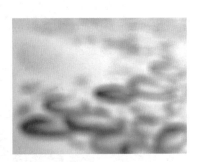

11.3.4 "高斯模糊"滤镜

"高斯模糊"滤镜可以对图像添加低频细节,使之产生朦胧的模糊效果,如下图所示。

11.3.5 "模糊"与"进一步模糊"滤镜

"模糊"滤镜和"进一步模糊"滤镜都是对图像进行轻微的模糊处理，对颜色变化明显的地方消除杂色。"进一步模糊"滤镜比"模糊"滤镜的模糊效果强3~4倍，这两个滤镜都没有对话框。

11.3.6 "径向模糊"滤镜

"径向模糊"滤镜可以模拟前后移动相机或旋转相机拍摄物体所产生的效果，如下图所示。

在"径向模糊"对话框中，各选项的含义如下：

◎ 数量：用于设置模糊的强度，数值越高，模糊效果就越明显。

◎ 模糊方法：用于设置模糊的方式，选中"旋转"单选按钮，图像会沿同心圆环线产生模糊效果；选中"缩放"单选按钮，则会产生放射状的模糊效果，如下图所示。

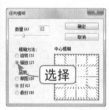

◎ 中心模糊：可在此区域内单击并拖动鼠标，以改变模糊的中心，如下图所示。

◎ 品质：用于设置模糊效果后图像的显示品质。选中"草图"单选按钮，Photoshop处理图像的速度最快，但会产生颗粒状的效果；选中"好"或"最好"单选按钮，都可以产生较为平滑的效果。

11.3.7 "镜头模糊"滤镜

"镜头模糊"滤镜可以模拟相机镜头的景深效果，使图像更加具有层次感。下面将通过一个实例讲解"镜头模糊"滤镜的使用方法，具体操作方法如下：

素材文件	光盘：素材文件\第11章\斜婚纱照.jpg
效果文件	光盘：效果文件\第11章\斜婚纱照.psd

Step 01 打开素材文件

打开配套光盘中"素材文件\第11章\斜婚纱照.jpg"，如下图所示。

Step 02 使用蒙版将图像载入选区

单击工具箱最下方的"以快速蒙版模式编辑"按钮 ◎，选择画笔工具，设置前景色为黑色，设置笔刷为合适大小，然后在图像中进行涂抹，将人物涂满。再次单击 ◎ 按钮，退出快速蒙版，按【Shift+Ctrl+I】组合键进行反向选择，即可将人物载入选区，如下图所示。

Step 03 复制图像

按【Ctrl+J】组合键进行复制，如下图所示。

Step 04 模糊背景

单击"滤镜"|"模糊"|"镜头模糊"命令，在弹出的对话框中设置各项参数，单击"确定"按钮，即可得到最终效果，如下图所示。

11.3.8 "平均"滤镜

"平均"滤镜可以查找图像的平均颜色，然后进行填充，如下图所示。

11.3.9 "特殊模糊"滤镜

"特殊模糊"滤镜提供了半径、阈值和模糊品质等设置选项，可以对图像进行精确的模糊处理，如下图所示。

在"特殊模糊"对话框中，各选项的含义如下：

◎ 半径：用于设置模糊的范围，数值越大，模糊的效果就越明显。

◎ 阈值：用于确定像素的差异大小才会被模糊。

◎ 品质：用于设置图像的品质。

◎ 模式：可以选择模糊的模式，如下图所示。

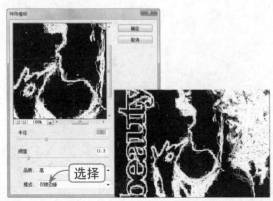

11.3.10 "形状模糊" 滤镜

"形状模糊"滤镜可以使用指定的形状创建特殊的模糊效果，如下图所示。

 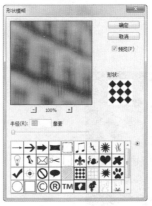 

在"形状模糊"对话框中，各选项的含义如下：

◎ 半径：用于设置形状的大小，数值越大，效果越明显。

◎ 形状列表：用于选择形状，对图像创建模糊效果。

11.4 "扭曲" 滤镜组

扭曲滤镜组中包含 13 种滤镜，这些滤镜可以对图像进行扭曲处理。在处理图像时，这些滤镜会占用大量的内存，如果文件太大，可以先在小图像中进行处理，试看效果。

11.4.1 "波浪" 滤镜

"波浪"滤镜可以在图像中创建类似波浪的起伏图案，如下图所示。

 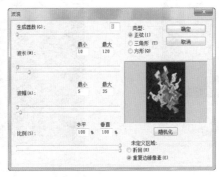 

在"波浪"对话框中，各选项的含义如下：

◎ 生成器数：用于设置产生波纹效果的震源总数，数值越大，震源越多，产生的效果越明显。

◎ 波长：用于设置相邻两个波峰之间的水平距离，最小波长不能超过最大波长。

◎ 波幅：用于设置波浪垂直方向上的距离，最小波幅不能超过最大波幅。

◎ 比例：用于控制水平和垂直方向的波动幅度。

◎ 类型：用于设置波浪的形状，包括"正弦"、"三角形"和"方形"，如下图所示。

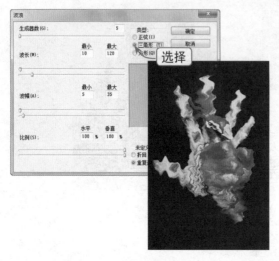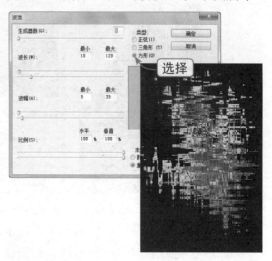

◎ 随机化：单击此按钮，可以产生随机的波浪形状。

◎ 未定义区域：用于设置如何处理图像中出现的空白区域。选中"折回"单选按钮，可以在空白处填充溢出的图案；选中"重复边缘像素"单选按钮，可以填充扭曲边缘的像素颜色。

11.4.2　"波纹"滤镜

"波纹"滤镜与"波浪"滤镜相似，但此滤镜只能改变波纹的数量和波纹的大小，如下图所示。

11.4.3　"玻璃"滤镜

"玻璃"滤镜可以创建出隔着不同玻璃观看图像的效果，如下图所示。

在"玻璃"对话框中，各选项的含义如下：

◎ 扭曲度：用于设置图像的扭曲程度，数值越高，扭曲效果越明显。

◎ 平滑度：用于设置扭曲效果的平滑程度，数值越低，扭曲的纹理越小。

◎ 纹理：用于设置产生扭曲的纹理，包括"块状"、"画布"、"磨砂"和"小镜头"，如下图所示。

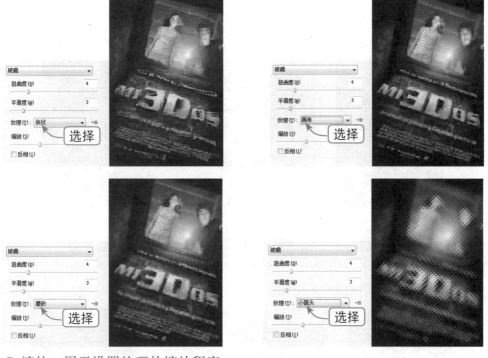

◎ 缩放：用于设置纹理的缩放程度。

◎ 反相：选中此复选框，可以反相纹理效果。

11.4.4 "海洋波纹"滤镜

"海洋波纹"滤镜为图像表面增加随机间隔的波纹，使图像看起来好像是在水面下，如下图所示。

在"海洋波纹"对话框中,各选项的含义如下:

◎ 波纹大小:用于设置图像中生成的波纹大小。

◎ 波纹幅度:用于设置图像中生成的波纹变形程度。

11.4.5 "极坐标"滤镜

"极坐标"滤镜可以将平面坐标转换成极坐标,也可以将极坐标转换成平面坐标,如下图所示。

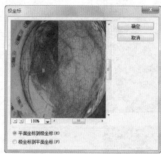

11.4.6 "挤压"滤镜

"挤压"滤镜可以使图像产生挤压的效果,如下图所示。

在"挤压"对话框中,"数量"用于控制图像的挤压程度,值为正时向内凹陷;值为负时向外突出,如下图所示。

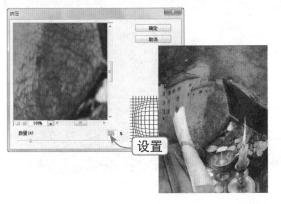 

11.4.7 "扩散亮光"滤镜

"扩散亮光"滤镜可以在图像中添加白色杂色，并从图像中心向外扩散成渐隐的亮光。亮光的颜色由背景色决定，不同的背景色产生不同的亮光效果，如下图所示。

在"扩散亮光"对话框中，各选项的含义如下：

◎ 粒度：用于设置在图像中添加的颗粒密度，数量越多，颗粒密度越大。

◎ 发光量：用于设置图像中生成亮光的强度，数值越大，光就越强，如下图所示。

◎ 清除数量：用于设置阻止滤镜的影响范围，数值越大，范围越小。

11.4.8 "切变"滤镜

"切变"滤镜可以按照自己的设置来改变图像的扭曲程度，只要添加控制点，并拖动鼠标即可。将控制点拖动到对话框外可以删除控制点，如下图所示。

在"切变"对话框中，各选项的含义如下：

◎ 折回：在空白区域中填充溢出图像之外的内容，如下图（左）所示。

◎ 重复边缘像素：在空白区域填充扭曲边缘的像素，如下图（右）所示。

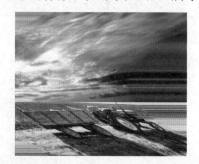

11.4.9 "球面化"滤镜

"球面化"滤镜可以将选区内的图像扭曲成球状，产生类似的 3D 效果，如下图所示。

在"球面化"对话框中，各选项的含义如下：

◎ 数量：用于设置图像的挤压程度，值为正时图像凸起，值为负时图像凹陷。

◎ 模式：用于设置图像的挤压方式，包括"正常"、"水平优先"和"垂直优先"。

11.4.10 "水波"滤镜

"水波"滤镜是模拟在水中的波纹，会产生类似在水中投掷东西后产生的涟漪，如
下图所示。

在"水波"对话框中，各选项的含义如下：

◎ 数量：用于设置波纹的大小，范围为 -100 ～ 100。负值时产生向下凹陷的波纹，正值时产生向上凸起的波纹。

◎ 起伏：用于设置波纹的数量，数值越大，波纹越多。

◎ 样式：用于设置产生波纹的样式，包括"围绕中心"、"从中心向外"和"水池波纹"。

11.4.11 "旋转扭曲"滤镜

"旋转扭曲"滤镜可以使图像产生旋转的风轮效果，旋转由中心向外进行，如下图所示。

 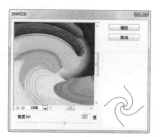 

"角度"值为正时沿顺时针方向旋转，值为负时沿逆时针方向旋转，如下图所示。

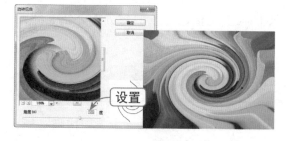 

11.4.12 "置换"滤镜

"置换"滤镜可以使图像根据另一张图像的像素值重新排列并产生位移。下面将通过一个实例进行介绍，具体操作方法如下：

素材文件	光盘：素材文件\第11章\文字.psd.置换.psd
效果文件	光盘：效果文件\第11章\文字.psd

Step 01 打开素材文件

打开配套光盘中"素材文件\第11章\文字.psd",如下图所示。

Step 02 使用"置换"滤镜

单击"滤镜"|"扭曲"|"置换"命令,弹出"置换"对话框,设置各项参数,单击"确定"按钮,如下图所示。

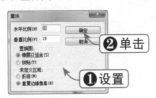

Step 03 选择置换文件

弹出"选取一个置换图"对话框,选择"置换.psd"文件,单击"打开"按钮,如下图所示。

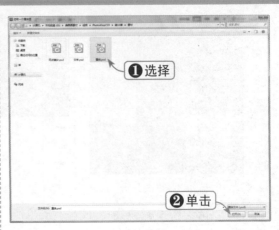

Step 04 查看最终效果

此时,即可将图像置换到渐变中,得到的最终效果如下图所示。

11.5 "锐化"滤镜组

锐化滤镜组中包含5种滤镜,它们可以使图像变得清晰。下面将分别介绍5种锐化滤镜的使用方法。

11.5.1 "锐化"与"进一步锐化"滤镜

"锐化"滤镜通过增加相邻像素的对比度来聚焦模糊的图像,使图像变得清晰。"进一步锐化"滤镜比"锐化"滤镜的效果更加明显,如下图所示。

知识点拨

"锐化"滤镜使用过多次之后，将会使图像失真，所以在使用时要谨慎。

11.5.2 "锐化边缘"与"USM锐化"滤镜

"锐化边缘"滤镜与"USM 锐化"滤镜都是查找图像中颜色发生显著变化的区域，然后将其锐化。"锐化边缘"滤镜只锐化图像的边缘，同时保留总体的平滑度，使用此滤镜可以在不指定数量的情况下锐化边缘。对于专业色彩校正，可以使用"USM 锐化"滤镜调整边缘细节的对比度，并在边缘的每侧生成一条亮线和一条暗线。此过程将使边缘突出，造成图像更加锐化的错觉。如下图所示即为使用"锐化边缘"滤镜与"USM 锐化"滤镜后的效果。

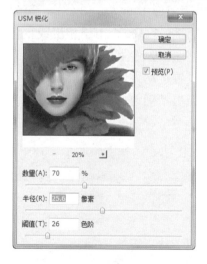

11.5.3 "智能锐化"滤镜

"智能锐化"滤镜具有"USM 锐化"滤镜所没有的锐化控制功能，用户可以设置锐化算法，或控制在阴影和高光区域中进行的锐化量，如下图所示。

1. 设置基本选项

选中"基本"单选按钮，可以设置基本的锐化功能，其中：

◎ 数量：设置锐化量。较大的值将会增强边缘像素之间的对比度，从而看起来更加锐利。

◎ 半径：确定边缘像素周围受锐化影响的像素数量。半径值越大，受影响的边缘就越宽，锐化的效果也就越明显，如下图所示。

◎ 移去：设置用于对图像进行锐化的锐化算法，选择"高斯模糊"选项，可使用"USM锐化"滤镜的方法进行锐化。"镜头模糊"将检测图像中的边缘和细节，可对细节进行更精细的锐化，并减少了锐化光晕。"动感模糊"将尝试减少出于相机或主体移动而导致的模糊效果。如果选择了"动感模糊"选项，则需要设置"角度"。

◎ 角度：为"移去"的"动感模糊"选项设置运动方向。

◎ 更加准确：花更长的时间处理文件，以便更精确地移去模糊。

2. 设置高级选项

选中"高级"单选按钮，可以设置高级的锐化功能，如下图所示。其中：

◎ 渐隐量：调整高光或阴影中的锐化量。

◎ 色调宽度：控制阴影或高光中色调的修改范围。向左移动滑块会减小"色调宽度"值,向右移动滑块会增加该值。较小的值会限制只对较暗区域进行阴影校正的调整,并只对较亮区域进行"高光"校正的调整。

◎ 半径:控制每个像素周围区域的大小,该大小用于确定像素是在阴影还是在高光中。向左移动滑块会指定较小的区域,向右移动滑块会指定较大的区域。

11.6 "视频"滤镜组

"视频"滤镜组包含两种滤镜,它们以隔行扫描方式在设备中提取图像,将普通图像转换为视频设备可接收的图像,以解决视频图像交换时系统差异的问题。

11.6.1 "NTSC颜色"滤镜

"NTSC 颜色"滤镜可以将色域限制在电视机重现可接受范围内,防止过于饱和的颜色渗入到电视扫描中,使 Photoshop 中的图像可以被电视接收。

11.6.2 "逐行"滤镜

"逐行"滤镜可以将电视或者视频中的扫描线以奇数或者偶数隔行线的方式进行移出,使视频上捕捉的运动图像变得更加平滑。如下图所示为"逐行"对话框。

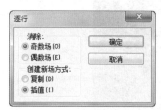

在"逐行"对话框中,各选项的含义如下:

◎ 消除:选中"奇数场"单选按钮,即可消除奇数扫描线;选中"偶数场"单选按钮,即可消除偶数扫描线。

◎ 创建新场方式:用于设置消除扫描线后以何种方式填充空白区域。选中"复制"单选按钮,可以复制被删除部分周围的像素来填充空白区域;选中"插值"单选按钮,可以利用被删除部分周围的像素通过插值的方法进行填充。

11.7 "素描"滤镜组

"素描"滤镜组包含 14 种滤镜,这些滤镜对创建精美艺术或手绘图像非常有用。许多"素描"滤镜在重绘图像时使用前景色和背景色。设置不同的前景色和背景色,得到的效果也不同。

11.7.1 "半调图案"滤镜

"半调图案"滤镜可以模拟半调网的效果，并保持色调的连续范围，如下图所示。

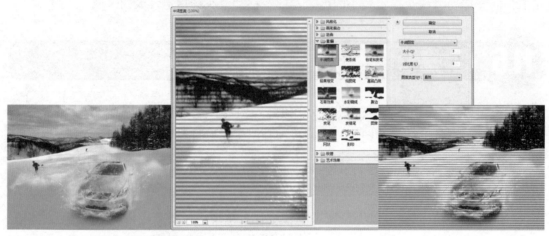

在"半调图案"对话框中，各选项的含义如下：

◎ 大小：用于设置生成图案的大小。

◎ 对比度：用于设置图像的对比度，数值越大，图像越清晰。

◎ 图案类型：用于设置生成图案的类型，包括"圆形"、"网点"和"直线"三种，如下图所示。

11.7.2 "便条纸"滤镜

"便条纸"滤镜可以创建似乎是由手工制纸构成的图像，此滤镜会简化图像，并综合了"浮雕"和"颗粒"滤镜的效果，如下图所示。

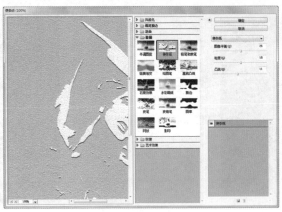

在"便条纸"对话框中，各选项的含义如下：

◎ 图像平衡：用于设置高光区域和阴影区域面积的大小。

◎ 粒度：用于设置图像中颗粒的数量，数值越大，颗粒越多。

◎ 凸现：用于设置图像的显示程度，数值越大，图像越明显。

11.7.3 "粉笔和炭笔"滤镜

"粉笔和炭笔"滤镜用粗糙粉笔绘制的纯中间调灰色背景来重绘图像的高光和中间调，暗调区用黑色对角炭笔线替换。绘制的炭笔为前景色，绘制的粉笔为背景色，如下图所示。

在"粉笔和炭笔"对话框中，各选项的含义如下：

◎ 炭笔区：用于设置炭笔区域的范围。

◎ 粉笔区：用于设置粉笔区域的范围。

◎ 描边压力：用于设置画笔的压力，数值越大，边缘就越清晰。

11.7.4 "铬黄"滤镜

"铬黄"滤镜在处理图像后，使其像是被磨光的铬表面。在反射表面中，高光为亮点，暗调为暗点，如下图所示。

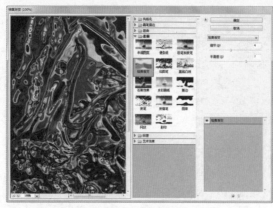

在"铬黄"对话框中，各选项的含义如下：

◎ 细节：用于设置图像细节的保留程度。

◎ 平滑度：用于设置图像效果的光滑程度，数值越大，图像越光滑。

11.7.5 "绘图笔"滤镜

"绘图笔"滤镜使用精细的直线油墨线条来捕捉原图像中的细节，对于扫描图像尤其明显。此滤镜对油墨使用前景色，对纸张使用背景色来替换原图像的颜色，如下图所示。

在"绘图笔"对话框中，各选项的含义如下：

◎ 描边长度：用于设置图像中生成线条的长度。

◎ 明|暗平衡：用于设置图像的亮调与暗调平衡，数值越大，明暗对比越强烈，如下图所示。

◎ 描边方向：用于设置图像中生成线条的方向，包括"右对角线"、"水平"、"左对角线"和"垂直"。

11.7.6 "基底凸现"滤镜

"基底凸现"滤镜可以变换图像，使图像被刻成浅浮雕并照亮，以强调表面变化。图像的较暗区域使用前景色，较亮颜色使用背景色，如下图所示。

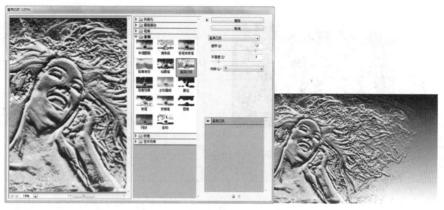

在"基底凸现"对话框中，各选项的含义如下：

◎ 细节：用于设置图像细节的保留程度，数值越大，细节保留的越完整。

◎ 平滑度：用于设置浮雕效果的平滑程度。

◎ 光照：可以选择不同的光照方向，使浮雕效果也随之变化，如下图所示。

11.7.7 "石膏效果"滤镜

"石膏效果"滤镜可以模仿出石膏堆砌出来的画面感觉，使用前景色和背景色为图像着色，如下图所示。

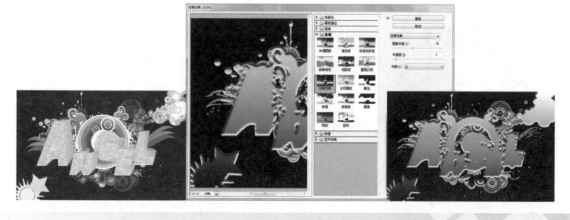

在"石膏效果"对话框中，各选项的含义如下：

◎ 图像平衡：用于设置图像中高光区域与阴影区域相对面积的大小。

◎ 平滑度：用于设置图像效果的平滑程度。

◎ 光照：用于设置图像效果的光照方向，光照方向不同，产生的石膏效果也不同，如下图所示。

11.7.8 "水彩画纸"滤镜

"水彩画纸"滤镜用于模拟在潮湿的纤维纸上涂抹绘画的效果，如下图所示。

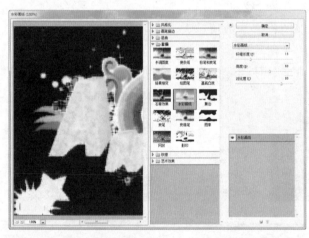

在"水彩画纸"对话框中，各选项的含义如下：

◎ 纤维长度：用于设置图像中生成的纤维长度，数值越大，纤维越长。

◎ 亮度：用于设置图像的亮度，数值越大，图像越亮。

◎ 对比度：用于设置图像的对比度，数值越大，图像越清晰。

知识点拨

使用"水彩画纸"滤镜可以创建水彩效果，在制作水彩特效时可以使用。

11.7.9 "撕边"滤镜

"撕边"滤镜对于由文本或高对比度对象组成的图像特别有用。此滤镜能重新组织图像为被撕碎的纸片，然后使用前景色和背景色为图像上色，如下图所示。

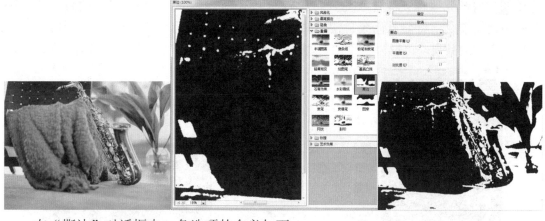

在"撕边"对话框中，各选项的含义如下：

◎ 图像平衡：用于设置图像中前景色与背景色的平衡比例。

◎ 平滑度：用于设置图像边缘的平滑程度。

◎ 对比度：用于设置图像的对比程度。

11.7.10 "炭笔"滤镜

"炭笔"滤镜可以重绘图像，以创建海报化、涂抹效果，主要的边缘用粗线绘画，中间调用对角线条素描。炭笔为前景色，纸张为背景色，如下图所示。

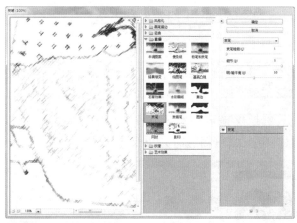

在"炭笔"对话框中，各选项的含义如下：

◎ 炭笔粗细：用于设置炭笔笔尖的宽度。

◎ 细节：用于设置图像细节的保留程度。

◎ 明|暗平衡：用于调整图像中亮调与暗调的平衡关系。

11.7.11 "炭精笔"滤镜

"炭精笔"滤镜在图像上模拟浓黑和纯白的炭精笔纹理，在暗区使用前景色，在亮区使用背景色，可以设置前景和背景突出的色阶以及纹理选项，如下图所示。纹理选项使图像看起来就像在纹理（如画布和砖）上画的一样，要获得更逼真的效果，可以在应用此滤镜之前将前景色改为常用的"炭精笔"颜色（黑色、深褐色或血红色）。要获得更柔和的效果，可以为其添加一些前景色，将背景色更改为白色，如下图所示。

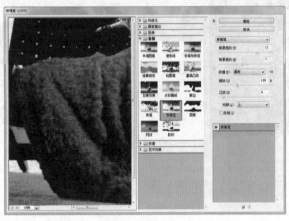

在"炭精笔"对话框中，各选项的含义如下：

◎ 前景色阶 | 背景色阶：用于调节前景色和背景色的平衡关系，哪一个色阶的数值高，它的颜色就越突出。

◎ 纹理：用于给图像添加纹理效果。

◎ 缩放：用于设置纹理的缩小和放大。

◎ 凸现：用于设置纹理的显示程度。

◎ 光照：用于设置光照的方向，方向不同，产生的效果也不同。

◎ 反相：可以反转纹理的方向。

11.7.12   "图章"滤镜

"图章"滤镜可以简化图像，使其看似用橡皮图章或木制图章制作而成，可以设置平滑度以及亮和暗之间的平衡。此滤镜用于黑白图像时效果最佳，如下图所示。

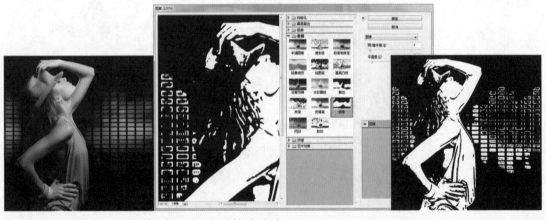

在"炭精笔"对话框中，各选项的含义如下：

◎ 明 | 暗平衡：用于调整图像中亮调与暗调的平衡关系。

◎ 平滑度：用于设置图像效果的平滑程度。

11.7.13 "网状"滤镜

"网状"滤镜模拟胶片乳胶的可控收缩和扭曲来创建图像，使之在阴影区域呈结块状，在高光区域呈轻微颗粒状，如下图所示。

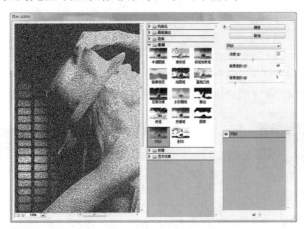

在"网状"对话框中，各选项的含义如下：

◎ 浓度：用于设置图像中产生的网纹密度。

◎ 前景色阶：用于设置图像中使用前景色的色阶数。

◎ 背景色阶：用于设置图像中使用背景色的色阶数。

11.7.14 "影印"滤镜

"影印"滤镜模拟影印图像的效果，较大区域的暗度会导致仅在其边缘的周围进行拷贝，并且半调会背离纯黑或纯白，如下图所示。

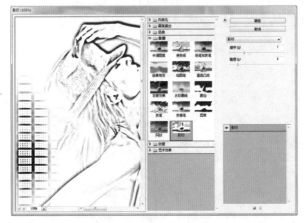

在"影印"对话框中，各选项的含义如下：

◎ 细节：用于设置图像细节的保留程度。

◎ 暗度：用于设置图像暗部区域的强度，数值越大，暗部就越暗。

11.8 "纹理"滤镜组

"纹理"滤镜组中包含6种滤镜，它们可以为图像添加一些具有质感的纹理，制作出特殊的图像效果。

11.8.1 "龟裂缝"滤镜

"龟裂缝"滤镜将图像绘制在一个高凸的石膏表面上，以循着图像等高线生成精细的网状裂缝。使用此滤镜可以对包含多种颜色值或灰度值的图像创建浮雕效果，如下图所示。

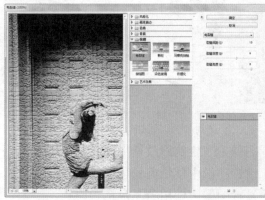

在"龟裂缝"对话框中，各选项的含义如下：
◎ 裂缝间距：用于设置图像中生成的裂缝的间距，数值越大，裂缝越大。
◎ 裂缝深度：用于设置图像中生成的裂缝的深度，数值越大，深度越深。
◎ 裂缝亮度：用于设置图像中生成的裂缝的亮度，数值越大，图像越亮。

11.8.2 "颗粒"滤镜

"颗粒"滤镜通过模拟不同种类的颗粒向图像中添加纹理，喷洒颗粒和斑点颗粒类型使用背景色，如下图所示。

在"颗粒"对话框中，各选项的含义如下：

◎ 强度：用于设置图像中添加颗粒的强度。

◎ 对比度：用于设置图像添加颗粒的对比度。

◎ 颗粒类型：用于选择添加颗粒的类型，添加不同的颗粒类型可以产生不同的效果，如下图所示。

11.8.3 "马赛克拼贴"滤镜

使用"马赛克拼贴"滤镜绘制图像，就像由很多小的拼贴碎片拼成的一样，并且在拼贴之间添加缝隙，如下图所示。

在"马赛克拼贴"对话框中，各选项的含义如下：

◎ 拼贴大小：用于设置图像中生成的块状图形大小，数值越大，块状图形越大。

◎ 缝隙宽度：用于设置图像中生成的块状图像之间的缝隙宽度。

◎ 加亮缝隙：用于设置图形间缝隙的亮度，数值越大，缝隙越亮。

11.8.4 "拼缀图"滤镜

"拼缀图"滤镜将图像分为很多正方形，在图像的不同区域中用显著的颜色对其进行填充。此滤镜随机减小或增大拼贴的深度，以模拟高光和阴影，如下图所示。

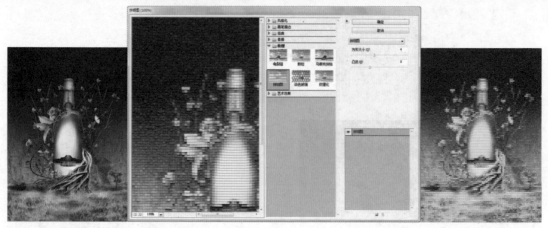

在"拼缀图"对话框中，各选项的含义如下：

◎ 方形大小：用于设置图像中生成方块的大小。

◎ 凸现：用于设置方块的凸出程度，数值越大，方块越凸出。

11.8.5 "染色玻璃"滤镜

"染色玻璃"滤镜可以重新绘制图像，用前景色对单一颜色的邻近单元格进行勾勒，如下图所示。

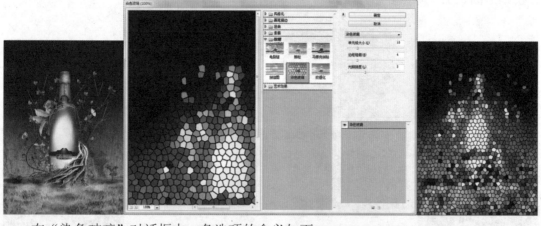

在"染色玻璃"对话框中，各选项的含义如下：

◎ 单元格大小：用于设置图像中生成的色块大小。

◎ 边框粗细：用于设置色块边界的宽度，Photoshop 会使用前景色进行边界颜色填充，使用不同的前景色会产生不同的效果，如右图所示。

◎ 光照强度：用于设置图像中心的光照强度，数值越大，光照越强。

11.8.6 "纹理化"滤镜

"纹理化"滤镜允许用户模拟不同的纹理类型或选择用做纹理的文件。"纹理"选项使图像看起来就像在纹理（如画布和砖）上绘制的一样，或者就像透过玻璃块观看一样，如下图所示。

在"纹理化"对话框中，各选项的含义如下：

◎ 纹理：用于选择不同的纹理效果，如下图所示。

◎ 缩放：用于设置纹理的缩小和放大。

◎ 凸现：用于设置纹理的凸出程度。

◎ 光照：用于选择光照的方向，不同方向的光照会产生不同的纹理效果。

◎ 反相：可以反转光照射的方向。

11.9 "像素化"滤镜组

"像素化"滤镜组中包含 7 种滤镜，这些滤镜可以将颜色相近的像素结成块来清晰地定义一个选区，创建出彩块、点状和马赛克等特殊效果。

11.9.1 "彩块化"滤镜

"彩块化"滤镜将图层重新绘制为纯色的块。可以使用此滤镜使扫描的图像看起来像手绘图像，或使现实主义图像类似抽象派绘画，如下图所示。

11.9.2 "彩色半调"滤镜

"彩色半调"滤镜模拟在图层上使用放大的半调网屏的效果。此滤镜将图像划分为矩形，并用圆形替换每个矩形，圆形的大小与矩形的亮度成比例，如下图所示。

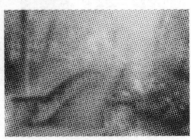

在"彩色半调"对话框中，各选项的含义如下：

◎ 最大半径：用于设置生成最大网点的半径。

◎ 网角（度）：用于设置图像各个原色通道的网点角度。如果图像为灰度模式，只能使用"通道 1"；如果图像为 RGB 模式，可以使用 3 个通道；如果图像为 CMYK 模式，可以使用 4 个通道。

11.9.3 "点状化"滤镜

"点状化"滤镜将图像重新绘制为随机放置的点，就像在点画中一样，并且使用工具箱中的背景颜色作为点之间的画布区域，如下图所示。

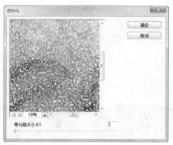

在"点状化"对话框中，"单元格"选项用于设置单元格的大小，数值越大，单元格越大，如下图所示。

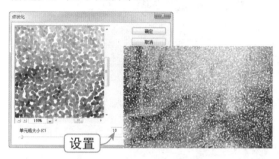

11.9.4 "晶格化"滤镜

"晶格化"滤镜将图像重新绘制为多边形的颜色块，类似于结晶的颗粒效果。单元格的设置与"点状化"滤镜相同，如下图所示。

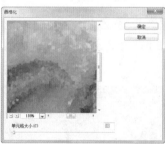

11.9.5 "马赛克"滤镜

"马赛克"滤镜将图像重新绘制为彩色的正方块，正方块中填充周围像素的平均值，产生马赛克效果。单元格的设置与"点状化"滤镜和"晶格化"滤镜相同，如下图所示。

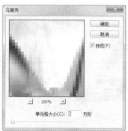

11.9.6　"碎片"滤镜

"碎片"滤镜可以重新绘制图像，使图像产生偏移，产生类似于相机没有对准焦距所拍摄的模糊照片，如下图所示。

11.9.7　"铜版雕刻"滤镜

"铜版雕刻"滤镜将图像重新绘制为灰度图像中黑白区域的随机图案，或者彩色图像中完全饱和颜色的随机图案，如下图所示。

在"铜版雕刻"对话框中，"类型"选项用于选择雕刻的类型。如下图所示为其他两种雕刻类型。

 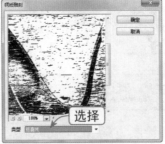 

 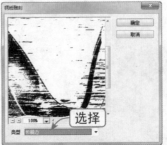 

11.10 "渲染"滤镜组

"渲染"滤镜组中包含 5 种滤镜,这些滤镜可以在图像中创建云彩、灯光等特殊效果,是制作图像特效时非常重要的滤镜组。

11.10.1 "云彩"和"分层云彩"滤镜

"云彩"滤镜使用工具箱中在前景色和背景色之间变化的随机值生成柔化云彩的图案,如右图所示。

> **知识点拨**
>
> 要生成完全的云彩图案,可以按住【Alt】键的同时单击"滤镜"|"渲染"|"云彩"命令。

"分层云彩"滤镜使用前景色和背景色之间变化的随机生成的值产生云彩图案。第一次选择此滤镜时,图像的某些部分被反相为云彩图案。应用几次此滤镜后,就会创建出与大理石的纹理相似的凸缘与叶脉图案。如右图所示为多次应用"分层云彩"滤镜得到的效果。

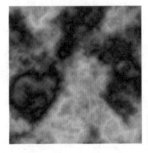

11.10.2 "光照效果"滤镜

"光照效果"滤镜使用户可以在 RGB 图像上产生复杂的光照效果。利用它可以创建多种光,设置各种光的属性,并可以在预览窗口中轻松地左右拖动光以测试不同的光照设置,还可以使用灰度文件的纹理(称为纹理图)产生类似 3D 的效果,并存储自己的样式,以在其他图像中使用,如下图所示。

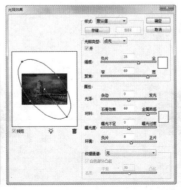

1. 使用预设光源

在"样式"下拉列表框中，可以选择 Photoshop 中预设的光源，如下图所示。

RGB光　　　　　　　　三处下射光　　　　　　　三处点光

五处上射光　　　　　　五处下射光　　　　　　　喷涌光

在此列举了 6 种光源的照射效果，其他效果的灯光读者可以自己进行尝试。

2. 使用自定义的光源

Photoshop 提供了 3 种光源："全光源"、"平行光"和"点光"。用户可以在"光照类型"下拉列表框中进行选择，之后可以在对话框左侧调整光源的位置和照射范围。将对话框底部的光源图标 ❖ 拖动到预览区域的图像上，即可添加光源，最多可以添加 16 个光源；单击光源中央的圆圈，然后将它拖动到预览区域右下角的 🗑 图标上，即可删除光源。

◎ 调整全光源："全光源"可以使光在图像的正上方向各个方向照射，拖动中央圆圈可以移动光源；拖动边缘的手柄可以调整光照的大小，如右图所示。

◎ 调整平行光："平行光"是从远处照射的光，这样的光角度不会发生变化，只能改变光源的远近而改变光照效果，如下图（左）所示。

◎ 调整点光："点光"可以投射一束椭圆形的光柱，拖动中央的圆圈可以移动光源，拖动手柄可以增大光照强度或者旋转光照，如下图（右）所示。

3. 设置光源属性

◎ 强度：用于调整光源的强度，数值越大，光就越强。

◎ 颜色：用于调整光源的颜色。

◎ 聚焦：用于调整灯光的照射范围。

◎ 光泽：用于设置灯光在图像表面的反射程度。

◎ 材料：用于设置反射的光线是光源色彩，还是图像本身的颜色。滑块越靠近"塑石膏效果"，反射光越接近光源色彩；滑块越靠近"金属质感"，反射光越接近反射图像本身的颜色。

◎ 曝光度：用于调整光照的多少，该值为正时，可增加光照；该值为负时，则减少光照。

◎ 环境：单击右侧的颜色块，可以设置环境光的颜色。当滑块越接近"负片"时，环境光越接近色样的互补色；当滑块越接近"正片"时，则环境光越接近于颜色框中设置的颜色。

4. 设置纹理通道

"纹理通道"选项可以通过一个通道中的灰度图像来控制光从图像反射的方式，从而生成立体效果，如下图所示。其中：

◎ 纹理通道：用于选择改变光照的通道。

◎ 白色部分凸出：选中该复选框，通道中的白色部分将凸出表面；取消选择此复选框则黑色部分凸出。

◎ 高度：用于设置凸起部分的高度。

◎ 提示："光照效果"滤镜只能用于 RGB 图像。

11.10.3 "镜头光晕"滤镜

"镜头光晕"滤镜模拟亮光照射到相机镜头上所产生光的折射，如下图所示。

在"镜头光晕"对话框中，各选项的含义如下：

◎ 光晕中心：在预览对话框中拖动鼠标的十字线，可以改变光晕的中心。

◎ 亮度：用于设置光晕的强度，数值越大，光晕就越强。

◎ 镜头类型：用于选择产生光晕的镜头类型，效果如下图所示。

11.10.4 "纤维"滤镜

"纤维"滤镜使用前景色和背景色创建编织纤维的外观，如下图所示。

  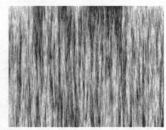

在"纤维"对话框中，各选项的含义如下：

◎ 差异：用于控制颜色变化的方式，较低的值创建较长的颜色条纹，较高的值会使纤维非常短，具有更多变化的颜色分布。

◎ 强度：控制每根纤维的外观，较低的设置创建展开的纤维，较高的设置会产生较短的丝状纤维。

◎ 随机化：更改图案的外观。

11.11 "艺术效果" 滤镜组

"艺术效果"滤镜组中包含15种滤镜，这些滤镜可以模仿自然或传统介质效果，使图像更加贴近绘画或者艺术效果。

11.11.1 "壁画"滤镜

"壁画"滤镜使用短轴、圆角以及快速应用的图案绘制粗糙样式的风格，使图像呈现出一种古壁画的效果，如下图所示。

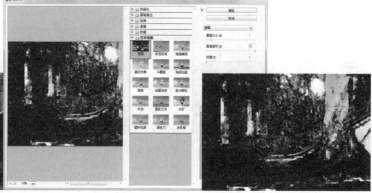

在"壁画"对话框中，各选项的含义如下：

◎ 画笔大小：用于设置画笔的大小。

◎ 画笔细节：用于设置图像细节的保留程度。

◎ 纹理：用于设置添加纹理的数量，数值越大，效果就越粗犷。

11.11.2 "彩色铅笔"滤镜

"彩色铅笔"滤镜使用彩色铅笔在纯色背景上重新绘制图像。该滤镜保留重要的边缘并提供粗糙的阴影线外观，通过更平滑的区域显示纯色背景的颜色，如下图所示。

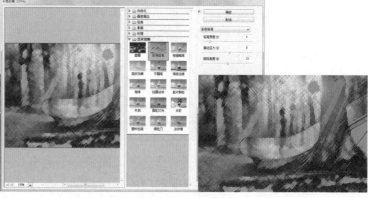

在"彩色铅笔"对话框中，各选项的含义如下：

◎ 铅笔宽度：用于设置铅笔笔尖的宽度，数值越大，笔尖越粗。

◎ 描边压力：用于设置铅笔的压力效果，数值越大，线条越粗犷。

◎ 纸张宽度：用于设置画纸纸色的明暗程度，数值越大，越接近背景色。

11.11.3 "粗糙蜡笔"滤镜

"粗糙蜡笔"滤镜使图像看起来就像用蜡笔在有纹理的背景上粗糙勾勒而成。在亮色区域，粉笔看上去很厚，几乎看不见纹理；在深色区域，粉笔似乎被擦去了，使纹理显露出来，如下图所示。

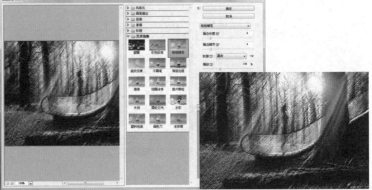

在"粗糙蜡笔"对话框中，各选项的含义如下：

◎ 描边长度：用于设置画笔线条的长度，数值越大，线条越长。

◎ 描边细节：用于设置画笔线条刻画细节的程度。

◎ 纹理：用于给图像添加纹理样式，如下图所示。

◎ 缩放：用于设置纹理的缩小和放大。

◎ 凸现：用于设置纹理的凸出程度。

◎ 光照：用于设置光照的方向。

◎ 反相：选中此复选框，可以反转光照方向。

11.11.4 "底纹效果"滤镜

"底纹效果"滤镜绘制一个图层，就像图像位于具有纹理的背景上一样，它的"纹理"等选项与"粗糙蜡笔"滤镜相应选项的作用相同，如下图所示。

 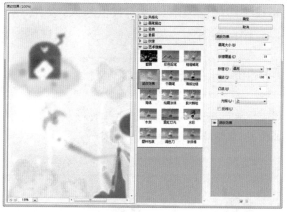 

在"底纹效果"对话框中，各选项的含义如下：

◎ 画笔大小：用于设置产生底纹的画笔笔尖的大小，数值越大，绘画效果越明显。

◎ 纹理覆盖：用于设置添加纹理的覆盖范围，数值越大，范围就越大。

11.11.5 "调色刀"滤镜

"调色刀"滤镜能减少图像中的细节，以生成描绘的很淡的画布效果，可以显示出下面的纹理，如下图所示。

 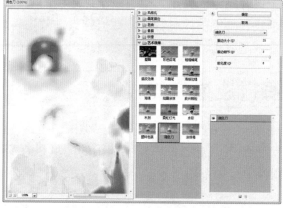 

在"调色刀"对话框中，各选项的含义如下：

◎ 描边大小：用于设置图像颜色的混合程度，数值越大，图像就越模糊，如下图所示。

◎ 描边细节：用于设置边缘的清晰程度，数值越大，边缘越明确。

◎ 软化度：用于设置图像的清晰程度，数值越大，图像越模糊。

11.11.6 "干画笔"滤镜

"干画笔"滤镜使用干画笔技术（介于油彩和水彩之间）绘制图像，并通过将图像的颜色范围降到普通颜色范围来简化图像，如下图所示。

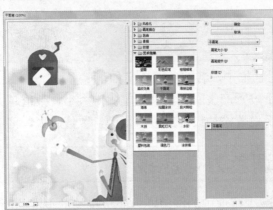

在"干画笔"对话框中，各选项的含义如下：

◎ 画笔大小：用于设置画笔的大小，数值越小，绘制的效果越细腻。

◎ 画笔细节：用于设置画笔的细腻程度，数值越大，效果与原图越接近。

◎ 纹理：用于设置画笔纹理的清晰程度，数值越大，纹理越明显。

11.11.7 "海报边缘"滤镜

"海报边缘"滤镜根据设置的色调分离选项减少图像中的颜色数量，查找图像的边缘，并在边缘上绘制黑色线条，对图像中较大范围的区域进行简单着色，从而使非常暗的细节分布在整个图像中，如下图所示。

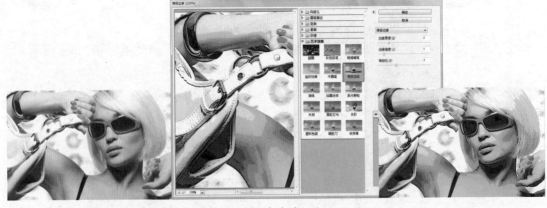

在"海报边缘"对话框中，各选项的含义如下：

◎ 边缘厚度：用于设置图像边缘的宽度，数值越大，轮廓越宽，如下图所示。

◎ 边缘强度：用于设置图像边缘的强化程度，数值越大，边缘越明显。

◎ 海报化：用于设置图像颜色的浓度，数值越大，越接近于原图像，如下图所示。

11.11.8 　"海绵"滤镜

使用"海绵"滤镜可以绘制一个具有对比颜色纹理过多区域的图像，如下图所示。

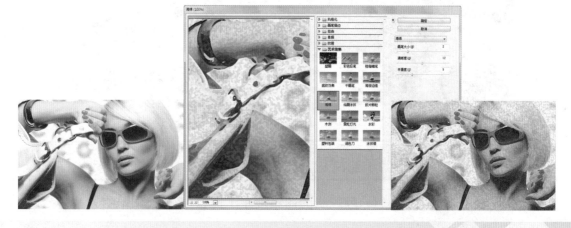

在"海绵"对话框中，各选项的含义如下：

◎ 画笔大小：用于设置模拟海绵画笔的大小。

◎ 清晰度：用于调整海绵上的气孔大小，数值越大，气孔的印记越清晰。

◎ 平滑度：用于模拟海绵的压力，数值越大，图像越柔和。

11.11.9   "绘画涂抹"滤镜

"绘画涂抹"滤镜使图像看起来像人手工绘制的图像，如下图所示。

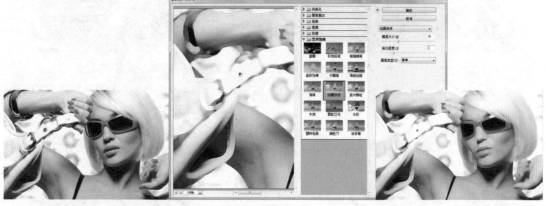

在"绘画涂抹"对话框中，各选项的含义如下：

◎ 画笔大小：用于设置画笔的大小，数值越大，涂抹的范围越大。

◎ 锐化程度：用于设置图像的锐化程度，数值越大，效果越清晰。

◎ 画笔类型：用于选择画笔形状，如下图所示。

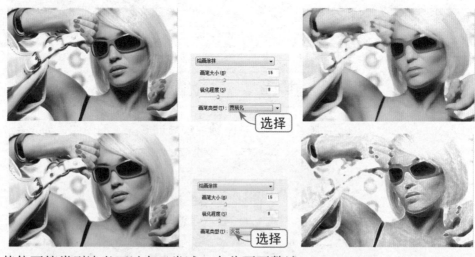

其他画笔类型读者可以自己尝试，在此不再赘述。

11.11.10   "胶片颗粒"滤镜

"胶片颗粒"滤镜将均匀、颗粒状的图案应用于图像，它向图像的较亮区域添加

更平滑、更饱和的图案。在消除混合的条纹和将各种来源的图像在视觉上进行统一时，此滤镜非常有用，如下图所示。

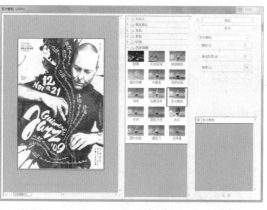

在"胶片颗粒"对话框中，各选项的含义如下：

◎ 颗粒：用于设置生成颗粒的密度，数值越大，颗粒越多。

◎ 高光区域：用于设置图像中高光的范围。

◎ 强度：用于设置颗粒效果的强度，如下图所示。

11.11.11　"木刻"滤镜

使用"木刻"滤镜描绘图像，就像是通过对彩色纸张进行粗糙木刻形成的一样。高对比度的图像看起来呈剪影状，而彩色图像看上去是由几层彩纸组成的，如下图所示。

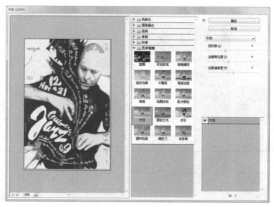

在"木刻"对话框中，各选项的含义如下：

◎ 色阶数：用于设置简化后图像的色阶数量，数值越大，图像的颜色层次越丰富。

◎ 边缘简化度：用于设置图像边缘的简化程度。

◎ 边缘逼真度：用于设置图像边缘的精确度。

11.11.12 "霓虹灯光"滤镜

"霓虹灯光"滤镜使用前景色、背景色以及发光颜色给图像上色，同时柔化其外观，如下图所示。

 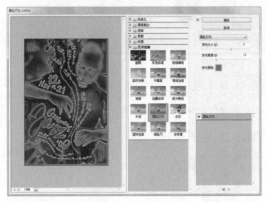 

在"霓虹灯光"对话框中，各选项的含义如下：

◎ 发光大小：用于设置发光范围的大小，降低发光大小值会使发光颜色限制于阴影区域，而提高发光大小值会使发光颜色移动到图层的中间调和高光区域。

◎ 发光亮度：用于设置光的亮度，数值越大，亮度越亮。

◎ 发光颜色：用于设置光的颜色，单击右侧的颜色块，可以从拾色器中选择一种颜色，即为光的颜色。

11.11.13 "水彩"滤镜

"水彩"滤镜以水彩样式绘制图像，使用装有水和颜料的介质画笔简化图像中的细节。当边缘有显著的色调变化时，此滤镜会使颜色趋于饱满，如下图所示。

 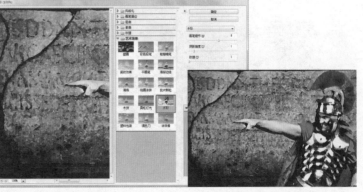

在"水彩"对话框中，各选项的含义如下：

◎ 画笔细节：用于设置画笔的精确程度，数值越大，画面越精细。

◎ 阴影强度：用于设置阴影区域的范围，数值越大，阴影范围越广。

◎ 纹理：用于为图像边界添加纹理效果，数值越大，纹理效果越明显。

11.11.14 "塑料包装"滤镜

"塑料包装"滤镜使图层渲染为看起来像是蒙上了有光泽的塑料，从而突出表面细节，如下图所示。

在"塑料包装"对话框中，各选项的含义如下：

◎ 高光强度：用于设置高光区域的亮度，数值越大，亮度越高。

◎ 细节：用于设置高光区域细节的保留程度。

◎ 平滑度：用于设置塑料效果的平滑程度，数值越大，塑料感越强。

11.11.15 涂抹棒

"涂抹棒"滤镜使用短对角线描边柔化图像，以涂抹或抹掉图像中的较暗区域，亮区变得更亮，以致失去细节，如下图所示。

在"涂抹棒"对话框中，各选项的含义如下：

◎ 描边长度：用于设置图像中生成的线条的长度。

◎ 高光区域：用于设置图像中高光范围的大小，数值越大，高光区域越大。

◎ 强度：用于设置图像中高光的强度，数值越大，高光强度越大。

11.12 "杂色"滤镜组

"杂色"滤镜组中包含 5 种滤镜，这些滤镜可以为图像添加或减少杂色，创建特殊效果的纹理，有时也用于去除有问题的区域。

11.12.1 "减少杂色"滤镜

"减少杂色"滤镜可以减少发光的杂色和颜色杂色，如由于在光线不充足的条件下拍摄照片而产生的杂色，如下图所示。

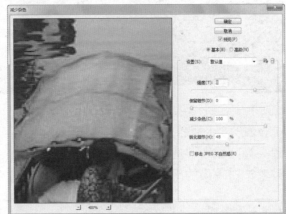

1. 设置基本选项

"基本"选项用于设置滤镜的基本参数，可以对图像进行整体的粗糙调整，其中：

◎ 设置：可以单击"保存当前设置的拷贝"按钮 ，以便以后使用到当前设置的参数；若不需要时，则单击"删除当前设置"按钮 ，即可删除创建的自定义预设。

◎ 强度：用于控制所有图像通道的亮度杂色减少量。

◎ 保留细节：用于设置图像边缘和图像细节的保留程度，数值越大，保留细节的程度越大。

◎ 减少杂色：用于消除随机的颜色像素，数值越大，减少的杂色越多。

◎ 锐化细节：用于锐化图像。

◎ 移去 JPEG 不自然感：选中此复选框，可以去除用较低的 JPEG 品质设置存储图像而引起的斑驳伪像和光晕。

2. 设置高级选项

选中"高级"单选按钮后，即可显示"高级"选项，其基本的调节方式与"基本"

选项相同。使用"每通道"选项可以对各个颜色通道进行处理，如果亮度杂色在一个或两个颜色通道中较明显，便可从"通道"下拉列表框中选择通道，再进行调整，从而减少杂色，如下图所示。

11.12.2 "蒙尘与划痕"滤镜

"蒙尘与划痕"滤镜可以通过更改不同的像素减少可视杂色，对去除扫描图像中的杂点和折痕特别有效，如下图所示。

在"蒙尘与划痕"对话框中，各选项的含义如下：

◎ 半径：用于设置图像的模糊程度，数值越大，图像越模糊。

◎ 阈值：用于设置像素的差异大小，数值越大，去除杂点的效果就越弱。

11.12.3 "去斑"滤镜

"去斑"滤镜检测图层的边缘（发生显著颜色变化的区域），并模糊除那些边缘外的所有选区。该模糊操作会移去杂色，同时保留细节。用户可以使用该滤镜去除通常出现在扫描杂志或其他打印材料中的条纹或可视杂色。

11.12.4 "添加杂色"滤镜

"添加杂色"滤镜将随机像素应用于图像，从而模拟在高速胶片上拍摄图片的效果。该滤镜还可用于减少羽化选区或渐变填充中的条纹，为过多修饰的区域提供更真实的外观，或创建纹理图层，如下图所示。

在"添加杂色"对话框中，各选项的含义如下：

◎ **数量**：用于设置添加杂色的数量。

◎ **分布**：选中"平均分布"单选按钮，在图像中随机添加杂色；选中"高斯分布"单选按钮，会沿一条钟形曲线分布的方式添加杂色。

◎ **单色**：选中此复选框，使图像原有像素的亮度改变，而不会更改图像的颜色，如下图所示。

11.12.5 "中间值"滤镜

"中间值"滤镜通过混合选区内像素的亮度减少图层中的杂色。此滤镜搜索亮度相近的像素，从而扔掉与相邻像素差异较大的像素，并用搜索到的像素的中间亮度值替换中心像素，如下图所示。该滤镜对于消除或减少图像上动感的外观或可能出现在扫描图像中不理想的图案非常有用。

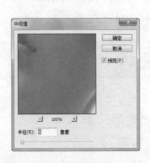

11.13 "其他"滤镜组

"其他"滤镜组中包含5种滤镜，在这些滤镜中有允许用户自定义滤镜的命令，也有使用滤镜修改蒙版，在图像中使选区发生位移和快速调整颜色的命令。

11.13.1 "高反差保留"滤镜

"高反差保留"滤镜在有强烈颜色转变发生的地方按指定的半径保留边缘细节，并且不显示图像的其余部分。此滤镜会移去图像中的低频细节，效果与"高斯模糊"滤镜相反，如下图所示。

 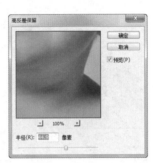 

在"高反差保留"对话框中，"半径"选项用于调整原图像的保留程度，数值越大，保留程度越大。

11.13.2 "位移"滤镜

"位移"滤镜将选区向右水平移动或向下垂直移动指定的量，从而使空白区域位于选区的原始位置。根据选区的大小，可以用透明背景、边缘像素或图像中右边缘或底边缘的像素填充空白区域，如右图所示。

在"位移"对话框中，各选项的含义如下：

◎ 水平：用于设置水平偏移的距离，正值向右偏移，负值向左偏移。

◎ 垂直：用于设置垂直偏移的距离，正值向下偏移，负值向上偏移。

◎ 未定义区域：用于设置偏移图像后产生的空白部分的填充方式。选中"设置为背景"单选按钮，以背景色填充；选中"重复边缘像素"单选按钮，填充边缘像素的颜色；选中"折回"单选按钮，则填充溢出图像之外的图像内容。

11.13.3 "自定"滤镜

"自定"滤镜允许用户设计自己的滤镜效果。使用"自定"滤镜，根据预定义的数学运算（称为卷积），可以更改图像中每个像素的亮度值，根据周围的像素值为每个像素重新指定一个值。用户可以存储创建的自定滤镜，并将它们用于其他 Photoshop 图像，如右图所示。

11.13.4　"最大值"与"最小值"滤镜

　　"最大值"滤镜和"最小值"滤镜可以查看选区中的各个像素，就像"中间值"滤镜一样。在指定半径内，"最大值"和"最小值"滤镜用周围像素的最高或最低亮度值替换当前像素的亮度值。"最大值"滤镜有应用阻塞的效果：展开白色区域和阻塞黑色区域。"最小值"滤镜有应用伸展的效果：展开黑色区域和收缩白色区域，如下图所示。

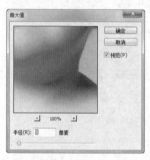

"最大值"滤镜效果

"最小值"滤镜效果

11.14　Digimarc滤镜组

　　Digimarc 滤镜将数字水印嵌入到图像中，以存储版权信息。水印是一种以杂色方式添加到图像中的数字代码，我们肉眼是看不到这些代码的。添加数字水印后，无论对图像进行如何处理，都不会破坏水印的存在。图像被拷贝时，水印和与水印相关的任何信息也会被拷贝。

11.14.1 "嵌入水印"滤镜

要嵌入数字水印，必须首先向 Digimarc Corporationa 公司注册，这将建立维护一个艺术家、设计师和摄影师及他们联系信息的数据库，以便获取唯一的 Digimarc ID，然后可以随诸如版权年份或限制使用标识符等信息一起在图像中嵌入该 Digimarc ID。每个图像只可嵌入一个数字水印，在以前已加过水印的图像上，"嵌入水印"滤镜不起作用。如果要处理分层图像，应在向其嵌入水印之前拼合图像，否则水印将只影响现用图层。

知识点拨

"嵌入水印"滤镜只能用于 CMYK、RGB、Lab 或灰度图像。

11.14.2 "读取水印"滤镜

如果滤镜找到水印，将弹出一个对话框会显示创作者 ID、版权年份（如果存在）和图像属性。单击"确定"按钮，或通过下列方法了解更多信息：如果安装了 Web 浏览器，单击"Web 查找"超链接，以获得有关图像所有者的更多信息。此选项将启动浏览器，并显示 Digimarc Web 站点，该站点上显示了给定创作者 ID 的详细联系信息。拨打"水印信息"对话框中列出的电话号码，可以得到以传真方式发回的信息。

11.15 使用智能滤镜

在 Photoshop 中，使用普通滤镜会修改图像的像素，从而可以呈现不同的滤镜效果。而智能滤镜是非破坏性的滤镜，也可以达到与普通滤镜完全相同的效果，它作为图层效果出现在"图层"面板上，因而不会真正改变图像中的任何像素，并且可以随时修改参数，或者删除。

11.15.1 创建智能滤镜

单击"滤镜"|"转换为智能滤镜"命令，弹出提示信息框，如下图所示。单击"确定"按钮，可将普通图层都转换为智能图层，滤镜库中的滤镜即为智能滤镜。

创建普通滤镜与创建智能滤镜后的对比效果，如下图所示。

11.15.2 编辑智能滤镜

创建智能滤镜后，用户可以根据自己的需求对智能滤镜进行编辑和修改，以达到自己期望的效果。

1. 修改智能滤镜

下面将通过一个实例介绍如何修改智能滤镜，具体操作方法如下：

	素材文件	光盘：素材文件\第10章\网点美女.psd
	效果文件	光盘：效果文件\第10章\网点美女.psd

Step 01 打开素材文件

打开"光盘：素材文件\第 11 章\网点美女 .psd"，如下图所示。

Step 02 修改滤镜

双击"图层"面板中智能滤镜的缩览图，即可打开该滤镜的设置对话框。将"网点"改为"圆形"，单击"确定"按钮，即可修改滤镜效果，如下图所示。

Step 03 设置滤镜参数

双击"图层"面板中智能滤镜旁边的"编辑混合选项"图标 ，将弹出"混合选项"对话框，可以设置该滤镜的不透明度和混合模式，如下图所示。

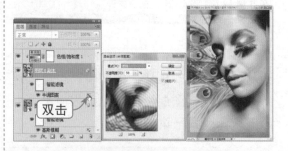

知识点拨

当用户创建一个普通滤镜后，可以单击"编辑"|"渐隐"命令，修改滤镜的不透明度和混合模式，但必须是在使用滤镜后马上单击这个命令才能修改，否则不能使用。而使用智能滤镜时，随时可以双击智能滤镜旁边的编辑混合选项图标 ，对滤镜的不透明度和混合模式进行修改。

2. 遮盖智能滤镜

因为智能滤镜包含一个蒙版，它与图层蒙版完全相同，编辑蒙版可以对滤镜进行遮盖，使滤镜只影响图像的一部分，如下图（左）所示。

3. 调整智能滤镜的顺序

与调整图层顺序的方法相同，将鼠标指针放到要移动的智能滤镜上，按住鼠标左键并拖动，即可调整智能滤镜的顺序，如下图（右）所示。

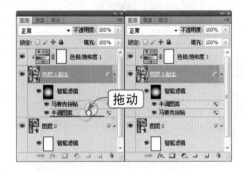

4. 显示与隐藏智能滤镜

同显示与隐藏图层的方法相同，若要隐藏单个智能滤镜，单击"图层"面板中智能滤镜前面的眼睛图标 即可；若要隐藏应用于智能对象图层的所有智能滤镜，则单击智能滤镜行前面的眼睛图标 ，或单击"图层"|"智能滤镜"|"停用智能滤镜"命令即可。

5. 复制智能滤镜

在"图层"面板中，按住【Alt】键，将智能滤镜从一个智能对象拖动到另一个智能对象上，或拖动到智能滤镜列表中的新位置，松开鼠标后即可复制智能滤镜，如下图（左）所示。

6. 删除智能滤镜

若不需要该智能滤镜时,可以将其拖动到"图层"面板中的"删除图层"按钮 上,删除智能滤镜，如下图（右）所示。

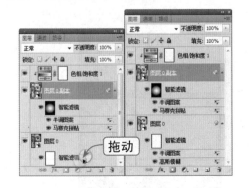
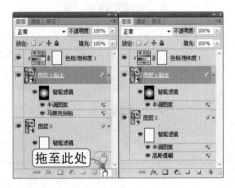

第**12**章 商业设计案例实战

本章将从商业设计与应用的角度出发，讲解 Photoshop CS5 在商业设计中的应用方法和技巧，对商业项目从设计思路到制作完成进行深度探讨和解析。读者可以根据书中内容进行实战演练，从而达到学以致用的目的。

 本章学习重点

1. POP海报设计
2. 啤酒音乐节海报设计
3. 房地产广告设计
4. 户外运动广告设计

 重点实例展示

饮料包装设计

 本章视频链接

才艺大赛招贴设计

咖啡宣传册设计

POP海报设计

　　本案例将讲解如何在 Photoshop CS5 中设计制作 POP 海报。这类海报的特点是色彩艳丽，视觉冲击力强，多用于商场促销或新产品推广时使用。本案例以绿色为主色调，采用文字变形、卡通图形等元素给人带来一种清新愉快的视觉享受，从而达到引起消费者购买欲望的目的。基本的制作流程如右图所示。

素材文件	光盘：素材文件\第12章\12.1 POP海报设计
效果文件	光盘：效果文件\第12章\POP海报设计.psd

Step 01 新建文件

　　单击"文件"|"新建"命令，弹出"新建"对话框。设置文件名称为"POP 海报设计"，设置其他各项参数，单击"确定"按钮，如下图所示。

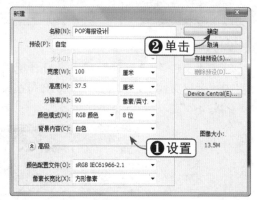

Step 02 填充背景图层

　　设置前景色为黑色，按【Alt+Delete】组合键，填充背景图层，如下图所示。

Step 03 绘制路径

　　单击"图层"面板下方的"创建新图层"按钮 ，新建"图层 1"。选择钢笔工具 ，绘制路径，如下图所示。

Step 04 填充前景色

　　按【Ctrl+Enter】组合键，将路径转换为选区。设置前景色为 R135、G213、B1，按【Alt+Delete】组合键填充前景色，按【Ctrl+D】组合键取消选区，如下图所示。

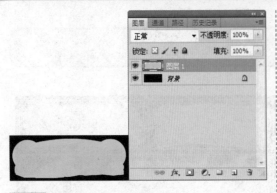

Step 05 添加"描边"图层样式

单击"图层"面板下方的"添加图层样式"按钮 fx.，在弹出的"图层样式"对话框中设置各项参数，单击"确定"按钮，如下图所示。

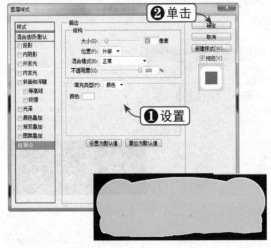

Step 06 羽化椭圆选区

选择椭圆选框工具 ◯，绘制椭圆选区并右击，在弹出的快捷菜单中选择"羽化"选项，弹出"羽化"对话框，设置"羽化半径"为200，单击"确定"按钮，效果如下图所示。

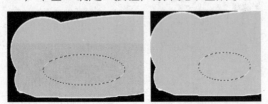

Step 07 填充前景色

按【Ctrl+Shift+N】组合键,新建"图层2"。设置前景色为R246、G255、B0,按【Alt+Delete】组合键填充前景色,按【Ctrl+D】组合键取消选区,如下图所示。

Step 08 输入文字

设置前景色为白色，选择文字工具 T，输入文字，设置其图层的"不透明度"为45%，如下图所示。

Step 09 打开素材文件

单击"文件"|"打开"命令，打开配套光盘中"素材文件\第12章\12.1 POP海报设计\花纹.psd"文件，如下图所示。

Step 10 拖入并调整素材文件

选择移动工具 ▶⊕，将"花纹.psd"文件中的图像拖到"POP海报设计"文件窗口中，设置图层的"不透明度"为50%。按【Ctrl+T】组合键，调整图像的大小和位置，如下图所示。

Step 11 打开素材文件

单击"文件"|"打开"命令，打开配套光盘中"素材文件\第12章\12.1 POP海报设计\牵牛花.psd"，如下图所示。

Step 12 拖入并调整素材文件

选择移动工具 ，将"牵牛花.psd"文件中的图像拖到"POP海报设计"文件窗口中。按【Ctrl+T】组合键，调整图像的大小和位置，如下图所示。

Step 13 绘制路径

按【Ctrl+Shift+N】组合键，新建"图层3"。选择钢笔工具 ，绘制路径，如下图所示。

Step 14 填充前景色

按【Ctrl+Enter】组合键，将路径转换为选区。设置前景色为白色，按【Alt+Delete】组合键填充前景色，按【Ctrl+D】组合键取消选区，如下图所示

Step 15 添加"渐变叠加"图层样式

单击"图层"面板下方的"添加图层样式"按钮 ，在弹出的"图层样式"对话框中设置各项参数，单击"确定"按钮，如下图所示。

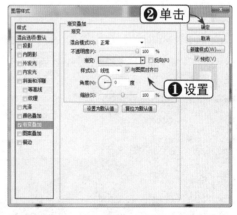

Step 16 绘制渐变效果

按照步骤13~15的方法继续进行制作，如下图所示。

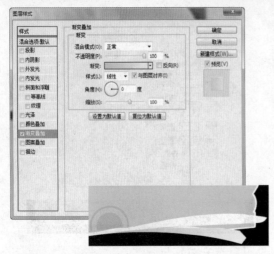

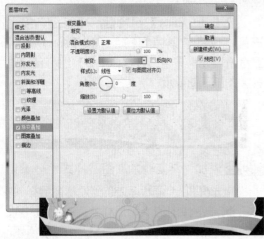

Step 17 绘制路径

按【Ctrl+Shift+N】组合键，新建一个图层，并将其命名为"心"。选择钢笔工具，绘制路径，如下图所示。

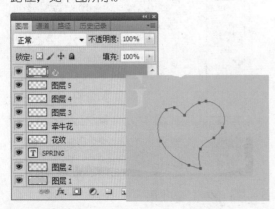

Step 18 绘制渐变

按【Ctrl+Enter】组合键，将路径转换为

选区。选择渐变工具，打开"渐变编辑器"窗口，设置各项参数，单击"确定"按钮。选择径向渐变，拖动鼠标绘制渐变，如下图所示。

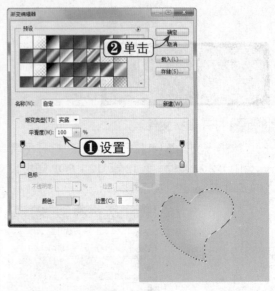

Step 19 复制并编辑图像

按【Ctrl+J】组合键，复制"心"图层，得到"心 副本"图层，并将其移动到"心"图层的下方。按【Ctrl+T】组合键调出变形框，按住【Shift+Alt】组合键，拖动变形框四周，使图形由中心等比例放大，如下图所示。

Step 20 绘制渐变

按住【Ctrl】键，单击"心 副本"图层的图层缩览图，载入选区。选择渐变工具，打开"渐变编辑器"窗口，设置各项参数，单击"确定"按钮。选择线性渐变，拖动鼠标绘制渐变，如下图所示。

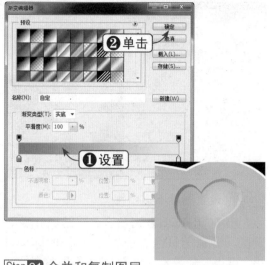

Step 21 合并和复制图层

按【Ctrl+E】组合键，合并"心"、"心 副本"图层，得到"心 副本"图层。按【Ctrl+J】组合键复制图层，得到"心 副本 2"图层。按【Ctrl+T】组合键，调整图像的大小和位置，如下图所示。

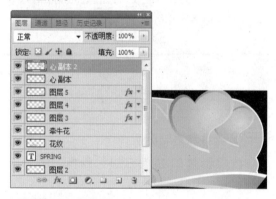

Step 22 绘制路径

按【Ctrl+Shift+N】组合键，新建"图层 6"。选择钢笔工具，绘制路径，如下图所示。

Step 23 绘制渐变

按【Ctrl+Enter】组合键，将路径转换为选区。选择渐变工具，打开"渐变编辑器"窗口，设置各项参数，单击"确定"按钮。选择线性渐变，拖动鼠标绘制渐变，如下图所示。

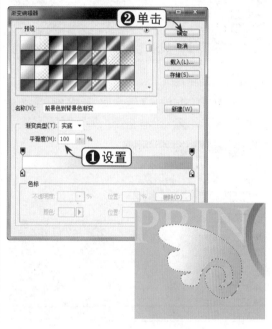

Step 24 扩展选区

按【Ctrl+Shift+N】组合键，新建"图层7"，并将其移动到"图层 6"的下方。单击"选择"|"修改"|"扩展"命令，在弹出的"扩展选区"对话框中设置"扩展量"为 20 像素，单击"确定"按钮，如下图所示。

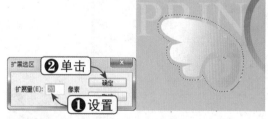

Step 25 填充前景色

设置前景色为 R109、G173、B0，按【Alt+Delete】组合键填充前景色，按【Ctrl+D】组合键取消选区。按【Ctrl+T】组合键，调整图像的大小和位置，如下图所示。

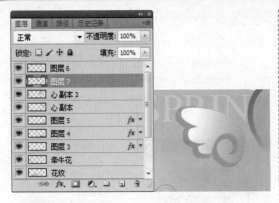

Step 26 绘制路径

按【Ctrl+Shift+N】组合键,新建"图层8"。选择钢笔工具 ,绘制路径,如下图所示。

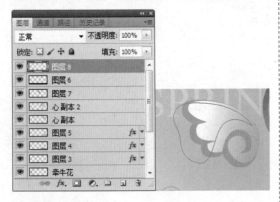

Step 27 绘制渐变

按照步骤23的方法进行制作,继续绘制渐变,如下图所示。

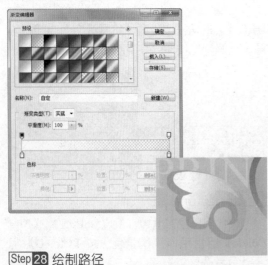

Step 28 绘制路径

按照步骤26的方法继续进行制作,绘制路径,如下图所示。

Step 29 设置图层不透明度

按【Ctrl+Enter】组合键,将路径转换为选区。设置前景色为白色,按【Alt+Delete】组合键填充前景色,按【Ctrl+D】组合键取消选区。设置图层的"不透明度"为50%,如下图所示。

Step 30 合并和复制图层

按照步骤21的方法进行制作,合并与复制图层,如下图所示。

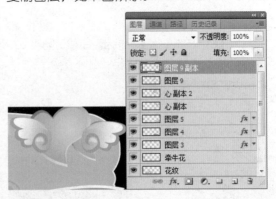

Step 31 绘制路径

按照步骤26的方法进行制作,绘制路径,如下图所示。

前景色为R171、G255、B80和R183、G183、B183，分别按【Alt+Delete】组合键进行填充，如下图所示。

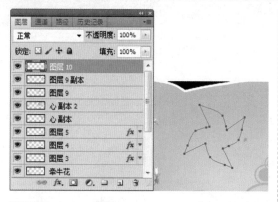

Step 32 填充前景色

按【Ctrl+Enter】组合键，将路径转换为选区。设置前景色为R226、G248、B215，按【Alt+Delete】组合键填充前景色，按【Ctrl+D】组合键取消选区，如下图所示。

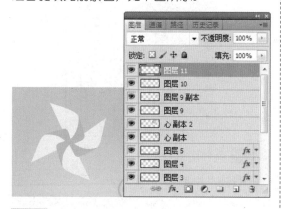

Step 33 填充前景色

按照步骤31~32的方法进行制作，设置前景色为R94、G209、B23，按【Alt+Delete】组合键填充前景色，如下图所示。

Step 34 绘制路径并填充前景色

按照步骤33的方法继续进行制作，设置

Step 35 添加"投影"图层样式

单击"图层"面板下方的"添加图层样式"按钮 fx.，在弹出的对话框中设置投影参数，单击"确定"按钮，如下图所示。

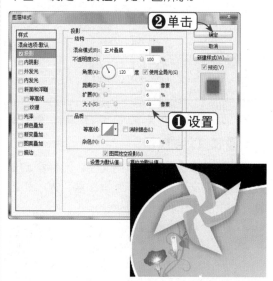

Step 36 合并和复制图层

按照步骤21的方法进行制作，合并与复制图层，如下图所示。

知识点拨

如果需要合并多个图层，可以将这些图层全部选中，按【Ctrl+E】组合键进行合并。

Step 37 栅格化文字

选择文字工具 T，输入文字。右击图层，在弹出的快捷菜单中选择"栅格化文字"选项，将文字栅格化，如下图所示。

Step 38 调整文字属性

选择套索工具 P，框选文字。选择移动工具 M，移动文字，然后调整其颜色、大小和位置，如下图所示。

Step 39 打开素材文件

单击"文件"|"打开"命令，打开配套光盘中"素材文件\第 12 章\12.1 POP 海报设计\花纹 2.psd"文件，如下图所示。

Step 40 拖入并调整素材文件

选择移动工具 M，将"花纹 .psd"文件中的图像拖到"POP 海报设计"文件窗口中。按【Ctrl+T】组合键，调整图像的大小和位置，如下图所示。

Step 41 添加图层样式

合并"清明节购物乐……"文字图层。单击"图层"面板下方的"添加图层样式"按钮 fx.，在弹出的对话框中设置各项参数，单击"确定"按钮，如下图所示。

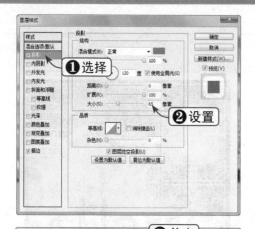

Step 42 添加"描边"图层样式

复制合并的文字图层，按照步骤 41 的方法进行制作，如下图所示。

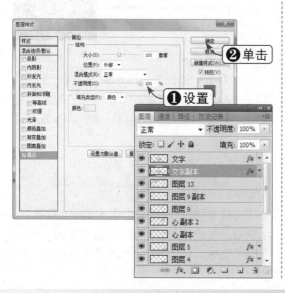

Step 43 打开素材文件

单击"文件"|"打开"命令，打开配套光盘中"素材文件\第 12 章\12.1 POP 海报设计\女孩 .psd"文件，如下图所示。

Step 44 拖入并调整素材文件

选择移动工具 ，将"女孩 .psd"文件中的图像拖到"POP 海报设计"文件窗口中。按【Ctrl+T】组合键，调整图像的大小和位置，如下图所示。

Step 45 查看最终效果

此时，即可得到 POP 海报的最终效果，如下图所示。

12.2 啤酒音乐节海报设计

本案例将讲解如何在 Photoshop CS5 中制作啤酒音乐节海报,其中运用色彩缤纷的红黄色为主色调,运用星光、音响、花纹等元素衬托音乐节的欢庆气氛,整个画面节奏欢快,主题突出,具有很好的宣传效果。基本的制作流程如右图所示。

素材文件	光盘:素材文件\第12章\啤酒音乐节海报设计
效果文件	光盘:效果文件\第12章\啤酒音乐节海报设计.psd

Step 01 新建文件

单击"文件"|"新建"命令,弹出"新建"对话框。设置文件名称为"啤酒音乐节海报设计",设置其他各项参数,单击"确定"按钮,如下图所示。

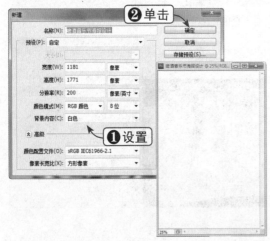

Step 02 绘制渐变

按【Ctrl+Shift+N】组合键,新建"图层1"。选择渐变工具,单击属性栏中的"编辑渐变"按钮,打开"渐变编辑器"窗口,设置各项参数,单击"确定"按钮。单击属性栏中的"径向渐变"按钮,拖动鼠标绘制渐变,如下图所示。

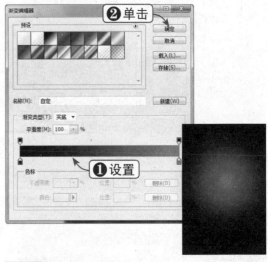

Step 03 设置画笔参数

按【Ctrl+Shift+N】组合键,新建"网格"图层。选择画笔工具,单击其属性栏中的按钮,在打开的"画笔预设"面板中设置各项参数,如下图所示。

知识点拨

读者可以直接按【F5】键,打开"画笔"面板,进行画笔参数设置;若想关闭"画笔"面板,则再次按按【F5】键即可。

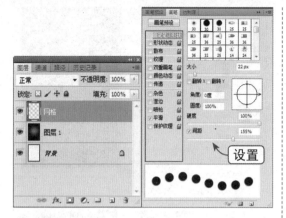

Step 04 绘制路径

选择钢笔工具 ✐，在"网格"图层中绘制路径，如下图所示。

Step 05 描边路径

在选中钢笔工具的状态下右击路径，在弹出的快捷菜单中选择"描边路径"选项，弹出"描边路径"对话框，设置各项参数，单击"确定"按钮，如下图所示。

Step 06 删除钢笔路径

按【Delete】键，删除钢笔路径，如下图所示。

Step 07 复制"网格"图层

按【Ctrl+J】组合键，复制"网格"图层，得到"网格 副本"图层。单击"网格 副本"图层，

连续按8次键盘上的向下方向键，向下移动8个像素，如下图所示。

Step 08 复制"网格 副本"图层

按【Ctrl+J】组合键，复制"网格 副本"图层，得到"网格 副本 2"图层。单击"网格 副本 2"图层，连续按8次键盘上的向下方向键，向下移动8个像素，如下图所示。

Step 09 复制图层并命名

按照步骤7~8的方法进行制作，然后按【Ctrl+E】组合键合并图层，并将其命名为"网格"，如下图所示。

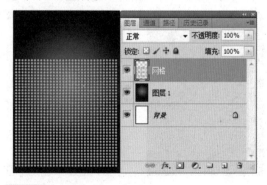

Step 10 透视编辑

按【Ctrl+T】组合键调出变形框并右击，在弹出的快捷菜单中选择"透视"选项，如下图所示。

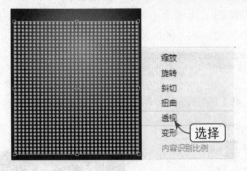

Step 11 调整形状

用鼠标拖动变形框的控制点调整形状，然后按【Ctrl+Enter】组合键确定变形操作，如下图所示。

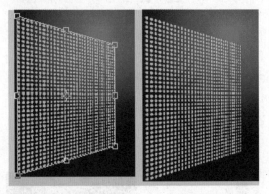

Step 12 添加图层蒙版

单击"图层"面板下方的"添加图层蒙版"按钮 ▣，选择渐变工具 ▣，在其属性栏中选择 ▣▣▣ 渐变。单击"径向渐变"按钮 ▣，选中"反向"复选框，在"网格"图层中拖动鼠标绘制渐变，如下图所示。

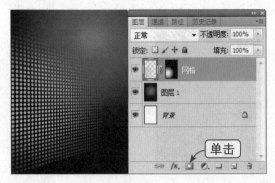

Step 13 复制图层

按【Ctrl+J】组合键复制"网格"图层，得到"网格 副本"图层。按【Ctrl+T】组合键调出变形框，如下图所示。

Step 14 水平翻转图形

在变形框内右击鼠标，在弹出的快捷菜单中选择"水平翻转"选项，调整图形的位置，按【Ctrl+Enter】组合键确定变形操作，如下图所示。

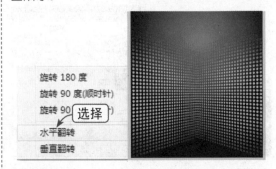

Step 15 添加"颜色叠加"图层样式

单击"图层"面板下方的"添加图层样式"按钮 fx.，在弹出的下拉菜单中选择"颜色叠加"选项，弹出"图层样式"对话框，设置各项参数，单击"确定"按钮，如下图所示。

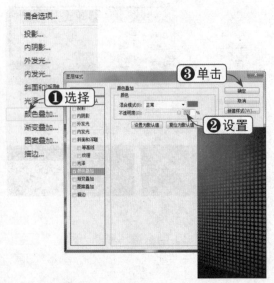

Step 16 绘制路径

按【Ctrl+Shift+N】组合键，新建"边框"图层。选择钢笔工具✐，在"边框"图层中绘制路径，如下图所示。

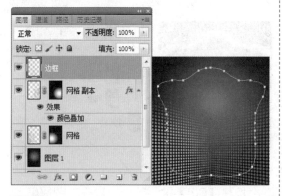

Step 17 填充前景色

按【Ctrl+Enter】组合键，将路径转换为选区。设置前景色为白色，按【Alt+Delete】组合键，用前景色填充选区，如下图所示。

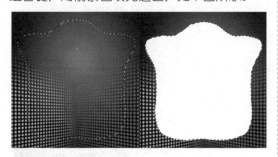

Step 18 扩展选区

单击"选择"|"修改"|"扩展"命令，在弹出的"扩展选区"对话框中设置"扩展量"为 50 像素，单击"确定"按钮，如下图所示。

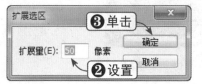

Step 19 填充前景色

按【Ctrl+Shift+N】组合键，新建"边框2"图层。设置前景色为 R255、G141、B8，按【Alt+Delete】组合键，用前景色填充选区，并将该图层移动到"边框"图层的下方，如下图所示。

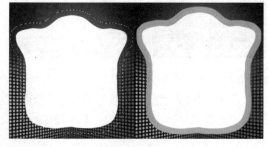

Step 20 载入选区

按住【Ctrl】键，单击"边框"图层的图层缩览图▣，载入选区，如下图所示。

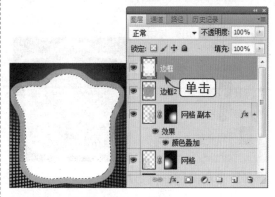

Step 21 合并图层

选择"边框"图层，按【Delete】键删除选区内的图形。选择"边框2"图层，按【Delete】键删除选区内的图形，按【Ctrl+D】组合键取消选区。按住【Ctrl】键，选择"边框"、"边框2"图层，按【Ctrl+E】组合键合并图层，得到"边框"图层，如下图所示。

知识点拨

在制作图像时，若路径或选区在以后的制作过程中还会用到，可以将其存储，以便日后使用。

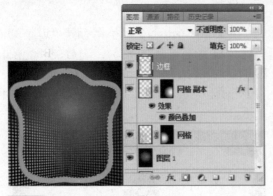

Step22 编辑"边框 副本"图层

按【Ctrl+J】组合键，复制"边框"图层，得到"边框 副本"图层。按住【Ctrl】键，单击"边框 副本"图层缩览图，载入选区。设置前景色为R255、G228、B43，按【Alt+Delete】组合键，用前景色填充选区，如下图所示。

Step23 使用画笔涂抹边框

选择画笔工具，设置笔刷的形状和大小，设置笔刷颜色为白色，在"边框 副本"图层中进行涂抹，如下图所示。

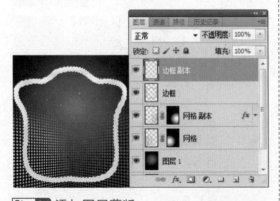

Step24 添加图层蒙版

单击"图层"面板下方的"添加图层蒙版"

按钮，设置笔刷颜色为黑色，在"边框 副本"图层中进行涂抹，如下图所示。

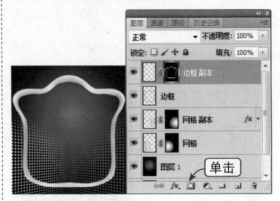

Step25 将选区转换为路径

按住【Ctrl】键，单击"边框"图层缩览图，载入选区。单击"路径"面板下方的"将选区转换为路径"按钮，如下图所示。

Step26 删除外围路径

选择路径选择工具，选择外围的一圈路径，按【Delete】键删除外围的路径，如下图所示。

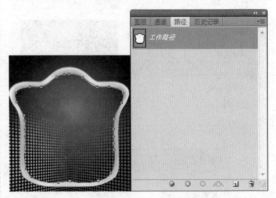

Step27 设置画笔属性

选择画笔工具，单击其属性栏中的 按

钮，在打开的"画笔预设"面板中设置各项参数。按【Ctrl+Shift+N】组合键，新建"图层 2"图层，如下图所示。

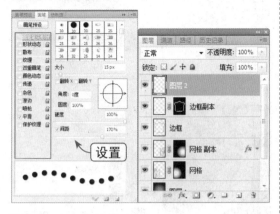

Step 28 描边路径

选择钢笔工具，右击路径，弹出的快捷菜单中选择"描边路径"选项，弹出"描边路径"对话框，选择"画笔"选项，单击"确定"按钮。按【Delete】键删除路径，如下图所示。

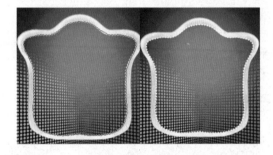

Step 29 添加"斜面与浮雕"图层样式

单击"图层"面板下方的"添加图层样式"按钮 fx.，在弹出的下拉菜单中选择"斜面与浮雕"选项，弹出"图层样式"对话框，设置各项参数，单击"确定"按钮，如下图所示。

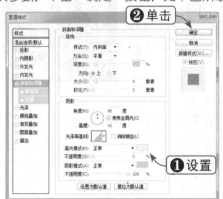

Step 30 绘制路径

按【Ctrl+Shift+N】组合键，新建"丝绸"图层，并将其移动到"边框"图层的下方。选择钢笔工具，在"丝绸"图层中绘制路径，如下图所示。

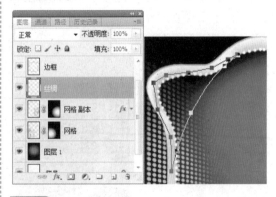

Step 31 设置渐变参数

按【Ctrl+Enter】组合键，将路径转换为选区。选择渐变工具，单击其属性栏中的"编辑渐变"按钮，打开"渐变编辑器"窗口，设置各项参数，单击"确定"按钮，如下图所示。

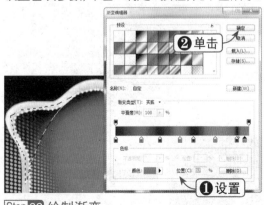

Step 32 绘制渐变

单击渐变工具属性栏上的"线性渐变"按

新手学Photoshop图像处理

钮，在窗口中拖动鼠标绘制渐变，如下图所示。

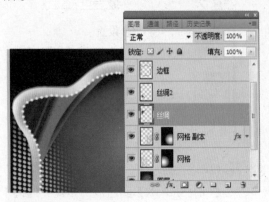

Step 33 绘制路径

按【Ctrl+Shift+N】组合键，新建"丝绸2"图层。选择钢笔工具，在"丝绸2"图层中绘制路径，如下图所示。

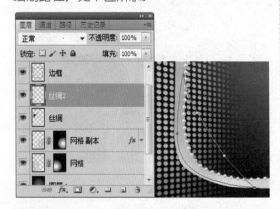

Step 34 设置渐变参数

按【Ctrl+Enter】组合键，将路径转换为选区。选择渐变工具，单击其属性栏中的"编辑渐变"按钮，打开"渐变编辑器"窗口，设置各项参数，单击"确定"按钮，如下图所示。

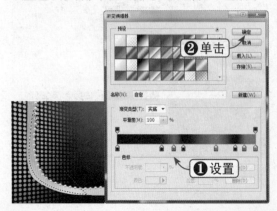

Step 35 绘制渐变

单击渐变工具属性栏上的"线性渐变"按钮，在窗口中拖动鼠标绘制渐变，如下图所示。

Step 36 复制并调整图像按住【Ctrl】键，选择"丝绸"、"丝绸2"图层，按【Ctrl+E】组合键合并图层，得到"丝绸2"图层。按【Ctrl+J】组合键，复制"丝绸2"图层，得到"丝绸2副本"图层。按【Ctrl+T】组合键，调出变形框并右击鼠标，在弹出的快捷菜单中选择"水平翻转"选项，然后调整图像的大小和位置，如下图所示。

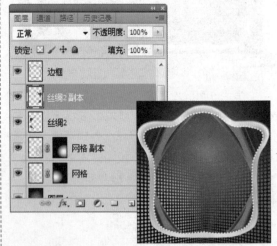

Step 37 绘制黑白渐变

按【Ctrl+Shift+N】组合键，新建"光芒"图层。选择渐变工具，为图层填充黑白渐变，如下图所示。

Step 38 使用"波浪"滤镜

单击"滤镜"|"扭曲"|"波浪"命令，在弹出的"波浪"对话框中设置各项参数，单击"确定"按钮，如下图所示。

Step 39 使用"极坐标"滤镜

单击"滤镜"|"扭曲"|"极坐标"命令，在弹出的"极坐标"对话框中设置各项参数，单击"确定"按钮，如下图所示。

Step 40 添加图层蒙版

设置"光芒"图层的"图层混合模式"为"线性减淡"。单击"图层"面板下方的"添加图层蒙版"按钮 ，设置前景色为黑色，选择画笔工具 ，在图层中进行涂抹绘制蒙版，如下图所示。

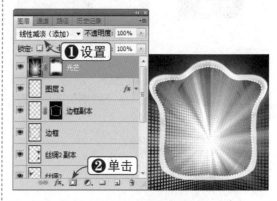

Step 41 拖入并调整素材文件

按【Ctrl+O】组合键，打开配套光盘中"素材文件 \ 第 12 章 \12.2 啤酒音乐节海报设计 \ 酒瓶 .psd"。选择移动工具 ，将"酒瓶"图像拖到"啤酒音乐节海报设计"文件窗口中，并命名图层为"酒瓶"。按【Ctrl+T】组合键，调整图像的大小和位置，如下图所示。

Step 42 拖入并调整素材文件

按【Ctrl+O】组合键，打开配套光盘中"素材文件 \ 第 12 章 \12.2 啤酒音乐节海报设计 \ 底座 .psd"。选择移动工具 ，将"底座"图像拖到"啤酒音乐节海报设计"文件窗口中，并命名图层为"底座"。按【Ctrl+T】组合键，调整图像的大小和位置，如下图所示。

Step 43 绘制路径

按【Ctrl+Shift+N】组合键，新建"条幅"图层。选择钢笔工具 ✐，在"条幅"图层中绘制路径，如下图所示。

Step 44 设置渐变参数

按【Ctrl+Enter】组合键，将路径转换为选区。选择渐变工具 ◻，单击其属性栏中的"编辑渐变"按钮 ◼，打开"渐变编辑器"窗口，设置各项参数，单击"确定"按钮，如下图所示。

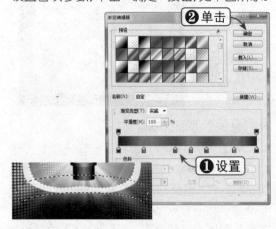

Step 45 制作条幅

拖动鼠标，绘制渐变。单击"选择"|"修

改"|"扩展"命令，在弹出的"扩展选区"对话框中设置"扩展量"为 10 像素，单击"确定"按钮，效果如下图所示。

Step 46 设置渐变参数

按【Ctrl+Shift+N】组合键，新建"图层3"，将其移动到"条幅"图层的下方。选择渐变工具 ◻，单击其属性栏中的"编辑渐变"按钮 ◼，打开"渐变编辑器"窗口，设置各项参数，单击"确定"按钮，如下图所示。

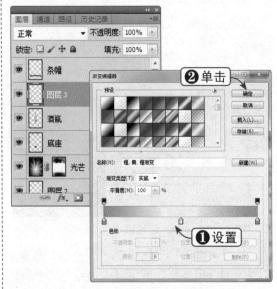

Step 47 绘制渐变并调整图形

拖动鼠标绘制渐变，按【Ctrl+T】组合键调出变形框，调整图形的大小和位置，如下图所示。

Step 48 设置画笔参数

选择画笔工具 ✐，单击其属性栏中的 ▦ 按钮，在打开的"画笔预设"面板中设置各项参数。按【Ctrl+Shift+N】组合键，新建"图层4"，如下图所示。

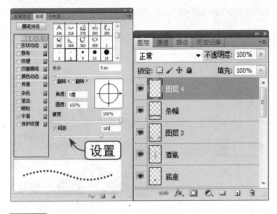

Step 49 描边路径

选择钢笔工具 ，绘制路径。右击路径，在弹出的快捷菜单中选择"描边路径"选项，弹出"描边路径"对话框，选择"画笔描边"选项，单击"确定"按钮。按【Delete】键删除路径，如下图所示。

Step 50 制作其他条幅

按照步骤 43~49 的方法进行制作，单击"图层"面板下方的"创建新组"按钮 ，将其命名为"条幅"。按住【Ctrl】键，依次选择和条幅相关联的图像，并全部拖到"条幅"图层组中，如下图所示。

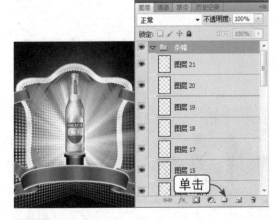

Step 51 打开素材文件

按【Ctrl+O】组合键，打开配套光盘中"素材文件 \ 第 12 章 \12.2 啤酒音乐节海报设计 \ 蝴蝶 .psd"，如下图所示。

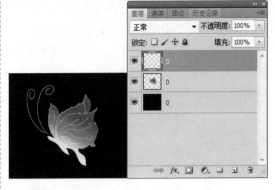

Step 52 创建组

单击"图层"面板下方的"创建新组"按钮 ，将其命名为"蝴蝶"。拖动"蝴蝶"图像到"啤酒音乐节海报设计"文件窗口中，复制"蝴蝶"图层组中的图像，并调整图像的位置、大小及颜色，如下图所示。

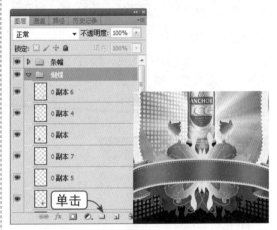

Step 53 打开素材文件

按【Ctrl+O】组合键，打开配套光盘中"素材文件 \ 第 12 章 \12.2 啤酒音乐节海报设计 \ 喇叭 .psd"，如下图所示。

Step 54 拖入并调整素材文件

拖动"喇叭"图像到"啤酒音乐节海报"文件窗口中,按【Ctrl+T】组合键,调整图像的大小和位置,如下图所示。

Step 55 绘制椭圆选区

按【Ctrl+Shift+N】组合键,新建"阴影"图层,并将其移动到"底座"图层的下方。选择椭圆选框工具 ⬚,在图层中绘制一个椭圆选区,如下图所示。

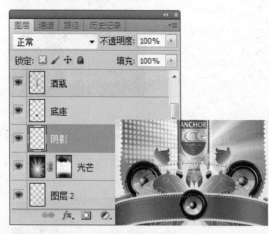

Step 56 羽化并填充前景色

在选区中右击鼠标,在弹出的快捷菜单中选择"羽化"选项,弹出"羽化"对话框,设置"羽化半径"为50像素,单击"确定"按钮。设置前景色为黑色,按【Alt+Delete】组合键用前景色填充选区,按【Ctrl+D】组合键取消选区,如下图所示。

Step 57 打开素材文件

按【Ctrl+O】组合键,打开配套光盘中"素材文件\第12章\12.2啤酒音乐节海报设计\人物.psd",如下图所示。

Step 58 拖入并调整素材文件

拖动"人物"图像到"啤酒音乐节海报设计"文件窗口中,按【Ctrl+T】组合键,调整图像的大小和位置,如下图所示。

Step 59 创建组

单击"图层"面板下方的"创建新组"按钮 ⬚,将其命名为"花纹"。按【Ctrl+Shift+N】

组合键，新建一个图层，如下图所示。

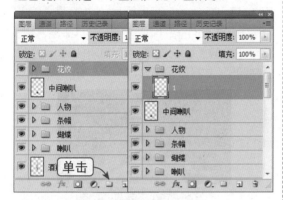

Step 60 设置渐变参数

选 择 钢 笔 工 具 ，绘 制 路 径。按
【Ctrl+Enter】组合键，将路径转换为选区。选
择渐变工具，单击其属性栏中的"编辑渐变"
按钮，打开"渐变编辑器"窗口，设置
各项参数，单击"确定"按钮，如下图所示。

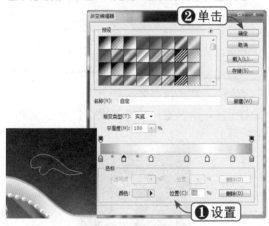

Step 61 绘制渐变

拖动鼠标绘制渐变，按【Ctrl+D】组合键
取消选区，效果如下图所示。

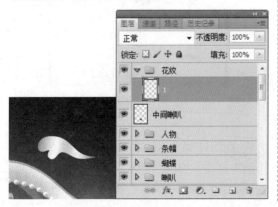

Step 62 绘制正圆选区

按【Ctrl+Shift+N】组合键，新建一个图层。
选择椭圆选框工具，按住【Shift】键拖动鼠
标绘制一个正圆选区，如下图所示。

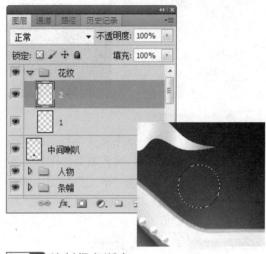

Step 63 绘制径向渐变

选择渐变工具，单击属性栏中的"编
辑渐变"按钮，打开"渐变编辑器"窗
口，设置各项参数，单击"确定"按钮。单击
"径向渐变"按钮，拖动鼠标绘制渐变，按
【Ctrl+D】组合键取消选区，如下图所示。

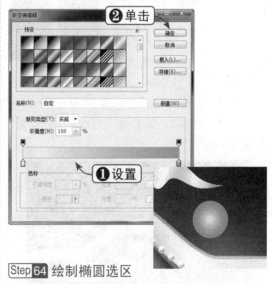

Step 64 绘制椭圆选区

按【Ctrl+Shift+N】组合键，新建一个图层。
选择椭圆选框工具，拖动鼠标绘制椭圆选区，
如下图所示。

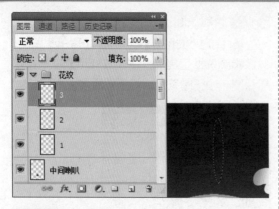

Step 65 绘制线性渐变

选择渐变工具■，单击其属性栏中的"编辑渐变"按钮████，打开"渐变编辑器"窗口，设置各项参数，单击"确定"按钮。单击"线性渐变"按钮■，拖动鼠标绘制渐变，按【Ctrl+D】组合键取消选区，如下图所示。

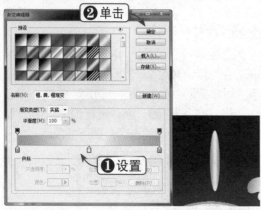

Step 66 绘制其他花纹

按照步骤 59~65 的方法进行制作，按【Ctrl+T】组合键，调整图像的大小和位置，效果如下图所示。

Step 67 拖入并调整素材文件

按【Ctrl+O】组合键，打开配套光盘中"素

材文件\第 12 章\12.2 啤酒音乐节海报设计\头冠 .psd"。拖动"头冠"图像到"啤酒音乐节海报设计"文件窗口中，按【Ctrl+T】组合键，调整图像的大小和位置。按【Ctrl+E】组合键合并图层，并将其命名为"头冠"，如下图所示。

Step 68 添加变形文字

选择文字工具Ｔ，输入 ANCHOR。选择文字变形工具，在弹出的"变形文字"对话框中设置各项参数，单击"确定"按钮，如下图所示。

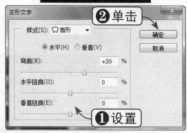

Step 69 添加"斜面与浮雕"图层样式

单击"图层"面板下方的"添加图层样式"按钮 fx.，在弹出的下拉菜单中选择"斜面与浮雕"选项，弹出"图层样式"对话框，设置各项参数，单击"确定"按钮，如下图所示。

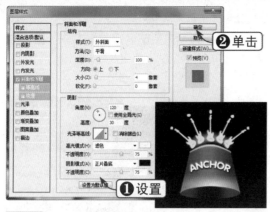

Step 70 绘制矢量形状

单击"图层"面板下方的"创建新组"按钮，将其命名为"音符"。选择自定义形状工具，选择形状、、★，绘制图形，并调整其位置和大小，如下图所示。

Step 71 拖入并调整素材文件

按【Ctrl+O】组合键，打开配套光盘中"素材文件\第12章\12.2啤酒音乐节海报设计\群星.psd"。拖动"群星"图像到"啤酒音乐节海报设计"文件窗口中，按【Ctrl+T】组合键，调整图像大小和位置，如下图所示。

Step 72 描边文字

选择文字工具，输入文字。单击"图层"面板下方的"添加图层样式"按钮，弹出的下拉菜单中选择"描边"选项，在弹出的对话框中设置描边参数，单击"确定"按钮，如下图所示。

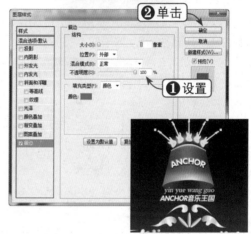

Step 73 输入文字

选择文字工具，输入文字"痛快畅饮"，如下图所示。

Step 74 制作文字

右击"痛快畅饮"文字图层，在弹出的快捷菜单中选择"栅格化文字"选项，将文字栅格化。按【Ctrl+T】组合键调出变形框，按住【Ctrl】键，用鼠标拖动调整文字图形，按【Ctrl+Enter】组合键确认操作，如下图所示。

Step 75 继续制作文字

按照步骤 73~74 的方法继续进行制作，制作文字"共享今宵"，效果如下图所示。

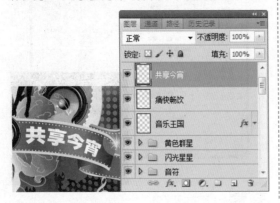

Step 76 查看最终效果

此时，啤酒音乐节海报制作完毕，最终效果如下图所示。

12.3 房地产广告设计

本案例将讲解如何在 Photoshop CS5 中制作房地产广告。在广告画面中通过舞女、飞马、古建筑等元素来衬托出楼盘的格调，整体画面给人一种激情向上的感觉。本案例主要采用素材和颜色进行合理搭配与艺术处理，已达到预期的宣传效果。基本的制作流程如右图所示。

素材文件	光盘：素材文件\第12章\12.3 房地产广告设计
效果文件	光盘：效果文件\第12章\房地产广告设计.psd

Step 01 新建图像文件

单击"文件"|"新建"命令,弹出"新建"对话框。设置文件名称为"房地产广告设计",设置其他各项参数,单击"确定"按钮,如下图所示。

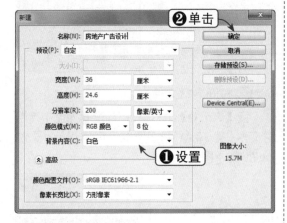

Step 02 打开素材文件

按【Ctrl+O】组合键,打开配套光盘中"素材文件\第12章\12.3 房地产广告设计\天空.jpg",如下图所示。

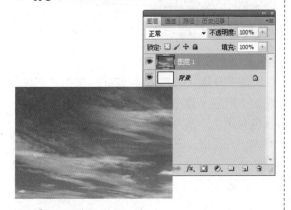

知识点拨

在调整图像色彩时,可以运用调整图层,即不会改变原图像的色彩信息又可以观察调整前后的对比效果。

Step 03 调整色相/饱和度

按【Ctrl+U】组合键,弹出"色相/饱和度"对话框,设置各项参数,单击"确定"按钮,如下图所示。

Step 04 调整色彩平衡

按【Ctrl+B】组合键,弹出"色彩平衡"对话框,设置各项参数,单击"确定"按钮,如下图所示。

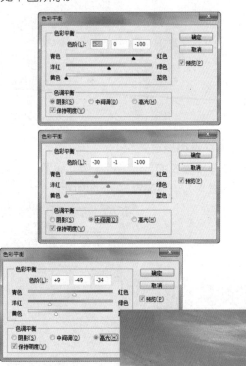

Step 05 拖入并调整素材图像

选择移动工具,拖动图像到"房地产广告设计"文件窗口中。按【Ctrl+T】组合键,调整图像的大小和位置,如下图所示。

Step 06 打开素材文件

按【Ctrl+O】组合键,打开配套光盘中"素材文件\第 12 章\12.43 房地产广告设计\丝绸 .psd",如下图所示。

Step 07 设置图层混合模式

按照步骤 5 的方法进行制作,设置"图层混合模式"为"变亮",如下图所示。

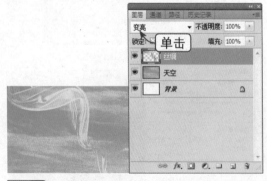

Step 08 绘制渐变

按【Ctrl+Shift+N】组合键,新建"渐变"图层。选择渐变工具，单击渐变编辑框，选择线性渐变，拖动鼠标绘制渐变,如下图所示。

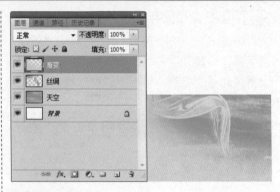

Step 09 打开素材文件

按【Ctrl+O】组合键,打开配套光盘中"素材文件\第 12 章\12.3 房地产广告设计\草地 jpg",如下图所示。

Step 10 添加图层蒙版

按照步骤 5 的方法进行制作,单击"图层"面板下方的"添加图层蒙版"按钮。设置前景色为黑色,选择画笔工具，选择适当的画笔大小和硬度,在图层蒙版上进行涂抹,如下图所示。

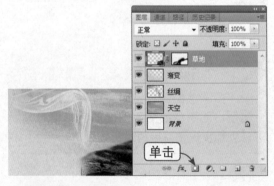

Step 11 打开素材文件

按【Ctrl+O】组合键,打开配套光盘中"素材文件\第 12 章\12.3 房地产广告设计\古建

筑 .psd"，如下图所示。

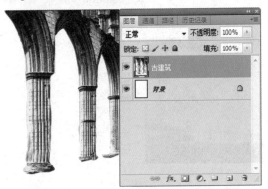

Step 12 拖入并调整建筑图像

按照步骤 5 的方法进行制作，如下图所示。

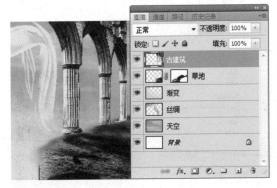

Step 13 填充图层

按【Ctrl+Shift+N】组合键，新建"图层 1"。设置前景色为黑色，按【Alt+Delete】组合键填充图层，如下图所示。

Step 14 删除选区内的图像

选择矩形选框工具，绘制一个矩形选区。按【Delete】键删除选区内的图像，按【Ctrl+D】组合键取消选区，如下图所示。

Step 15 绘制矩形选区

按【Ctrl+Shift+N】组合键，新建"图层 2"。选择矩形选框工具，绘制一个矩形选区，如下图所示。

Step 16 描边选区

单击"编辑"|"描边"命令，弹出"描边"对话框，设置各项参数，单击"确定"按钮。按【Ctrl+D】组合键取消选区，如下图所示。

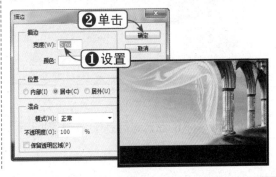

Step 17 绘制矩形选框

按照步骤15的方法进行制作，如下图所示。

Step 18 填充并取消选区

设置前景色为R255、G114、B0，按【Alt+Delete】组合键填充选区，按【Ctrl+D】组合键取消选区，如下图所示。

Step 19 打开素材文件

按【Ctrl+O】组合键，打开配套光盘中"素材文件\第12章\12.3 房地产广告设计\飞马.psd"，如下图所示。

Step 20 拖入并调整素材

按照步骤5的方法进行制作，如下图所示。

Step 21 调整色相/饱和度

按【Ctrl+U】组合键，弹出"色相/饱和度"对话框，设置各项参数，单击"确定"按钮，如下图所示。

Step 22 调整曲线

按【Ctrl+M】组合键，弹出"曲线"对话框，调整曲线，单击"确定"按钮，如下图所示。

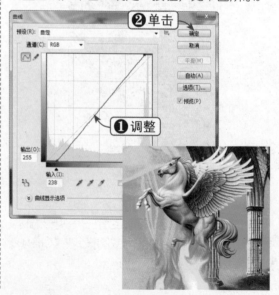

Step 23 打开素材文件

按【Ctrl+O】组合键，打开配套光盘中"素材文件 \ 第 12 章 \12.3 房地产广告设计 \ 女人 .psd"，如下图所示。

Step 24 拖入并调整素材文件

按照步骤 5 的方法进行制作，如下图所示。

Step 25 调整曲线

按【Ctrl+M】组合键，弹出"曲线"对话框，调整曲线，单击"确定"按钮，如下图所示。

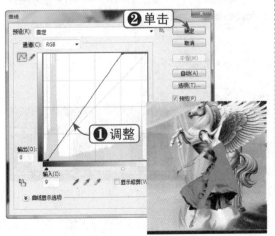

Step 26 打开素材文件

按【Ctrl+O】组合键，打开配套光盘中"素材文件 \ 第 12 章 \12.3 房地产广告设计 \ 模型 .jpg"，如下图所示。

Step 27 拖入并调整素材文件

按照步骤 5 的方法进行制作，如下图所示。

Step 28 创建并羽化选区

选择套索工具，绘制一个不规则选区。按【Shift+Alt+I】组合键，反选选区。右击鼠标，在弹出的快捷菜单中选择"羽化"选项，弹出羽化"对话框，设置"羽化半径"为 50px，单击"确定"按钮，效果如下图所示。

Step 29 使用"动感模糊"滤镜

单击"滤镜"|"模糊"|"动感模糊"命令,在弹出的"动感模糊"对话框中设置各项参数,单击"确定"按钮,如下图所示。

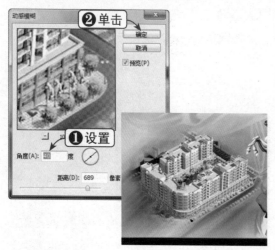

Step 30 打开素材文件

按【Ctrl+O】组合键,打开配套光盘中"素材文件 \ 第 12 章 \12.3 房地产广告设计 \ 小区标志 .psd",如下图所示。

Step 31 拖入并调整素材文件

按照步骤 5 的方法进行制作,如下图所示。

Step 32 打开素材文件

按【Ctrl+O】组合键,打开配套光盘中"素材文件 \ 第 12 章 \12.3 房地产广告设计 \ 平面图 .jpg、平面图 2.jpg、平面图 3.jpg",如下图所示。

Step 33 拖入并调整素材文件

按照步骤 5 的方法进行制作,如下图所示。

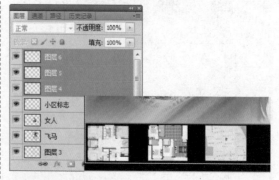

Step 34 输入文字

选择文字工具 T ,输入文字,如下图所示。

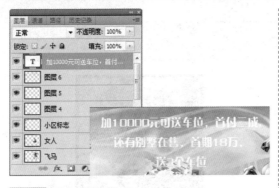

Step 35 添加图层样式

单击"图层"面板下方的"添加图层样式"按钮 fx., 在弹出的下拉菜单中选择"混合选项"选项, 弹出"图层样式"对话框, 设置各项参数, 单击"确定"按钮, 如下图所示。

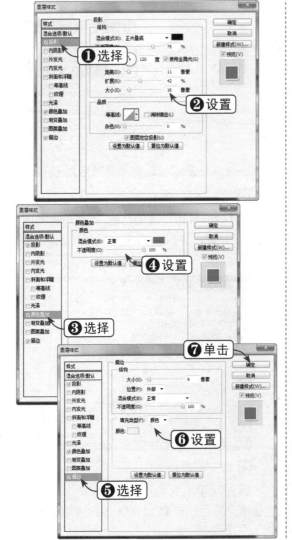

Step 36 制作文字

选择文字工具 T., 输入文字。单击"图层"面板下方的"添加图层样式"按钮 fx., 在弹出的下拉菜单中选择"描边"选项, 在弹出的描边对话框中设置各项参数, 单击"确定"按钮, 如下图所示。

Step 37 查看最终效果

此时, 即可得到最终效果, 如下图所示。

12.4 户外运动广告设计

本案例将讲解如何在 Photoshop CS5 中制作户外运动广告。本案例主要采用一些户外运动的精彩图片拼贴，使人一目了然，从而达到宣传户外运动的目的。在操作过程中主要讲解了如何调整图片的颜色色调，使画面更统一，更自然。基本的制作流程如右图所示。

素材文件	光盘：素材文件\第12章\12.4.户外运动广告设计
效果文件	光盘：效果文件\第12章\户外运动广告设计.psd

Step 01 新建图像 文件

单击"文件"|"新建"命令,弹出"新建"对话框。设置文件名称为"户外运动广告设计",设置其他各项参数,单击"确定"按钮,如下图所示。

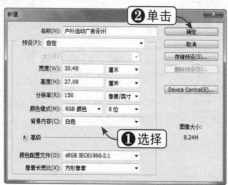

Step 02 创建参考线

选择移动工具，从标尺中拖出参考线，排列它们的位置，如下图所示。

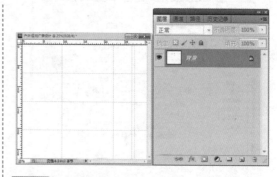

Step 03 绘制矩形选框

按【Ctrl+Shift+N】组合键,新建"图层1"。选择矩形选框工具，绘制一个矩形选区,如下图所示。

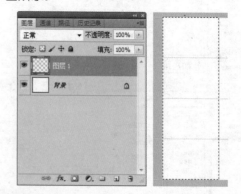

Step 04 填充前景色

设置前景色为黑色,按【Alt+Delete】组合键填充选区,按【Ctrl+D】组合键取消选区,如下图所示。

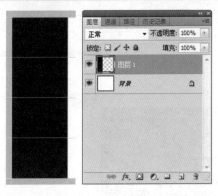

Step 05 打开素材文件

单击"文件"|"打开"命令,打开配套光盘中"素材文件\第12章\12.4户外运动广告设计\骑车.jpg",如下图所示。

Step 06 拖入并调整素材文件

选择移动工具▸⊕,拖动图像到"户外运动广告设计"文件窗口中。按【Ctrl+T】组合键,调整图像的大小和位置,如下图所示。

Step 07 打开素材文件

单击"文件"|"打开"命令,打开配套光盘中"素材文件\第12章\12.4户外运动广告设计\登山.jpg",如下图所示。

Step 08 制作"登山"图层

按照步骤6的方法进行制作,选择矩形选框工具▢,框选多余的图像,按【Delete】键删除多余的图像,如下图所示。

Step 09 设置色相/饱和度

按【Ctrl+U】组合键,弹出"色相/饱和度"对话框,设置各项参数,单击"确定"按钮,如下图所示。

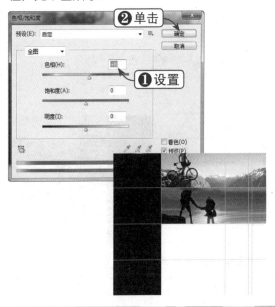

Step 10 打开素材文件

单击"文件"|"打开"命令,打开配套光盘中"素材文件\第12章\12.4 户外运动广告设计\滑雪.jpg",如下图所示。

Step 11 制作"滑雪"图层

按照步骤8的方法进行制作,如下图所示。

Step 12 设置色相|饱和度

按【Ctrl+U】组合键,弹出"色相/饱和度"对话框,设置各项参数,单击"确定"按钮,如下图所示。

Step 13 打开素材文件

单击"文件"|"打开"命令,打开配套

光盘中"素材文件\第12章\12.4 户外运动广告设计\悬崖.jpg",如下图所示。

Step 14 制作"悬崖"图层

按照步骤8的方法进行制作,如下图所示。

Step 15 调整颜色

按【Ctrl+U】组合键,弹出"色相/饱和度"对话框,设置各项参数,单击"确定"按钮。按【Ctrl+B】组合键,弹出"色彩平衡"对话框,设置各项参数,单击"确定"按钮,如下图所示。

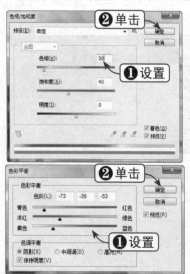

Step 16 绘制矩形选区

按【Ctrl+Shift+N】组合键,新建"图层2"。选择矩形选框工具，绘制一个矩形选区,如下图所示。

Step 17 填充并设置图层

设置前景色为R255、G198、B2,按【Alt+Delete】组合键填充选区,按【Ctrl+D】组合键取消选区,设置"图层混合模式"为"柔光",如下图所示。

Step 18 制作其他矩形

按照步骤15~16的方法进行制作其他矩形,如下图所示。

Step 19 隐藏参考线

按照步骤17的方法进行制作,按【Ctrl+;】组合键隐藏参考线,如下图所示。

Step 20 绘制路径

按【Ctrl+Shift+N】组合键,新建"标志"图层。选择钢笔工具，绘制不规则的路径,如下图所示。

Step 21 填充前景色

按【Ctrl+Enter】组合键,将路径转换为选区。设置前景色为R255、G218、B0,按【Alt+Delete】组合键填充选区,按【Ctrl+D】组合键取消选区,如下图所示。

Step 22 输入文字并合并图层

选择文字工具 T，输入文字，按【Ctrl+E】组合键合并文字图层，如下图所示。

Step 23 绘制矩形选区

选择矩形选框工具 ，按住【Shift】键，绘制一个正方形选区。单击属性栏中的"从选区减去"按钮 ，绘制一个矩形选区，如下图所示。

Step 24 填充前景色

按【Ctrl+Shift+N】组合键，新建"标志2"图层。设置前景色为R255、G199、B103，按【Alt+Delete】组合键填充选区，按【Ctrl+D】组合键取消选区，如下图所示。

知识点拨

若前景色比较常用，则可以更换背景色，按【Ctrl+Delete】组合键进行填充。

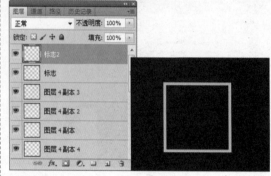

Step 25 制作"标志2"图层

按【Ctrl+T】组合键调出变形框，将图形旋转45度，按照步骤21的方法进行制作，如下图所示。

Step 26 填充选区

按【Ctrl+Shift+N】组合键，新建"标志3"图层。设置前景色为R254、G13、B1，按【Alt+Delete】组合键填充选区，按【Ctrl+D】组合键取消选区，如下图所示。

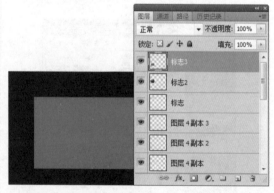

Step 27 填充选区

按【Ctrl+Shift+N】组合键，新建一个图层。选择钢笔工具 ，绘制路径。按【Ctrl+Enter】组合键，将路径转换为选区。设置前景色为白色，按【Alt+Delete】组合键填充选区，按【Ctrl+D】组合键取消选区，如下图所示。

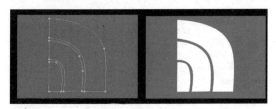

Step 28 制作"标志 3"图层

按照步骤 21 的方法进行制作，如下图所示。

Step 29 输入文字并调整

选择文字工具 **T**，输入文字，然后栅格化文字，调整文字的透明度、大小和位置，最终效果如下图所示。

12.5 才艺大赛招贴设计

本案例将讲解如何在 Photoshop CS5 中制作才艺大赛招贴。整个画面以蓝色为主色调，给人一种青春、神秘而又心动的感觉。在操作过程中，主要使用钢笔工具进行曲线造型，重点在于人物的造型处理。基本的制作流程如右图所示。

素材文件	光盘：素材文件\第12章\12.5 才艺大赛招贴设计
效果文件	光盘：效果文件\第12章\才艺大赛招贴设计.psd

Step 01 新建文件

单击"文件"|"新建"命令，弹出"新建"对话框。设置文件名称为"才艺大赛招贴设计"，设置其他各项参数，单击"确定"按钮，如下图所示。

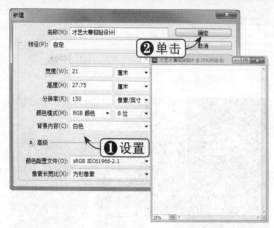

Step 02 绘制线性渐变

选择渐变工具 ，单击属性栏中的"编辑渐变"按钮 ，打开"渐变编辑器"窗口，设置各项参数，单击"确定"按钮。单击属性栏中的"线性渐变"按钮 ，拖动鼠标绘制渐变，如下图所示。

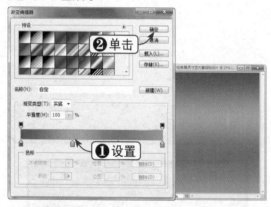

Step 03 绘制矩形选框

选择矩形选框工具 ，绘制一个矩形，按住【Shift】键连续绘制矩形，如下图所示。

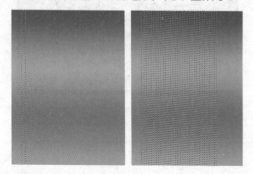

Step 04 填充选区

按【Ctrl+Shift+N】组合键，新建一个图层。

设置前景色为 R0、G195、B255，按【Alt+Delete】组合键填充选区，如下图所示。

Step 05 添加"描边"图层样式

单击"图层"面板下方的"添加图层样式"按钮 fx，在弹出的下拉菜单中选择"描边"选项，在弹出的对话框中设置描边参数，单击"确定"按钮，如下图所示。

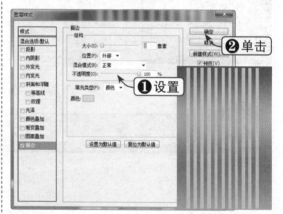

Step 06 使用"极坐标"滤镜

单击"滤镜"|"扭曲"|"极坐标"命令，在弹出的"极坐标"对话框中设置各项参数，单击"确定"按钮，如下图所示。

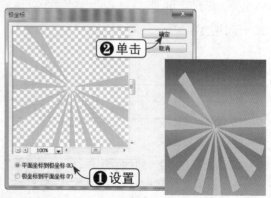

Step 07 使用"旋转扭曲"滤镜

单击"滤镜"|"扭曲"|"旋转扭曲"命令，在弹出的"旋转扭曲"对话框中设置各项参数，单击"确定"按钮。按【Ctrl+T】组合键，调整图形的位置和大小，如下图所示。

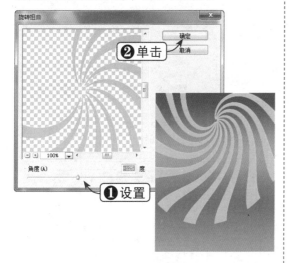

Step 08 添加图层蒙版

设置前景色为黑色，单击"图层"面板下方"添加图层蒙版"按钮 ，选择画笔工具 ，选择合适大小的画笔并进行涂抹，设置图层的"不透明度"为60%，如下图所示。

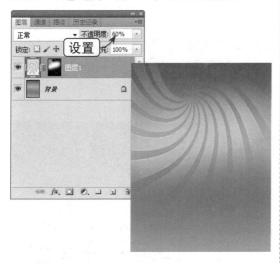

Step 09 使用画笔绘制图形

按【Ctrl+Shift+N】组合键，新建"背景柔光"图层。设置前景色为R250、G242、B176，选择画笔工具 ，选择合适大小的画笔进行绘制，如下图所示。

Step 10 绘制另一个图层

按照步骤9的方法新建图层并进行制作，如下图所示。

Step 11 添加图层蒙版

设置前景色为黑色，单击"图层"面板下方的"添加图层蒙版"按钮 。选择画笔工具 ，选择合适大小的画笔进行涂抹，如下图所示。

Step 12 合并图层

按住【Ctrl】键选择三个图层，按【Ctrl+E】组合键合并图层，并将图层命名为"柔光背景"，如下图所示。

选项，弹出"图层样式"对话框，设置各项参数，单击"确定"按钮，如下图所示。

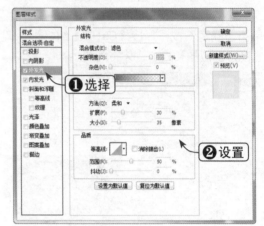

Step 13 绘制正圆选区

按【Ctrl+Shift+N】组合键，新建"光环"图层。选择椭圆选框工具 ◯，按住【Shift】键绘制一个正圆选区，如下图所示。

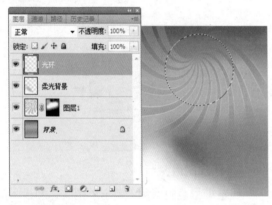

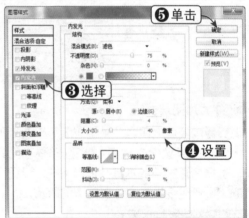

Step 14 填充前景色

设置前景色为白色，按【Alt+Delete】组合键填充选区，如下图所示。

Step 16 设置图层填充

设置图层的"填充"值为 0%，效果如下图所示。

Step 15 添加图层样式

单击"图层"面板下方的"添加图层样式"按钮 fx.，在弹出的下拉菜单中选择"混合选项"

Step 17 复制图层并添加图层样式

按【Ctrl+J】组合键，复制"光环"图层，得到"光环 副本"图层。双击"光环 副本"图层,弹出"图层样式"对话框,设置各项参数,单击"确定"按钮,如下图所示。

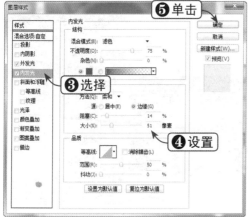

Step 18 设置图层填充

设置图层的"填充"值为0%,按【Ctrl+T】组合键,调整图像的大小和位置,如下图所示。

Step 19 制作其他光环

按照步骤3~18的方法进行其他光环的制作,如下图所示。

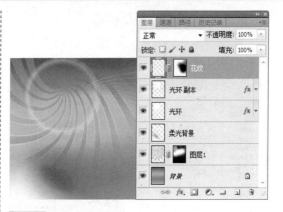

Step 20 绘制圆角矩形

按【Ctrl+Shift+N】组合键,新建"黑框"图层。选择圆角矩形工具▢,单击属性栏中的▢按钮,设置圆角半径为2毫米,绘制图形,如下图所示。

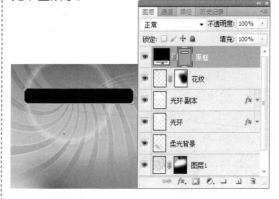

Step 21 变换矩形形状

按【Ctrl+T】组合键调出变形框,按住【Ctrl】键的同时拖动四周的控制点,调整图形的形状,按【Enter】键确定变形操作,如下图所示。

Step 22 添加"描边"图层样式

按照步骤 15 的方法添加"描边"图层样式，如下图所示。

Step 23 绘制路径

按【Ctrl+Shift+N】组合键，新建"火苗"图层。选择自定义形状工具，单击属性栏中的按钮，选择形状，绘制形状，将其多余的路径删除，如下图所示。

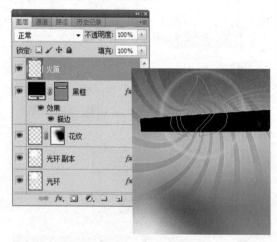

Step 24 绘制线性渐变

按【Ctrl+Enter】组合键，将路径转换为选区。选择渐变工具，单击属性栏中的"编辑渐变"按钮，打开"渐变编辑器"窗口，设置各项参数，单击"确定"按钮。单击属性栏中的"线性渐变"按钮，拖动鼠标绘制渐变，按【Ctrl+D】组合键取消选区，如下图所示。

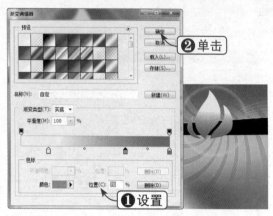

Step 25 复制图层

按住【Alt】键，然后按键盘上的【→】方向键，连续按 12 次，如下图所示。

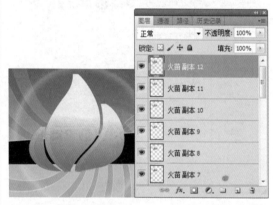

Step 26 合并图层

按住【Ctrl】键选择"火苗"各副本图层，按【Ctrl+E】组合键合并图层，并将其移动到"火苗"图层的下方，如下图所示。

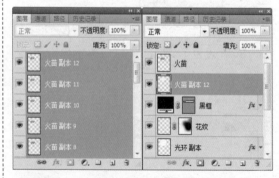

Step 27 载入选区并填充

按住【Ctrl】键，单击"火苗 副本 12"的图层缩览图，载入选区。设置前景色为白色，按【Alt+Delete】组合键填充选区，按【Ctrl+D】

组合键取消选区，如下图所示。

Step 28 删除多余图像

选择多边形套索工具 ，框选图形多余的部分，按【Delete】键将其删除，如下图所示。

Step 29 添加"描边"图层样式

按照步骤22的方法进行制作，添加"描边"图层样式，如下图所示。

Step 30 载入选区

按【Ctrl+Shift+N】组合键，新建"火苗2"图层，并将其移动到"火苗"图层的下方。按住【Ctrl】键，单击"火苗"图层缩览图 ，载入选区，如下图所示。

Step 31 扩展选区

单击"选择"|"修改"|"扩展"命令，在弹出的"扩展选区"对话框中设置"扩展量"为10像素，单击"确定"按钮，如下图所示。

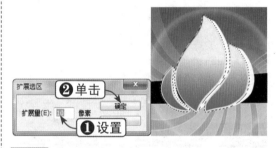

Step 32 绘制渐变

选择渐变工具 ，单击属性栏中的"编辑渐变"按钮 ，打开"渐变编辑器"窗口，设置各项参数，单击"确定"按钮。单击属性栏中的"线性渐变"按钮 ，拖动鼠标绘制渐变，按【Ctrl+D】组合键取消选区，如下图所示。

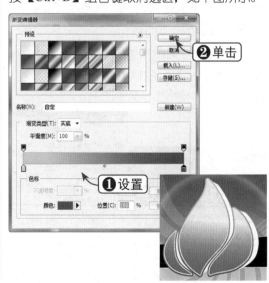

Step 33 绘制椭圆选区并填充

选择椭圆选框工具 ○，绘制一个椭圆选区。选择渐变工具 ■，单击属性栏中的"编辑渐变"按钮 ▭，单击属性栏中的"线性渐变"按钮 ■。选择"火苗"图层，拖动鼠标绘制渐变，按【Ctrl+D】组合键取消选区，如下图所示。

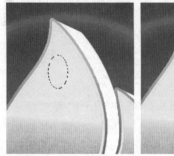 

Step 34 绘制路径并填充

选择钢笔工具 ◊，绘制路径。按【Ctrl+Enter】组合键，将路径转换为选区，按照步骤31 的方法进行制作，如下图所示。

Step 35 输入文字并栅格化

选择文字工具 T，输入文字。右击文字图层，在弹出的快捷菜单中选择"栅格化文字"选项，将文字栅格化，如下图所示。

Step 36 添加"描边"图层样式

选择 SHW 图层，单击"图层"面板下方的"添加图层样式" fx. 按钮，在弹出的下拉菜单中选择"描边"选项，在弹出的对话框中设置描边参数，单击"确定"按钮，如下图所示。

Step 37 复制图层并载入选区

按【Ctrl+J】组合键，复制 SHW 图层，得到"SHW 副本"图层。右击图层，在弹出的快捷菜单中选择"删除图层样式"选项。按住【Ctrl】键，单击"SHW 副本"图层的缩览图 ▣，载入选区，如下图所示。

Step 38 扩展选区

单击"选择"|"修改"|"扩展"命令，在弹出的"扩展选区"对话框中设置"扩展量"为 12 像素，单击"确定"按钮，如下图所示。

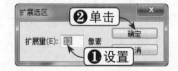

Step 39 填充前景色

设置前景色为黑色，按【Alt+Delete】组合键填充选区，按【Ctrl+D】组合键取消选区。按【Ctrl+T】组合键，调整图像的大小和位置。按【Ctrl+E】组合键合并图层，如下图所示。

Step 40 制作其他文字

按照步骤36~39的方法进行制作，如下图所示。

Step 41 绘制正圆选区并填充

按【Ctrl+Shift+N】组合键，新建"圆环"图层。选择椭圆选框工具，按住【Shift】键绘制一个正圆选区。设置前景色为黑色，按

【Alt+Delete】组合键填充选区，按【Ctrl+D】组合键取消选区，如下图所示。

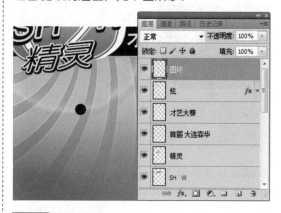

Step 42 制作圆环

按照步骤41的方法进行制作，按【Ctrl+T】组合键，调整图像的大小和位置。按【Ctrl+E】组合键合并图层，并将其命名为"圆环"，如下图所示。

Step 43 绘制路径

选择钢笔工具，单击属性栏中的按钮，绘制路径，如下图所示。

Step 44 字体变形

选择"才艺大赛"图层，按【Ctrl+T】组合键调出变形框，按住【Ctrl】键的同时拖动控制点进行变形操作，按【Enter】键确认变形操作，如下图所示。

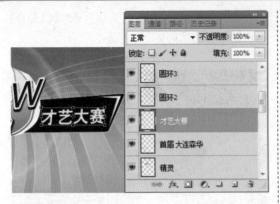

Step 45 打开素材文件

按【Ctrl+O】组合键，打开配套光盘中"素材文件\第 12 章\12.5 才艺大赛招贴设计\人物 .psd"。选择移动工具 ，将其拖到"炫秀精灵才艺大赛招贴设计"文件窗口中。按【Ctrl+T】组合键，调整图像的大小和位置，如下图所示。

Step 46 制作人群

单击"图层"面板下方的"添加图层样式"按钮 ，在弹出的下拉菜单中选择"颜色叠加"选项，在弹出的对话框中设置颜色叠加参数，单击"确定"按钮。按【Ctrl+J】组合键复制"人物"图层，按【Ctrl+E】组合键合并图层，并将其命名为"人物"，如下图所示。

知识点拨

钢笔工具是设计时的重要工具，使用钢笔工具时注意各种点的类型的应用，以达到更好的效果。

Step 47 绘制路径并填充

按【Ctrl+Shift+N】组合键，新建"人物 2"图层。选择钢笔工具 ，绘制路径。按【Ctrl+Enter】组合键，将路径转换为选区。设置前景色为黑色，按【Alt+Delete】组合键填充选区，按【Ctrl+D】组合键取消选区，如下图所示。

Step 48 绘制路径并填充

继续绘制路径，按【Ctrl+Enter】组合键，将路径转换为选区。设置前景色为 R230、G80、B117，按【Alt+Delete】组合键填充选区，按【Ctrl+D】组合键取消选区，如下图所示。

Step 49 制作人物

按照步骤 48 的方法进行制作人物，如下图所示。

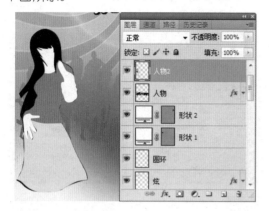

Step 50 制作阴影

继续绘制路径，按照步骤 48 的方法进行制作阴影，如下图所示。

Step 51 制作另一个人物

按照步骤 47~50 的方法继续进行制作另一个人物，如下图所示。

Step 52 打开素材文件

按【Ctrl+O】组合键，打开配套光盘中"素材文件 \ 第 12 章 \12.6 才艺大赛招贴设计 \ 标志 .psd"。选择移动工具，将其拖到"才艺大赛招贴设计"文件窗口中。按【Ctrl+T】组合键，调整图像的大小和位置，如下图所示。

Step 53 设置画笔参数

按【Ctrl+Shift+N】组合键，新建"画笔"图层。选择画笔工具，单击画笔预设属性栏，在打开的画笔预设面板中设置各项参数，如下图所示。

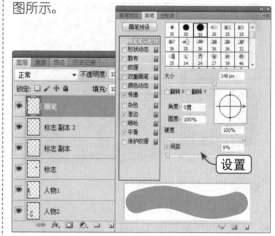

Step 54 绘制图形

调整画笔的大小，进行图形的绘制，如下图所示。

Step 55 输入文字并栅格化

选择文字工具 T ，输入文字。右击文字图层，在弹出的快捷菜单中选择"栅格化文字"选项，将文字栅格化，如下图所示。

Step 56 制作文字

按照步骤 36~39 的方法进行制作文字，如下图所示。

Step 57 输入文字并栅格化

选择文字工具 T ，输入文字。右击文字图层，弹出的快捷菜单中选择"栅格化文字"选项，将文字栅格化，如下图所示。

Step 58 删除选区内的图像

选择矩形选框工具 ，绘制矩形选区。按【Delete】键删除选区内的图像，按【Ctrl+D】组合键取消选区，如下图所示。

Step 59 填充选区

选择矩形选框工具 ，绘制矩形选区。设置前景色为白色，按【Alt+Delete】组合键填充选区，按【Ctrl+D】组合键取消选区，如下图所示。

Step 60 添加图层样式

按照步骤 59 的方法进行制作，单击"图层"面板下方的"添加图层样式"按钮 fx. ，在弹出的下拉菜单中选择"描边"选项，在弹出的对话框中设置描边参数，单击"确定"按钮，如下图所示。

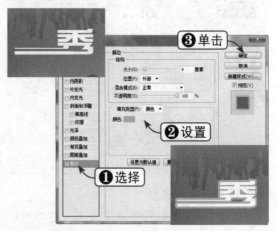

Step 61 调整图像位置和大小

按【Ctrl+T】组合键，调整图像的位置和大小，如下图所示。

Step 62 创建椭圆选区

按【Ctrl+Shift+N】组合键，新建"图层15"。选择椭圆选框工具，绘制一个椭圆选区，如下图所示。

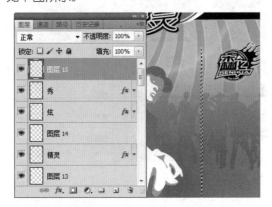

Step 63 填充前景色

设置前景色为白色，按【Alt+Delete】组合键填充选区，按【Ctrl+D】组合键取消选区，如下图所示。

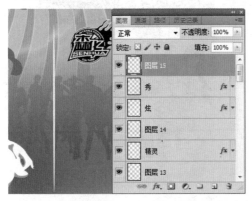

Step 64 使用"动感模糊"滤镜

单击"滤镜"|"模糊"|"动感模糊"命令，在弹出的"动感模糊"对话框中设置各项参数，单击"确定"按钮，如下图所示。

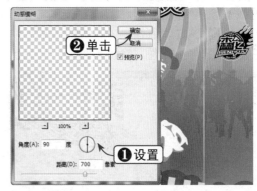

Step 65 复制并调整图像

按【Ctrl+J】组合键，连续三次复制图层。按【Ctrl+T】组合键，调整图像的大小和位置，如下图所示。

Step 66 绘制矩形选区

按【Ctrl+Shift+N】组合键，新建"图层16"，并将其移动到"精灵"图层的下方。选择矩形选框工具，绘制一个矩形选区，如下图所示。

Step 67 绘制蒙版中的渐变

设置前景色为白色，按【Alt+Delete】组合键填充选区，按【Ctrl+D】组合键取消选区。设置图层的"不透明度"为45%，单击"图层"面板下方的"添加图层蒙版" 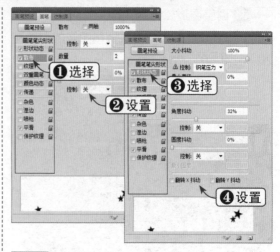 按钮。选择渐变工具，单击其属性栏中的"编辑渐变"按钮，在蒙版图层绘制渐变，如下图所示。

知识点拨

在图层蒙版中不但可以绘制渐变，还可以绘制图形、添加颜色等，以达到想要的效果。

Step 68 设置画笔参数

按【Ctrl+Shift+N】组合键，新建"星光"图层。选择画笔工具，单击画笔预设属性栏，在打开的画笔预设面板中设置各项参数，如下图所示。

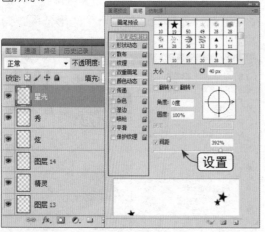

Step 69 绘制图形

拖动鼠标，继续进行图形绘制，如下图所示。

Step 70 输入说明文字

选择文字工具，输入大赛的说明文字，即可得到如下图所示的最终效果。

12.6 千层酥包装设计

本案例将讲解如何在 Photoshop CS5 中制作千层酥包装，采用大片的灰色衬托紫色，紫色的底纹衬托"西梅"的颜色，在颜色处理上相互呼应。在设计过程中，主要运用钢笔工具进行字体变形，更富有趣味性，整体效果更加细腻、动人。基本的制作流程如右图所示。

素材文件	素材文件\第12章\12.6 千层酥包装设计
效果文件	效果文件\第12章\千层酥包装设计.psd.千层酥立体包装.psd

Step 01 新建图像文件

单击"文件"|"新建"命令，弹出"新建"对话框。设置文件名称为"千层酥包装设计"，设置其他各项参数，单击"确定"按钮，如下图所示。

Step 02 绘制参考线

按【Ctrl+R】组合键打开标尺，用鼠标拖出参考线，如下图所示。

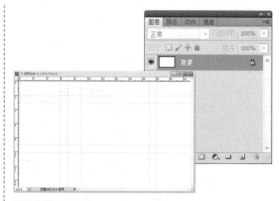

Step 03 将路径转换为选区

按【Ctrl+Shift+N】组合键，新建"图层 1"。选择钢笔工具，沿着参考线绘制路径，然后按【Ctrl+Enter】组合键，将路径转换为选区，如下图所示。

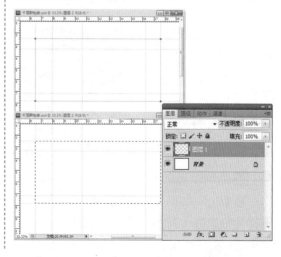

Step 04 填充前景色

设置前景色为 R230、G230、B226, 按【Alt+Delete】组合键进行填充, 如下图所示。

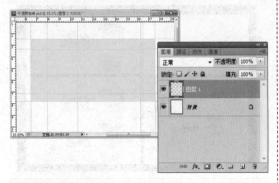

Step 05 绘制不规则选区

按【Ctrl+Shift+N】组合键, 新建"图层 2"。选择套索工具 , 按住【Shift】键绘制不规则的形状, 如下图所示。

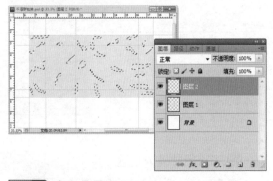

Step 06 填充前景色

设置前景色为 R209、G213、B207, 按【Alt+Delete】组合键进行填充, 如下图所示。

Step 07 绘制矩形选区

按【Ctrl+Shift+N】组合键, 新建"图层 3"。选择矩形选框工具 , 绘制矩形选区, 如下图所示。

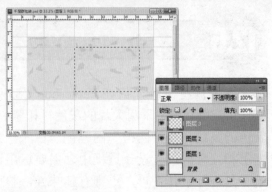

Step 08 填充前景色

设置前景色为 R251、G248、B230, 按【Alt+Delete】组合键进行填充, 如下图所示。

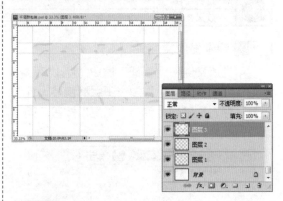

Step 09 填充前景色

按【Ctrl+Shift+N】组合键, 新建"图层 4"。选择矩形选框工具 , 设置前景色为 R209、G209、B209, 按【Alt+Delete】组合键进行填充, 如下图所示。

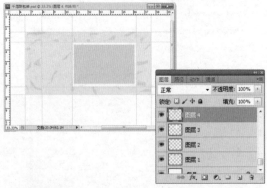

Step 10 添加描边

单击"编辑"|"描边"命令, 在弹出的"描边"对话框中设置各项参数, 单击"确定"按钮, 如下图所示。

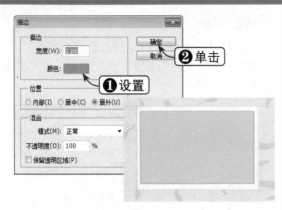

Step 11 绘制路径并填充

按【Ctrl+Shift+N】组合键，新建"图层 5"。选择钢笔工具 ⬚，绘制路径，然后按【Ctrl+Enter】组合键，将路径转换为选区。设置前景色为 R184、G156、B32，按【Alt+Delete】组合键进行填充，如下图所示。

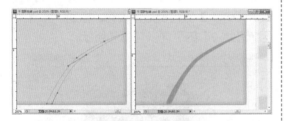

Step 12 复制并调整图像

按住【Alt】键，拖动并复制"图层 5"。按【Ctrl+T】组合键，调整图像的大小和角度，按【Ctrl+E】组合键合并图层，如下图所示。

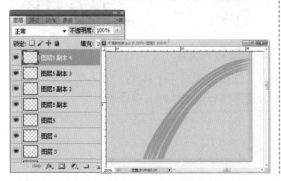

Step 13 拖入并调整素材文件

单击"文件"|"打开"命令，打开配套光盘中"素材文件\第 12 章\12.6 千层酥包装设计\西梅.jpg"。选择移动工具 ▶₊，拖动"西梅"图像到"千层酥包装设计"文件窗口中。按【Ctrl+T】组合键，调整图像的大小和角度，如下图所示。

Step 14 输入文字

选择横排文字工具 T，输入"千层酥"，设置字体样式和大小，如下图所示。

Step 15 创建工作路径

右击"千层酥"图层,在弹出的快捷菜单中选择"创建工作路径"选项,如下图所示。

Step 16 变形路径

按【Ctrl+Shift+N】组合键,新建"图层7"。单击"图层"面板上的"指示图层可见性"按钮,选择转换点工具,进行路径变形,如下图所示。

Step 17 文字描边

单击"编辑"|"描边"命令,在弹出的"描边"对话框中设置各项参数,单击"确定"按钮,如下图所示。

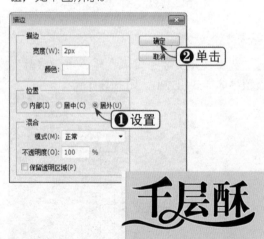

Step 18 绘制路径

按【Ctrl+Shift+N】组合键,新建"图层8"。选择钢笔工具,沿着文字绘制路径,如下图所示。

Step 19 填充前景色

按【Ctrl+Enter】组合键,将路径转换为选区。设置前景色为 R192、G135、B20,按【Alt+Delete】组合键进行填充,拖动"图层8"至"图层7"的下面,如下图所示。

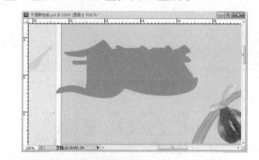

Step 20 输入文字

选择横排文字工具,输入英文内容,并设置字体样式和大小,如下图所示。

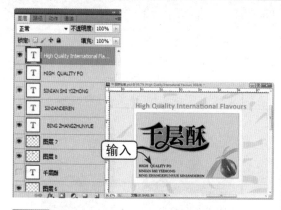

Step 21 输入中文

选择横排文字工具 **T.**，输入中文文本，设置字体样式和大小，如下图所示。

Step 22 添加"外发光"图层样式

单击"图层"面板下方的"添加图层样式"按钮 **fx.**，在弹出的下拉菜单中选择"外发光"选项，弹出"图层样式"对话框，设置各项参数，单击"确定"按钮，如下图所示。

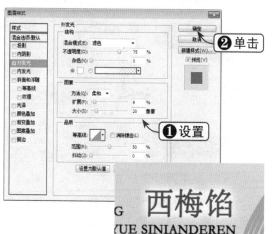

Step 23 制作其他文字的外发光效果

按照步骤 22 的方法进行操作，得到的效果如下图所示。

Step 24 绘制椭圆选区并填充

按【Ctrl+Shift+N】组合键，新建"图层9"。选择椭圆选框工具 ，按住鼠标左键并拖动，即可创建椭圆选区。设置前景色为 R192、G135、B20，按【Alt+Delete】组合键进行填充，如下图所示。

Step 25 复制并调整图形

按住【Alt】键，拖动并复制图形。按【Ctrl+T】组合键，调整图形的位置，如下图所示。

新手学Photoshop图像处理

Step 26 绘制矩形选区并填充

按【Ctrl+Shift+N】组合键，新建"图层
10"。选择矩形选框工具，按住鼠标左键
并拖动，即可创建矩形选区。设置前景色为
R155、G0、B20，按【Alt+Delete】组合键进
行填充，如下图所示。

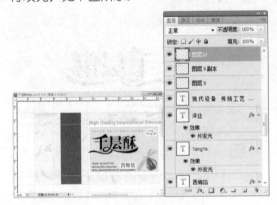

Step 27 拖入素材图像并调整

单击"文件"|"打开"命令，打开配套
光盘中"素材文件\第12章\12.7千层酥包装
设计\底纹.jpg"。选择移动工具，拖动"底
纹"图像到"千层酥包装设计"文件窗口中。
按【Ctrl+T】组合键，调整图像的大小和角度，
如下图所示。

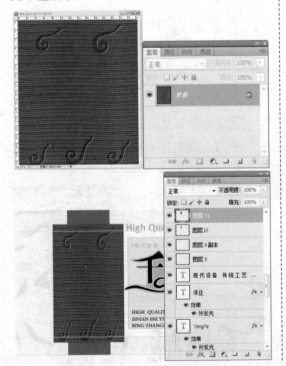

Step 28 绘制椭圆选区并删除图像

选择椭圆选框工具，按住鼠标左键并拖
动，即可创建椭圆选区。按【Delete】键，删
除选区内的图像，如下图所示。

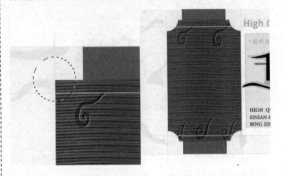

Step 29 绘制路径并填充

按【Ctrl+Shift+N】组合键，新建"图
层12"。选择钢笔工具，绘制路径。按
【Ctrl+Enter】组合键，将路径转换为选区。设
置前景色为R254、G255、B198，按【Alt+Delete】
组合键进行填充，如下图所示。

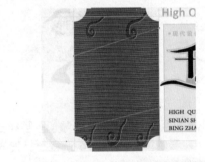

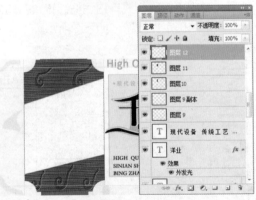

Step 30 拖入并调整素材文件

单击"文件"|"打开"命令，打开配套
光盘中"素材文件\第12章\12.6千层酥包装
设计\商标.jpg"。选择移动工具，拖动"商

382

标"图像到"千层酥包装设计"文件窗口中。按【Ctrl+T】组合键，调整图像的大小和角度，如下图所示。

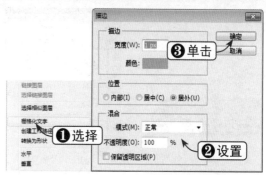

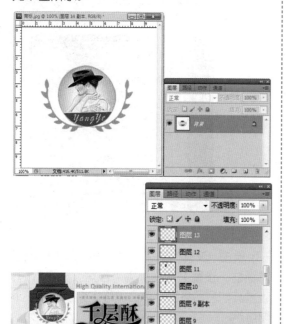

Step 31 输入相应文字

选择横排文字工具 **T.**，输入相应的文字，并设置字体样式和大小，如下图所示。

Step 32 制作英文字效果

右击 Pastry 图层，在弹出的快捷菜单中选择"栅格化文字"选项，将文字栅格化。单击"编辑"|"描边"命令，在弹出的"描边"对话框中设置各项参数，单击"确定"按钮，如下图所示。

Step 33 添加"外发光"图层样式

单击"图层"面板下方的"添加图层样式"按钮 **fx.**，在弹出的下拉菜单中选择"外发光"选项，弹出"图层样式"对话框，设置各项参数，单击"确定"按钮，效果如下图所示。

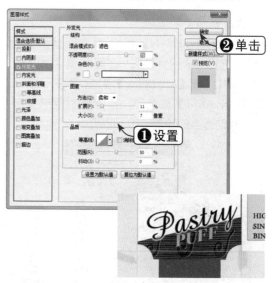

Step 34 输入相应文字

选择横排文字工具 **T.**，输入相应的文字，并设置字体样式和大小，如下图所示。

Step 35 绘制矩形选区并填充

按【Ctrl+Shift+N】组合键，新建"图层14"。选择矩形选框工具，绘制矩形选区。设置前景色为R198、G155、B0，按【Alt+Delete】组合键进行填充，如下图所示。

Step 36 填充单列选区

按【Ctrl+Shift+N】组合键，新建"图层15"。选择单列工具，设置前景色为R69、G54、B1，按【Alt+Delete】组合键进行填充。按【Ctrl+Alt+T】组合键，执行复制变形操作，向右移动适当的像素，如下图所示。

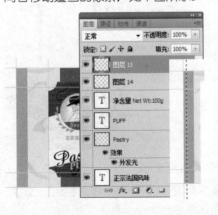

Step 37 复制并移动图像图像

按住【Ctrl+Alt+Shift】组合键不要松开，同时连续按【T】键，快速复制并逐个像素地移动图案，如下图所示。

Step 38 新建画笔文件

单击"文件"|"新建"命令，弹出"新建"对话框。设置文件名称为"自定义画笔"，并设置其他各项参数，单击"确定"按钮，如下图所示。

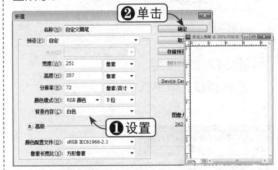

Step 39 绘制路径并填充

按【Ctrl+Shift+N】组合键，新建"图层1"。选择钢笔工具，绘制三角形路径。按【Ctrl+Enter】组合键，将路径转换为选区。设置前景色为黑色，按【Alt+Delete】组合键进行填充，如下图所示。

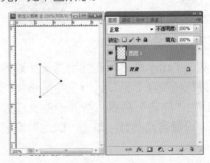

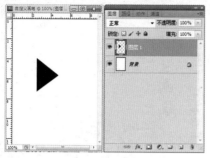

Step 40 定义画笔

单击"编辑"|"定义画笔预设"命令，在弹出的"画笔名称"对话框中设置画笔名称，单击"确定"按钮，如下图所示。

Step 41 设置画笔参数

选择画笔工具 ✎，单击"画笔"按钮 🖾，在打开的"画笔"面板中设置画笔各项参数，如下图所示。

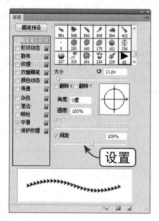

Step 42 绘制边缘

按【Ctrl+Shift+N】组合键，新建"图层16"。用画笔绘制边缘，如下图所示。

Step 43 载入选区并删除图层

按住【Ctrl】键，单击"图层16"的图层缩览图，载入选区。选择"图层1"、"图层2"、"图层14"和"图层16"，按【Delete】键进行删除，如下图所示。

Step 44 输入文字

选择横排文字工具 T，输入相应的文字，并设置字体样式和大小，如下图所示。

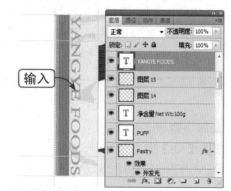

Step 45 删除多余部分

选择"图层15"，选择矩形选框工具 ⬚，绘制矩形选区。按【Delete】键删除选区中的图像，如下图所示。

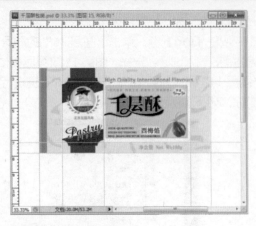

Step 46 制作另一边封口

按住【Alt】键进行复制，制作另一边的封口，如下图所示。

Step 47 制作侧面

按住【Alt】键进行复制，制作"千层酥包装设计"的侧面，得到的效果如下图所示。

Step 48 保存文件

单击"文件"|"存储为"命令，弹出"存储为"对话框，对图像进行存储设置，单击"保存"按钮，如下图所示。

Step 49 新建图像文件

单击"文件"|"新建"命令,在弹出的"新建"对话框中设置各项参数，单击"确定"按钮，如下图所示。

Step 50 填充渐变

选择渐变工具，单击属性栏中的"编辑渐变"按钮，打开"渐变编辑器"窗口，设置各项参数，其中颜色值分别为R0、G97、B254，R0、G133、B252、R1、G196、B252，R1、G255、B255，单击"确定"按钮。单击属性栏中的"线性渐变"按钮■，在窗口中拖动鼠标绘制渐变，如下图所示。

Step 52 剪切并粘贴图像

在"千层酥包装立体图"文件窗口中选择矩形选框工具□，按住鼠标左键并拖动，即可创建矩形选区。按【Ctrl+X】组合键进行剪切，按【Ctrl+Shift+N】组合键新建"图层 2"。按【Ctrl+V】组合键进行粘贴，如下图所示。

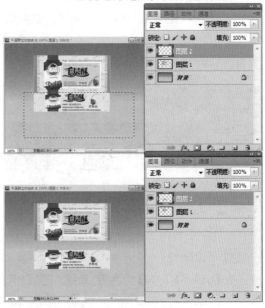

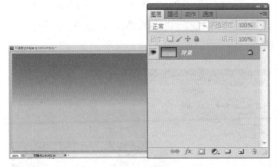

Step 51 拖入图像

单击"文件"|"打开"命令，打开配套光盘中"素材文件|第 12 章|12.6 千层酥包装设计|千层酥包装设计 .jpg"。选择魔棒工具■，选中白色区域，按【Delete】键删除选中的区域。选择移动工具▶+，拖动"千层酥包装"图像到"千层酥包装立体图"文件窗口中，如下图所示。

Step 53 剪切并粘贴其他图像

选择"图层 1"，按照步骤 52 的方法进行操作，如下图所示。

Step 54 制作变形的透视效果

按【Ctrl+T】组合键，调整图像的大小和角度。单击"编辑"|"变换"|"斜切"命令，进行斜切变形，注意透视关系，如下图所示。

Step 55 制作其他图像变形

按步骤 54 的方法继续进行操作，变换侧边，如下图所示。

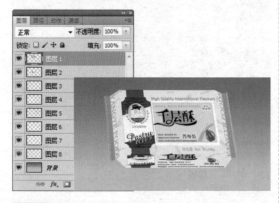

Step 56 描边路径

按【Ctrl+Shift+N】组合键，新建"图层 9"。选择钢笔工具，绘制路径。设置前景色为白色，单击"路径"面板上的"用画笔描边路径"按钮，如下图所示。

Step 57 设置图层不透明度

在"图层"面板中设置"图层 9"的"不透明度"为 55%，如下图所示。

Step 58 合并图层并涂抹包装

按【Ctrl+E】组合键，合并图层。选择加深工具或减淡工具，对包装进行涂抹，如下图所示。

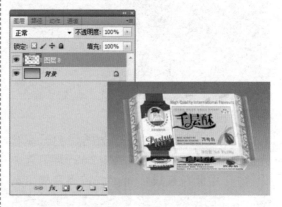

Step 59 在蒙版中绘制渐变

按住【Alt】键，拖动图像进行复制。单击"图层"面板下方的"添加图层蒙版"按钮，选择渐变工具，单击属性栏中的"编辑渐变"按钮，打开"渐变编辑器"窗口，设置各项参数，选择预设中的"黑，白渐变"，单击"确定"按钮。单击属性栏中的"线性渐变"按钮，在蒙版中拖动鼠标绘制渐变，即可得到最终的包装效果，如下图所示。

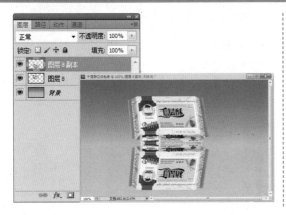

12.7 潮流购物网网页设计

本案例将讲解如何在 Photoshop CS5 中制作购物网网页。整幅画面设计新颖、时尚，颜色丰富多彩，充满活力。整个色调以桃红色为主，洋溢着女性气息。在设计中应充分考虑网页的适应人群，然后根据这类人群的特点进行设计和制作。基本的制作流程如右图所示。

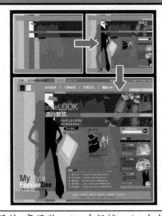

	素材文件	素材文件\第12章\12.9 潮流购物网网页设计\高跟鞋.psd、牛仔裤.psd、包包3.psd、包包.psd、包包1.psd、长筒靴.psd、人物.psd、红裙.psd
	效果文件	效果文件\第12章\潮流购物网网页设计.psd

Step 01 新建图像文件

单击"文件"|"新建"命令，弹出"新建"对话框。设置文件名称为"潮流购物网网页设计"，设置其他各项参数，单击"确定"按钮，如下图所示。

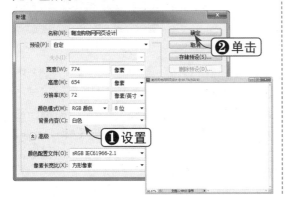

Step 02 填充前景色

单击"图层"面板下方的"新建图层"按钮，新建一个图层。设置前景色为 R220、G30、B114，按【Alt+Delete】组合键填充前景色，如下图所示。

Step 03 绘制矩形选区

按【Ctrl+Shift+N】组合键，新建"图层2"。选择矩形选框工具，绘制一个矩形选区，如下图所示。

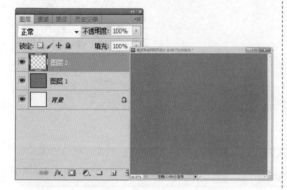

Step 04 填充前景色

设置前景色为R28、G212、B215，按【Alt+Delete】组合键，用前景色填充选区。按【Ctrl+D】组合键取消选区，如下图所示。

Step 05 制作其他矩形

按照步骤3~4的方法进行制作，依次填充的颜色为R171、G233、B4，R241、G122、B14，R220、G30、B114，R253、G182、B13，如下图所示。

Step 06 绘制矩形并填充

按【Ctrl+Shift+N】组合键，新建"图层7"。选择矩形选框工具，绘制一个矩形选区。设置前景色为R148、G148、B148，按【Alt+Delete】组合键填充前景色，如下图所示。

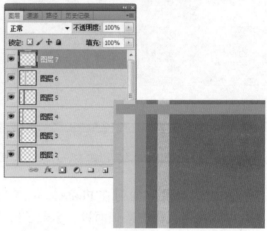

Step 07 绘制矩形并填充

按照步骤6的方法进行制作，设置前景色为（R：35、G：31、B：32），按【Alt+Delete】组合键填充前景色，如下图所示。

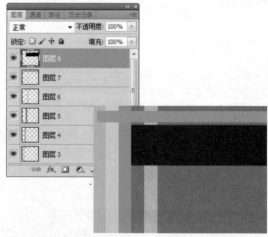

Step 08 填充前景色

按住【Ctrl】键，单击"图层8"的缩览图，载入选区。选择多边形套索工具，单击属性栏中的"从选区减去"按钮，减掉一部分选区。设置前景色为白色，按【Alt+Delete】组合键填充前景色，按【Ctrl+D】组合键取消选区，如下图所示。

Step 09 制作其他颜色形状

按照步骤7~8的方法进行制作，设置前景色依次为 R220、G30、B114，R244、G117、B18，按【Alt+Delete】组合键填充前景色，如下图所示。

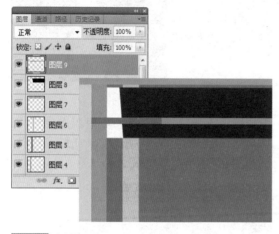

Step 10 制作矩形

按照步骤6的方法制作矩形，如下图所示。

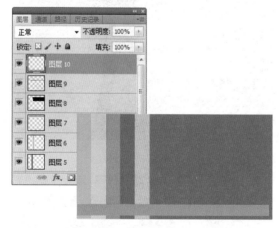

Step 11 设置画笔并绘制图形

按【Ctrl+Shift+N】组合键，新建"图层11"。选择画笔工具，选择笔刷，单击属性按钮，在打开的画笔面板中设置各项参数，拖动鼠标进行绘制，如下图所示。

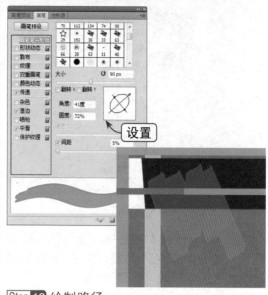

Step 12 绘制路径

按【Ctrl+Shift+N】组合键，新建"图层12"。选择钢笔工具，绘制路径，如下图所示。

Step 13 填充前景色

按【Ctrl+Enter】组合键，将路径转换为选区。设置前景色为 R253、G182、B13，按【Alt+Delete】组合键填充前景色，如下图所示。

Step 14 绘制路径

按【Ctrl+Shift+N】组合键，新建"图层13"。选择钢笔工具，绘制路径，如下图所示。

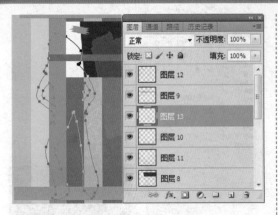

Step 17 制作手提袋

按照步骤 12~13 的方法进行手提袋制作，如下图所示。

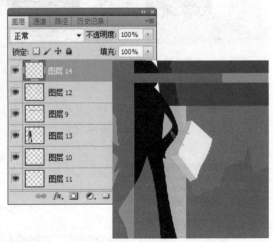

Step 15 填充前景色

按【Ctrl+Enter】组合键，将路径转换为选区。设置前景色为黑色，按【Alt+Delete】组合键填充前景色，如下图所示。

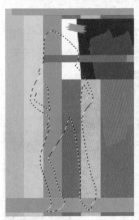

Step 18 复制并调整图像

按【Ctrl+J】组合键，复制"图层 14"，得到"图层 14 副本"。按【Ctrl+T】组合键，调整图像的颜色、位置和大小，如下图所示。

Step 16 填充前景色

选择矩形选框工具，单击"从选区减去"按钮，裁去一部分选区。设置前景色为 R220、G30、B114，按【Alt+Delete】组合键填充前景色，如下图所示。

Step 19 拖入并调整素材文件

按【Ctrl+O】组合键，打开配套光盘中"素材文件\第 12 章\12.7 潮流购物网\高跟鞋 .psd、牛仔裤 .psd、包包 3.psd"。选择移动工具，将其中的图像拖到"潮流购物网网页设计"文件窗口中，调整图层的位置。按【Ctrl+T】组合键，调整图像的大小和位置，如下图所示。

Step 20 绘制形状

设置前景色为灰色，选择圆角矩形工具 ，单击 按钮，设置半径为 10px，单击 按钮，绘制形状，如下图所示。

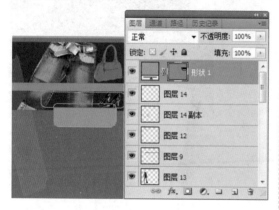

Step 21 绘制其他形状

按照步骤 20 的方法进行其他形状的绘制，如下图所示。

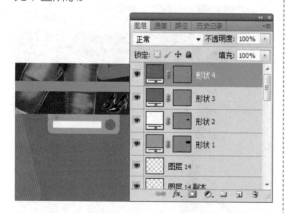

Step 22 绘制其他形状

按照步骤 20 的方法继续进行形状绘制，如下图所示。

Step 23 拖入并调整其他素材文件

按照步骤 19 的方法进行制作，打开配套光盘中"素材文件 \ 第 12 章 \12.7 潮流购物网网页设计 \ 包包 .psd、包包 1.psd、长筒靴 .psd、人物 .psd、红裙 .psd"，将素材全部导入到"潮流购物网网页设计"文件窗口中，如下图所示。

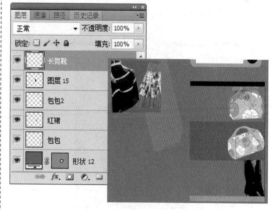

Step 24 绘制圆形选区并填充

按【Ctrl+Shift+N】组合键，新建"图层 16"。选择椭圆选框工具 ，绘制一个正圆选区，并将其填充为白色，再绘制一个正圆选区，如下图所示。

Step 25 绘制径向渐变

选择渐变工具 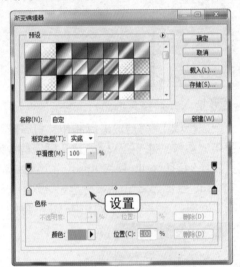，单击渐变编辑器，将颜色依次设置为 R164、G255、B75，R84、G142、B8，单击径向渐变按钮，绘制径向渐变，如下图所示。

Step 26 复制并调整图像

按【Ctrl+J】组合键，连续两次复制"图层 16"，并调整图像的颜色、大小和位置，如下图所示。

Step 27 绘制星光图形

选择星光画笔，在文件窗口中进行绘制，如下图所示。

Step 28 制作其他素材

按照步骤 20~22 的方法对其他素材进行制作，如下图所示。

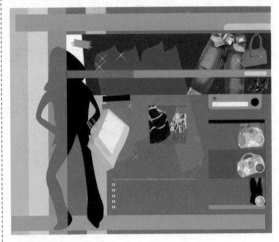

Step 29 输入文字

选择文字工具 T.，输入各种文字，最终效果如下图所示。

12.8 酷娃标志设计

本案例将讲解如何在 Photoshop CS5 中制作企业标志。主要使用钢笔工具进行曲线造型，采用渐变、加深、减淡工具体现质感，画面以绿色调为主，给人以安全的感受，有利于提升企业形象及产品形象，从而赢得消费者的信任和青睐。基本的制作流程如右图所示。

效果文件	光盘：效果文件\第12章\酷娃标志设计.psd

Step 01 新建图像文件

单击"文件"|"新建"命令，弹出"新建"对话框。设置文件名称为"酷娃标志设计"，并设置其他各项参数，单击"确定"按钮，如下图所示。

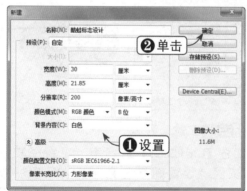

Step 02 绘制路径

按【Ctrl+Shift+N】组合键，新建"头部"图层。选择钢笔工具，绘制路径，如下图所示。

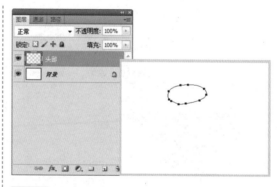

Step 03 填充前景色

按【Ctrl+Enter】组合键，将路径转换为选区。设置前景色为 R20、G101、B46，按【Alt+Delete】组合键填充选区，按【Ctrl+D】组合键取消选区，如下图所示。

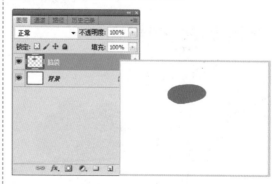

Step 04 绘制路径

按【Ctrl+Shift+N】组合键，新建"脸部"

图层。选择钢笔工具 ，绘制脸部路径，如下图所示。

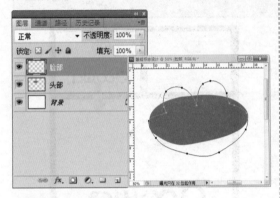

Step 05 填充前景色

按【Ctrl+Enter】组合键，将路径转换为选区。设置前景色为R56、G165、B50，按【Alt+Delete】组合键填充选区，按【Ctrl+D】组合键取消选区，如下图所示。

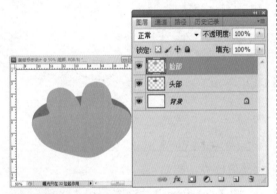

Step 06 绘制路径

按【Ctrl+Shift+N】组合键，新建"左眼皮"图层。选择钢笔工具 ，绘制左眼皮路径，如下图所示。

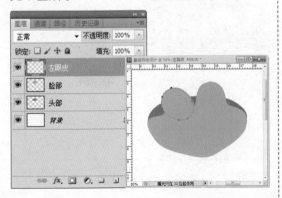

Step 07 填充前景色

按【Ctrl+Enter】组合键，将路径转换为选区。设置前景色为R67、G184、B60，按【Alt+Delete】组合键填充选区，按【Ctrl+D】组合键取消选区，如下图所示。

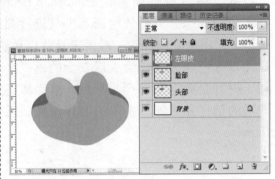

Step 08 绘制路径

按【Ctrl+Shift+N】组合键，新建"左眼睑"图层。选择钢笔工具 ，绘制路径，如下图所示。

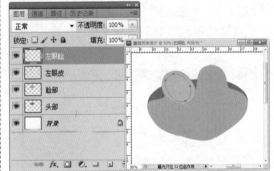

Step 09 填充前景色

按【Ctrl+Enter】组合键，将路径转换为选区。设置前景色为R4、G126、B45，按【Alt+Delete】组合键填充选区，按【Ctrl+D】组合键取消选区，如下图所示。

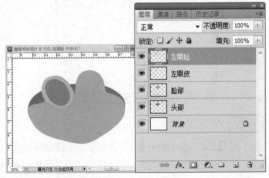

Step 10 绘制路径

按【Ctrl+Shift+N】组合键，新建"左眼内"图层。选择钢笔工具 ✐，绘制左眼内路径，如下图所示。

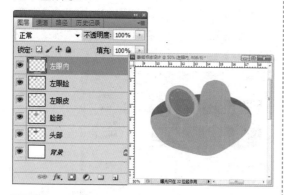

Step 11 填充前景色

按【Ctrl+Enter】组合键，将路径转换为选区。设置前景色为黑色，按【Alt+Delete】组合键填充选区，按【Ctrl+D】组合键取消选区，如下图所示。

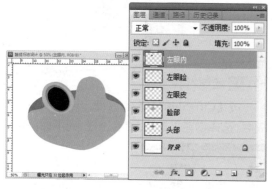

Step 12 绘制路径

按【Ctrl+Shift+N】组合键，新建"左眼珠"图层。选择钢笔工具 ✐，绘制路径，如下图所示。

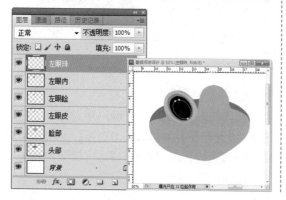

Step 13 绘制渐变

按【Ctrl+Enter】组合键，将路径转换为选区。选择渐变工具 ■，单击属性栏中的"编辑渐变"按钮 ▭，打开"渐变编辑器"窗口，设置从白色到灰色的渐变 ▭。单击属性栏中的"径向渐变"按钮 ■，在窗口中拖动鼠标绘制渐变，按【Ctrl+D】组合键取消选区，如下图所示。

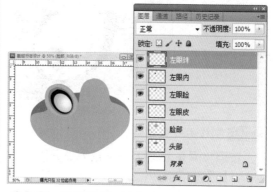

Step 14 绘制圆形选区

按【Ctrl+Shift+N】组合键，新建"左眼球"图层。选择椭圆选框工具 ○，按住【Shift】键绘制一个圆形选区，如下图所示。

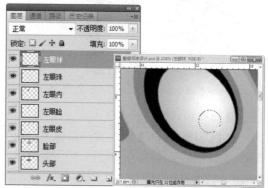

Step 15 绘制渐变

选择渐变工具 ■，单击属性栏中的"编辑渐变"按钮 ▭，打开"渐变编辑器"窗口，设置各项参数。单击属性栏中的"径向渐变"按钮 ■，在窗口中拖动鼠标绘制渐变，按【Ctrl+D】组合键取消选区，如下图所示。

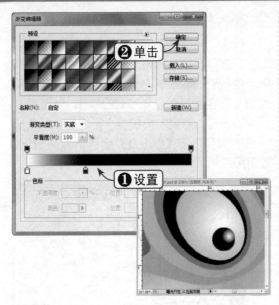

按【Ctrl+Enter】组合键，将路径转换为选区。选择渐变工具，单击属性栏中的"编辑渐变"按钮，打开"渐变编辑器"窗口，设置各项参数。单击属性栏中的"线性渐变"按钮，在窗口中拖动鼠标绘制渐变，按【Ctrl+D】组合键取消选区，如下图所示。

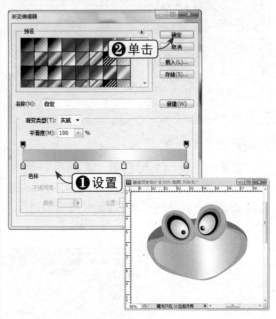

Step 16 制作另一只眼睛

按照步骤6~15的方法进行另一只眼睛的制作，如下图所示。

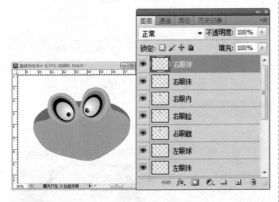

Step 19 绘制路径

按【Ctrl+Shift+N】组合键，新建"头发"图层。选择钢笔工具，绘制路径，如下图所示。

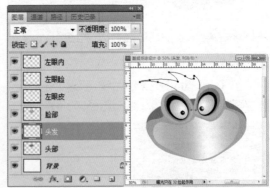

Step 17 绘制路径

按【Ctrl+Shift+N】组合键，新建"脸部"图层。选择钢笔工具，绘制路径，如下图所示。

Step 20 填充前景色

按【Ctrl+Enter】组合键，将路径转换为选区。设置前景色为R0、G33、B25，按【Alt+Delete】组合键填充选区，按【Ctrl+D】组合键取消选区，如下图所示。

Step 21 绘制路径

按【Ctrl+Shift+N】组合键，新建"发丝"图层。选择钢笔工具 ✐，绘制路径，如下图所示。

Step 22 羽化并填充选区

按【Ctrl+Enter】组合键，将路径转换为选区。右击鼠标，弹出的快捷菜单中选择"羽化"选项，弹出"羽化"对话框，设置"羽化半径"为5，单击"确定"按钮。设置前景色为R14、G93、B63，按【Alt+Delete】组合键填充选区，按【Ctrl+D】组合键取消选区，如下图所示。

Step 23 制作其他发丝

按照步骤21~22的方法进行其他发丝的制作，如下图所示。

Step 24 绘制路径

按【Ctrl+Shift+N】组合键，新建"嘴唇"图层。选择钢笔工具 ✐，绘制路径，如下图所示。

Step 25 绘制渐变

按【Ctrl+Enter】组合键，将路径转换为选区。选择渐变工具 ▦，单击属性栏中的"编辑渐变"按钮 ▬，打开"渐变编辑器"窗口，设置各项参数。单击属性栏中的"线性渐变"按钮 ▦，在窗口中拖动鼠标绘制渐变，按【Ctrl+D】组合键取消选区，如下图所示。

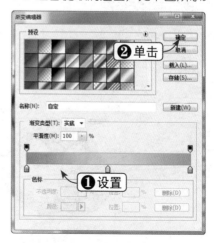

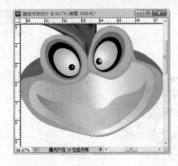

Step 26 绘制路径

按【Ctrl+Shift+N】组合键，新建"嘴唇2"图层。选择钢笔工具 ✎，绘制路径，如下图所示。

Step 27 填充前景色

按【Ctrl+Enter】组合键，将路径转换为选区。设置前景色为R8、G34、B0，按【Alt+Delete】组合键填充选区，按【Ctrl+D】组合键取消选区，如下图所示。

Step 28 绘制椭圆选区

按【Ctrl+Shift+N】组合键，新建"口中"图层。选择椭圆选框工具 ◯，按住【Ctrl】键，绘制两个椭圆选区，如下图所示。

Step 29 载入选区

设置前景色为R55、G89、B44，按【Alt+Delete】组合键填充选区，按【Ctrl+D】组合键取消选区。按住【Ctrl】键的同时单击"嘴唇2"的图层缩览图 ▨，载入选区，如下图所示。

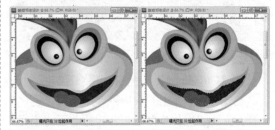

Step 30 删除多余图像

选择"口中"图层，按【Ctrl+Shift+I】组合键反选选区。按【Delete】键删除多余的图像，按【Ctrl+D】组合键取消选区，如下图所示。

Step31 绘制路径

按【Ctrl+Shift+N】组合键,新建"左牙齿"图层。选择钢笔工具 ⟋,绘制路径,如下图所示。

Step32 填充前景色并绘制路径

按【Ctrl+Enter】组合键,将路径转换为选区。设置前景色为白色,按【Alt+Delete】组合键填充选区,按【Ctrl+D】组合键取消选区。选择钢笔工具 ⟋,绘制路径,如图所示。

Step33 填充前景色

按【Ctrl+Enter】组合键,将路径转换为选区。设置前景色为灰色,按【Alt+Delete】组合键填充选区,按【Ctrl+D】组合键取消选区,如下图所示。

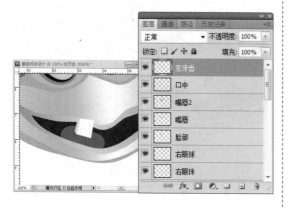

Step34 删除多余图像

按照步骤 29~30 的方法继续进行制作,如下图所示。

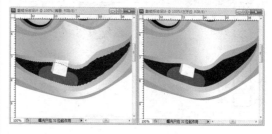

Step35 加深涂抹

选择加深工具 ⟋,单击属性范围"高光",选择合适的大小画笔进行涂抹,如下图所示。

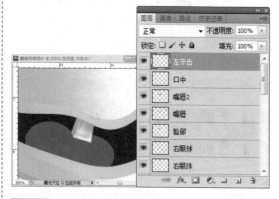

Step36 制作右侧牙齿

按照步骤 31~35 的方法进行右侧牙齿的制作,如下图所示。

Step37 绘制路径

按【Ctrl+Shift+N】组合键,新建"舌头"图层。选择钢笔工具 ⟋,绘制路径,如下图所示。

Step 38 绘制渐变

按【Ctrl+Enter】组合键，将路径转换为选区。选择渐变工具，单击属性栏中的"编辑渐变"按钮，打开"渐变编辑器"窗口，设置各项参数。单击属性栏中的"线性渐变"按钮，在窗口中拖动鼠标绘制渐变，按【Ctrl+D】组合键取消选区，如下图所示。

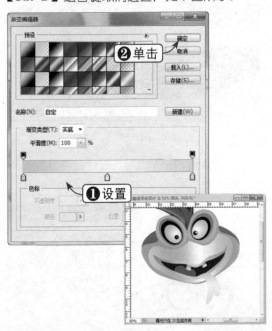

Step 39 复制并调整图像

按【Ctrl+J】组合键，复制"舌头"图层，得到"舌头 副本"图层。按住【Ctrl】键，单击"舌头 副本"图层缩览图，载入选区。设置前景色为R73、G166、B73，按【Alt+Delete】组合键填充选区，按【Ctrl+D】组合键取消选区。按【Ctrl+T】组合键，调整图像的大小和位置，如下图所示。

Step 40 绘制椭圆选区

按【Ctrl+Shift+N】组合键，新建"左鼻孔"图层。选择椭圆选框工具，绘制一个椭圆选区，如下图所示。

Step 41 填充前景色

设置前景色为R4、G75、B0，按【Alt+Delete】组合键填充选区，按【Ctrl+D】组合键取消选区，如下图所示。

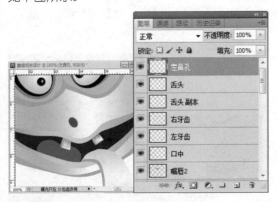

Step 42 复制并调整图像方向

按【Ctrl+J】组合键复制图层，并调整图像的方向，如下图所示。

Step 43 绘制路径

按【Ctrl+Shift+N】组合键，新建"嘴角"图层。选择钢笔工具，绘制路径，如下图所示。

Step 44 填充前景色

按【Ctrl+Enter】组合键，将路径转换为选区。设置前景色为R24、G135、B23，按【Alt+Delete】组合键填充选区，按【Ctrl+D】组合键取消选区，如下图所示。

Step 45 添加图层蒙版

选择"脸部"图层，单击"图层"面板下方的"添加图层蒙版"按钮，选择画笔工具，选择合适的大小画笔进行涂抹，如下图所示。

Step 46 加深涂抹

单击"嘴唇"图层，选择加深工具，选择合适大小的画笔进行涂抹，如下图所示。

Step 47 绘制路径

按【Ctrl+Shift+N】组合键，新建"身体"图层。选择钢笔工具，绘制路径，如下图所示。

Step 48 填充前景色

按【Ctrl+Enter】组合键，将路径转换为选区。设置前景色为R46、G162、B51，按【Alt+Delete】组合键填充选区，按【Ctrl+D】组合键取消选区，如下图所示。

Step 49 绘制椭圆选区

按【Ctrl+Shift+N】组合键，新建"肚皮"图层。选择椭圆选框工具 ，绘制一个椭圆选区，如下图所示。

Step 50 绘制渐变

按【Ctrl+Enter】组合键，将路径转换为选区。选择渐变工具 ，单击属性栏中的"编辑渐变"按钮 ，打开"渐变编辑器"窗口，设置各项参数。单击属性栏中的"径向渐变"按钮 ，在窗口中拖动鼠标绘制渐变，按【Ctrl+D】组合键取消选区，如下图所示。

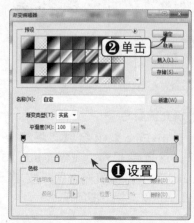

Step 51 制作圆环

按【Ctrl+Shift+N】组合键，新建"图层 1"。选择椭圆选框工具 ，按住【Shift】键绘制一个正圆，并填充为黑色。按【Ctrl+J】组合键复制"图层 1"，得到"图层 1 副本"。按【Ctrl+T】组合键，再按住【Shift+Alt】组合键，向里拖动四周控制点，使图像由中心等比例缩小，并填充为白色，如下图所示。

Step 52 删除多余图像

按住【Ctrl】键的同时单击"图层 1 副本"的图层缩览图 ，载入选区。选择"图层 1 副本"图层，按【Delete】键，删除选区中的图像。选择"图层 1"，按【Delete】键，删除选区中的图像，按【Ctrl+D】组合键取消选区。按【Delete】键，删除"图层 1 副本"图层，如下图所示。

Step 53 删除多余图像

选择钢笔工具，绘制路径。按【Ctrl+Enter】组合键，将路径转换为选区。按【Delete】键，删除选区中的图像。按【Ctrl+D】组合键取消选区，如下图所示。

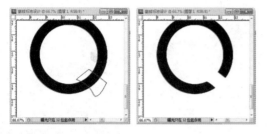

Step 54 擦除多余图像

选择椭圆选框工具，按住【Shift】键绘制一个正圆。按【Ctrl+Shift+I】组合键，反选选区。选择橡皮擦工具，擦除多余的图像，如下图所示。

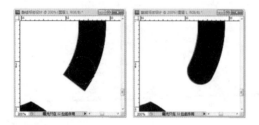

Step 55 绘制路径

按【Ctrl+Shift+N】组合键，新建"舌头 2"图层。选择钢笔工具，绘制路径，如下图所示。

Step 56 绘制渐变

按【Ctrl+Enter】组合键，将路径转换为选区。选择渐变工具，单击属性栏中的"编辑渐变"按钮，打开"渐变编辑器"窗口，设置各项参数。单击属性栏中的"线性渐变"按钮，在窗口中拖动鼠标绘制渐变，按【Ctrl+D】组合键取消选区，如下图所示。

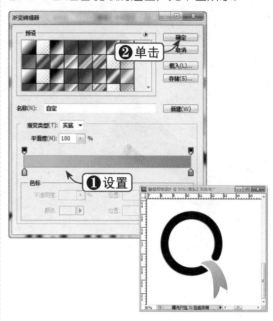

Step 57 制作其他图像

按照步骤 51~56 的方法进行其他图像的制作，效果如下图所示。

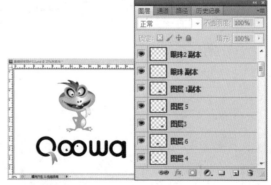

Step 58 输入文字

选择文字工具，输入文字，此标志设计的最终效果如下图所示。